Juliaプログラミング クックブック

言語仕様からデータ分析、機械学習、数値計算まで

Bogumił Kamiński
Przemysław Szufel 著

中田 秀基 訳

Julia 1.0 Programming Cookbook

Over 100 numerical and distributed computing recipes for your daily data science workflow

Bogumił Kamiński
Przemysław Szufel

BIRMINGHAM - MUMBAI

科学の探求の旅に送り出してくれた母に捧げる。

―― Bogumił Kamiński

いつも私の支えとなり、本書の執筆を理解してくれたすばらしき妻Bożenaと、日々の生活に活力を与えてくれる娘たちZofiaとMariaに感謝する。

―― Przemysław Szufel

本書のドラフトを読んで英語上の問題を指摘し、技術的なフィードバックをいただいたわれわれの友、Timothy (Timek) Harrellに感謝する。

―― Bogumił Kamiński and Przemysław Szufel

まえがき

Juliaは動的で高性能なプログラミング言語だ。Juliaで書かれたコードはメンテナンスが容易なので、短時間で計算モデルを開発できる。とはいえ、Juliaを実際に使おうとするとさまざまな問題に直面することになるだろう。この本は、そのような問題に対する解決方法をレシピとして紹介し、それらを通じてJuliaのさまざまな側面を解説する。

個々のレシピでは、特定の問題をJuliaの機能を用いて解決する方法を紹介するだけではなく、どうやって解決したのか、なぜその方法で解決できたのかを説明する。解決方法には、Juliaの強力なツールやデータ構造、さまざまな広く利用されているパッケージ群を利用する。レシピを見ていくうちに、配列の作り方、変数の扱い方、関数の使い方などのJuliaの基本的な使い方を理解できるようになるはずだ。数値計算、分散処理、高性能計算を行うレシピもある。データサイエンス用のプログラムを、並列処理やメモリ使用最適化で高速化する方法も紹介する。さらに進んで、より高度な概念、例えばメタプログラミングや関数型プログラミングについても説明する。また、データベースの使い方やデータ処理を行う方法、さらにはデータサイエンス上の課題を解決する方法、データモデル、データ分析、データ操作、並列処理、クラウドでの計算をJuliaで行う方法なども紹介する。

本書を読み終わる頃には、データをより効率よく処理するために必要なスキルが身についているはずだ。

対象読者

本書が対象とする読者は、Juliaのスキルを向上させたいと願うデータサイエンティストやプログラマだ。

Juliaを少しでも使ったことがあると本書を読みやすいだろう。もしくは、PythonやRやMATLABなど、他の言語の中級程度の知識があるといい。

本書のカバーする範囲

「0章　Julia言語入門」

Juliaの言語機能を他の言語と比較しながら簡単に紹介する。

「1章　Juliaのインストールと設定」

Juliaをコンソールから利用する方法と、Juliaの計算基盤全体をインストールして設定する方法を紹介する。Juliaのビルド方法、性能向上の方法、クラウド上でのJuliaの設定方法も紹介する。

「2章　データ構造とアルゴリズム」

Juliaに組み込まれている機能を活用しつつ、さまざまなアルゴリズムを実装する方法を紹介する。

「3章　Juliaによるデータエンジニアリング」

データの処理について説明する。データを処理するには、ストリームとデータソースを理解しなければならない。この章では、Juliaを用いてI/Oストリームにデータを書き出す方法やWebからデータを取得する方法を学ぶ。

「4章　Juliaによる数値演算」

Juliaを用いて数値計算を行う方法を紹介する。それぞれのレシピで、何らかのアルゴリズムの実装を通じて言語の特定の機能を説明している。読者が実装に集中できるように、比較的単純で標準的なアルゴリズムを使っている。

「5章　変数、型、関数」

変数とスコープ、Juliaの型システム、関数、例外処理に関するトピックを解説している。

「6章　メタプログラミングと高度な型」

Juliaのさらに高度な機能について説明している。

「7章　Juliaによるデータ分析」

`DataFrames.jl`パッケージについてその多彩な機能を説明する。列や行に対する操作、カテゴリデータや欠損値の処理、さまざまな標準的なテーブルの変換（フィルタリング、ソート、ジョイン、縦型横型変換、ピボットテーブル）などを紹介する。

「8章　Juliaワークフロー」

Juliaを用いた開発のワークフローについて説明し、その際のさまざまなモジュールの活用方法を示す。

「9章　データサイエンス」

Juliaのデータサイエンスタスクをサポートする機能やパッケージを紹介する。最適化モデルをソルバに独立な形で定義する方法や、データ可視化や、機械学習に用いることのできるさまざまなツールについても解説する。

「10章　分散処理」

Juliaを用いた並列処理、分散処理について紹介する。計算を複数のスレッド、複数のプロセス、さらには分散クラスタへとスケールアップしていくことができるのはJuliaの重要な機能の1つだ。

本書を活用するには

Juliaをある程度理解しているといいが、必須ではない。

本書では、Juliaのパッケージをたくさん用いる。これらのパッケージをインストールするスクリプトを提供しておく。

スクリプトは、GitHubレポジトリの`cookbookconf.jl`ファイルだ。

このスクリプトを用いると、本書のレシピで用いるすべてのパッケージをインストールしてバージョンを固定する。パッケージの管理については**「1章　Juliaのインストールと設定」**の**「レシピ1.10　パッケージの管理」**を参考にしてほしい。

パッケージを固定しなくてもレシピは動くかもしれないが、APIが互換性のない形で変更されている場合にはうまく動かない場合もあるだろう。そのような場合にはレシピの方を少し修正しなければならないだろう。

ここではパッケージを3つのグループに分けた。

- 外部のソフトウェアに依存しないパッケージ
- 外部のAnaconda Pythonに依存する場合があるパッケージ
- 外部のソフトウェアがないと動作しないパッケージ

`cookbookconf.jl`は、それぞれのグループに対して本書で用いたバージョンとまったく同じバージョンをインストールする。

上に挙げた3つのパッケージグループは、すべて次の関数でインストールされる。

```
using Pkg

function addandpin(spec)
    Pkg.add(PackageSpec(; spec...))
    Pkg.pin(spec.name)
end
```

外部のソフトウェアに依存しないパッケージは以下のスクリプトでインストールする。

```
pkg1 = [(name="StatsBase", version="0.31.0"),
        (name="TimeZones", version="0.9.2"),
        (name="BSON", version="0.2.3"),
```

```
        (name="Revise", version="2.1.8"),
        (name="Distributions", version="0.21.0"),
        (name="Clp", version="0.6.2"),
        (name="HTTP", version="0.8.5"),
        (name="Gumbo", version="0.5.1"),
        (name="StringEncodings", version="0.3.1"),
        (name="ZMQ", version="1.0.0"),
        (name="CodecZlib", version="0.6.0"),
        (name="JSON", version="0.21.0"),
        (name="BenchmarkTools", version="0.4.2"),
        (name="JuliaWebAPI", version="0.6.0"),
        (name="FileIO", version="1.0.7"),
        (name="ProfileView", version="0.4.1"),
        (name="StaticArrays", version="0.11.0"),
        (name="ForwardDiff", version="0.10.3"),
        (name="Optim", version="0.19.1"),
        (name="JuMP", version="0.19.2"),
        (name="JLD2", version="0.1.2"),
        (name="XLSX", version="0.5.4"),
        (name="Cbc", version="0.6.2"),
        (name="DataFrames", version="0.19.2"),
        (name="CSV", version="0.5.9"),
        (name="DataFramesMeta", version="0.5.0"),
        (name="Feather", version="0.5.3"),
        (name="FreqTables", version="0.3.1"),
        (name="OnlineStats", version="0.27.0"),
        (name="MySQL", version="0.7.0"),
        (name="Cascadia", version="0.4.0"),
        (name="UnicodePlots", version="1.1.0"),
        (name="ParallelDataTransfer", version="0.5.0")]

foreach(addandpin, pkg1)
```

外部のAnaconda Pythonに依存する場合があるパッケージ8章の「**レシピ8.5　JuliaからPythonを使う**」を参照）のインストールは下のスクリプトで行う。

```
pkg2 = (name="Conda", version="1.3.0"),
       (name="PyCall", version="1.91.2"),
       (name="PyPlot", version="2.8.1"),
       (name="Plots", version="0.26.0"),
       (name="StatsPlots", version="0.10.2")]

foreach(addandpin, pkg2)
```

外部ソフトウェアのインストールが必要なパッケージもある。`RCall.jl`、`JDBC.jl`、`LibPQ.jl`、`Gurobi.jl`などだ。これらのパッケージをインストールする際には、事前に必要なソフトウェアをインストールしておかなければならない。`RCall.jl`については、8章の「**レシピ8.6　JuliaからRを使う**」を、

`JDBC.jl`と`LibPQ.jl`については、9章の**「レシピ9.1　Juliaでデータベースを使う」**を、`Gurobi.jl`については、**「レシピ9.2　JuMPを使って最適化問題を解く」**を参照してほしい。必要なソフトウェアをインストールしたら、下のスクリプトでパッケージをインストールできる。

```
pkg3 = (name="RCall", version="0.13.3"),
       (name="JDBC", version="0.4.1"),
       (name="LibPQ", version="0.11.0"),
       (name="Gurobi", version="0.6.0")]

foreach(addandpin, pkg3)
```

サンプルコードのダウンロード

サンプルコードは、レシピごとにそれぞれのディレクトリに格納されている。それぞれのレシピには読者が入力するべきテキストを収めた`commands.txt`ファイルが用意されている。このファイルの個々のエントリにはプロンプト（`$`や`julia>`）が付けられており、どの環境で入力するべきコマンドなのか（OSシェルなのかJuliaのインタラクティブモード（REPL）なのか）がわかるようになっている。ほとんどのレシピには、Juliaプログラムのソースコードを収めたファイルも用意されている。また、可能なレシピについては、Jupyter Notebookも用意した。ファイルのリストと、その内容はレシピの「準備しよう」の節に示してある。

サンプルコードはGitHub（原書：https://github.com/PacktPublishing/Julia-1.0-Programming-Cookbook、日本語版：https://github.com/oreilly-japan/julia-programming-cookbook/）に置いてある。

本書の表記法

本書では以下の表記法を用いる。

コードフォント（`CodeInText`）

文中のコード、データベーステーブル名、フォルダ名、ファイル名、ファイル拡張子、ファイルパス、ダミーのURL、ユーザの入力、Twitterのハンドル名に用いる。例を示す。「ダウンロードしたディスクイメージファイル`WebStorm-10*.dmg`をディスクとしてマウントする。」

コードブロックは下のように書く。

```
html, body, #map {
 height: 100%;
 margin: 0;
 padding: 0
}
```

コードブロックに示した内容の使い方（ファイルに書き込む、コンソールで実行する、など）は個別に説明する。

プロンプトに対する入力は太字で、その結果である出力は通常のフォントで書く。

```
julia> collect(1:5)
5-element Array{Int64,1}:
 1
 2
 3
 4
 5

julia> sin(1)
0.8414709848078965

julia>
```

OS (UnixやWindows) のシェルで実行するコードは、プロンプトとして$を用いる (Windowsでは実際にはC:\のようになる)。$の後ろに書かれているのがコマンドなので、それを実行してほしい。例えば、次のコマンドは、現在のディレクトリ内の情報を表示する。

```
$ ls
```

Juliaで実行するコマンドは、julia>プロンプトに続けて書かれている。例えば最小限のJuliaのセッションを書くと次のようになる。

```
$ julia --banner=no
julia> 1 + 2
3

julia> exit()

$
```

ここではまず、OSのシェルでjuliaコマンドを実行してJuliaをインタラクティブモードで起動し、Juliaのインタラクティブな環境で1 + 2を実行した。すると、Juliaがこれに対する出力として3を表示した。最後に、exit()と入力して、Juliaのコマンドセッションを終了してOSのシェルに戻った (最後に$プロンプトがあるのはこのためだ)。コードブロックによっては、個別に指示が書かれている場合もある。例えばコピーしてコンソールにペーストする場合もある。

レシピによっては、Juliaのインタラクティブモードで他のプロンプトが出てくる場合がある (例えば、パッケージマネージャモードやシェルモードなど)。そのような場合はそのレシピで説明する。

本書で示したレシピはすべてLinux Ubuntu 18.04 LTSとmacOS 10.14とWindows 10でテストしている。他のLinuxディストリビューションを使っている場合には、適宜スクリプトを書き換えてほしい (Red Hat系ならaptの代わりにyumを使うなど)。

ゴシック

新しい言葉、重要な言葉を導入する際に用いる。

警告や重要な但し書きはこのように表記する。

ヒントや裏技はこのように表記する。

節の構成

本書では同じ節タイトル（準備しよう、やってみよう、説明しよう、もう少し解説しよう、こちらも見てみよう）が繰り返し使われている。

レシピを最後まで実行できるようにするために、それぞれのレシピがこれらの節で構成されている。

準備しよう

この節では、そのレシピで何をしようとしているのかを説明し、そのレシピを実行するために必要なソフトウェアその他の準備方法を解説する。

やってみよう

この節には、レシピを実行するために必要な手順が書かれている。

説明しよう

この節は、直前の「やってみよう」で何が起きたのかを説明する。

もう少し解説しよう

この節は、レシピをより深く理解するために必要な情報を提供する。

こちらも見てみよう

この節では、レシピに関連する有用な情報へのリンクを提供する。

連絡先

本書に関するご意見、ご質問などは、出版社に送ってほしい。

株式会社オライリー・ジャパン
電子メール japan@oreilly.co.jp

本書には、正誤表、追加情報を掲載したWebサイトがある。

https://www.oreilly.co.jp/books/9784873118895/

目次

0章 Julia言語入門(日本語版補遺)

JuliaはRubyやPythonに似た動的言語でインタラクティブにデータの解析を進めるのに適している。一方で言語設計としては科学技術計算を指向していて、極端に言えばPythonよりもFortranに近い部分もある。この章では、Juliaの特徴をJavaやPythonなど他の言語と比較しつつ簡単に紹介しよう。

0.0 Juliaの特徴

Juliaの特徴を一言で言えば、「科学技術計算を指向した動的な言語」となる。科学技術計算にとっては性能が至上命題なので、歴史的に静的に型が決定しコードを事前にコンパイルし最適化できる言語が使われてきた。FortranやCがそうだ。しかしこれらの言語は、記述モデルの抽象度が低いため複雑なアルゴリズムを記述しにくい、事前にコンパイルが必要なため、さまざまな手法を試行錯誤するのに適していない、という問題点があった。

これに対して、昨今では静的言語で書かれた高速なライブラリを、動的言語から呼び出す手法が用いられるようになっている。RやMATLAB、PythonのNumPyなどがこれに当たる。この方法は広く成功を収めているが、結局ライブラリのコア部分はCなどの高速な静的な言語で書かなければならないので、新たなアルゴリズムを実装するのは容易ではない。

Juliaは最新の計算機言語技術を使ってこの問題を解決しようとしている。つまり、動的言語の特徴である書きやすさ、試行のしやすさを維持したまま、静的言語と同程度の性能を得ようという試みだ。このキーとなる技術は型推論とJITコンパイルだ。Juliaはこれらの技術を用いて、型が定まり最適化が可能になったプログラムを、動的にコンパイルして実行する。これによって高速な実行が可能になる。

Juliaには以下のような特徴がある。

- JITコンパイルされ、最適化された機械語が実行される実行機構
- 配列の配列ではない多次元配列
- 柔軟な関数の利用
- 構造体と総称関数によるオブジェクト指向プログラミング
- ジェネリクス

- 共用型
- マクロによるメタプログラミング

以下の節で1つずつ見ていこう。

0.1　効率の良い実行機構

Juliaは一見、PythonやRubyなどと同じ、インタプリタ形式のスクリプト言語のように見えるが、中身はかなり違っている。Juliaの処理系はインタプリタではない。JuliaはJITコンパイルという技術で、実行時に機械語に変換されて実行される。起動時にコードがコンパイルされるため、そこにはある程度の時間がかかるが、その後のコードの実行は相当に高速だ。

高速な機械語コードにコンパイルするためには、変数の型が1つに決まっていることが重要だ。普通のコンパイル言語は、静的にプログラマが宣言した情報と、そこから型推論された情報を使って、変数の型を決定する。これに対して、Juliaでは関数が実際に呼び出されたときにその場（Just In Time）でコンパイルする。このため、実際に呼び出されたときの情報を使うことができるので、静的な型付き言語よりも有利な条件で機械コードを生成できる。

ただしそれには、JITコンパイル時に関数内のすべての変数の型が確定することが必要だ。これを**型安定**（type stability）と呼ぶ。型安定性については「**レシピ6.8　型安定性を保証する**」で詳しく説明されている。

では具体的にJuliaの実行速度は他の言語と比較してどのくらい速いのだろうか。100万個の`Float64`の配列を加算するプログラムをJulia、Python、Cで書いて実行してみた。手元のコンピュータで簡単に試したところ、Juliaは1ミリ秒、Pythonは50ミリ秒、Cは1ミリ秒程度であった。Pythonより50倍速く、Cとほとんど同じ速度となっている。単純なループの性能だけでは十分なデータとは言えないが、この結果だけを見れば、C言語を置き換えるに足りる性能だと言える。

0.2　配列

0.2.1　多次元配列

Juliaは多次元配列をサポートしている。つまり任意の次元数の配列を作成することができる。PythonのNumPyと同じだ。ここで注意してほしいのは多次元配列と配列の配列の違いだ。配列の配列は、配列の要素が配列になっている1次元の配列で、多次元配列とは本質的に異なる。Javaには配列の配列はあるが、多次元配列はない。多次元配列は要素へのアクセスが高速だ。配列の配列は本質的に多段参照になるため、高速化が難しい。

Juliaがすごいのは、多次元配列**しか**ないことだ。例えば最も多用するであろうリストも、実は1次元の多次元配列として実装されている。

```
julia> a = [1, 2]
2-element Array{Int64,1}:
```

```
 1
 2
```

Arrayの後ろのInt64が要素の型を、1が次元数を表している。

1次元配列のVector、2次元配列のMatrixも型としては存在するが、いずれも多次元配列Arrayの特定の次元数の別名に過ぎない。

```
julia> Matrix
Array{T,2} where T

julia> Vector
Array{T,1} where T
```

0.2.2 1オリジン

Juliaにはいくつも面白い点があるのだが、その1つが、インデックスが1で始まることだ（1オリジンと言う）。例えば上の配列の最初の要素にアクセスするには1を用いる。

```
julia> a[1]
1
```

C、Java、Pythonなどインデックスが0で始まる言語（0オリジンと呼ぶ）に慣れ親しんだプログラマにはかなり違和感があるだろうが、R、MATLAB、Fortranなども1オリジンだ。数式でのインデックスは普通1から始めるので、数学的に1オリジンのほうが素直なのだろう。

0.2.3 カラムメジャー

多次元配列で多用されるのは行列だが、行列を表現する際の1次元目がカラム（列）方向になっている。例を挙げよう。次のような2×2行列を考える。

```
julia> m = [1 2; 3 4]
2×2 Array{Int64,2}:
 1  2
 3  4
```

これは、メモリ上では列方向優先で格納されている。つまり1, 2, 3, 4ではなく、1, 3, 2, 4の順番だ。

```
julia> print("$(m[1]), $(m[2]), $(m[3]), $(m[4])")
1, 3, 2, 4
```

つまり多次元配列の1次元目は縦ベクトルという扱いになる。これは、リストを表示した場合に、内容が縦方向に羅列されることからもわかる。一方PythonやCでは一般に1次元目を横ベクトルと考える。

FortranやRやMATLABではJulia同様に縦ベクトルを優先して考える。これをカラムメジャーと呼ぶ。このことからも、Juliaがいわゆるプログラマではなく、統計などを専門とするアプリケーションユーザを指向していることがわかる。

0.2.4　配列の内包表記

配列を加工して配列を作るのに便利な書き方である内包表記（comprehension）が用意されている。書き方はPythonと同じだ。

```
julia> [i + 1 for i in [1, 2, 3]]
3-element Array{Int64,1}:
 2
 3
 4
```

0.2.5　関数のブロードキャスト

Juliaにはブロードキャストという機能があり、配列のすべての要素に任意の関数を適用して、結果をまた配列として収集することができる。これにはドット（ピリオド）. を用いる。

関数の場合には関数名と引数列のカッコの間にドットを付ける。

```
julia> f(x) = 1 + x
f (generic function with 1 method)

julia> f.(1:5)
5-element Array{Int64,1}:
 2
 3
 4
 5
 6
```

演算子をブロードキャストすることもできるが、その場合には、ドットを演算子の前に付ける。

```
julia> [1, 2, 3] .* [4, 5, 6]
3-element Array{Int64,1}:
  4
 10
 18
```

関数と演算子のブロードキャストについては**「レシピ4.10　Juliaのブロードキャストを理解する」**で詳しく紹介する。

0.2.6　ビュー

ビューとは、元の配列の一部をコピーせずに取り出す機能だ。これには`view`関数を用いる。

```
julia> a = [1:5;]                    # 元の配列
```

```
5-element Array{Int64,1}:
 1
 2
 3
 4
 5

julia> a[3:4]                      # コピーして一部を取り出す
2-element Array{Int64,1}:
 3
 4

julia> view(a, 3:4)                # コピーせずに取り出す
2-element view(::Array{Int64,1}, 3:4) with eltype Int64:
 3
 4
```

取り出されたビューはSubArrayと呼ばれる配列に準じた型になり、配列とほとんど同じように利用することができる。特に大規模な配列においては、コピーのコストが膨大になるので、できればビューを用いたほうがよい。

ビューは多次元に対応しており、例えば3次元の配列から2次元のビューを取り出す、というようなことも可能だ。

0.3　関数とその使い方

Juliaでは関数を値として変数に代入したり、関数に渡したりすることができる。これによっていわゆる高階関数を書くことができる（**「レシピ5.3　関数を値として使う」**）。

0.3.1　関数の定義

関数は以下のようにfunctionキーワードを使って定義する。

```
function add(x, y)
    x + y
end
```

return文がないことに注意しよう。関数の最後の文の値が暗黙の返り値になるので、途中で抜ける場合以外には、return文は不要だ。

関数をfunctionキーワードを使わずに定義することもできる。

```
add(x, y) = x + y
```

この2つの定義は等価だ。

無名関数を定義することもできる。Pythonでいうlambdaだが、キーワードを使わないのでさらにコンパクトに書ける。

```
(x, y) -> x + y
```

functionキーワードを使って書く方法もある。関数ボディに複数の文を書くならこちらのほうが書きやすい。

```
function (x, y)
    x + y
end
```

このような無名関数は、別の関数の引数として用いられるのが一般的だ。

```
julia> map(x -> x+1, 1:3)
3-element Array{Int64,1}:
 2
 3
 4
```

第1引数として、引数に1足す無名関数を定義して、map関数に渡している。この場合は無名関数の引数が1つなので、引数列のカッコを省略している。

0.3.2 doブロック構文

関数を用いた特殊なdoブロック構文が用意されている。

```
関数名(引数1, 引数2,..) do 変数
    関数ボディ部
end
```

これは

```
func(function 変数
        関数ボディ部
    end,
    引数1, 引数2,..)
```

と等価だ。つまりブロック部分を関数として、**関数名**を呼び出す。この機能にはいくつか使い方があるのだが、Pythonでいうwith構文、Javaでいうtry-with-resource構文のように、取得した資源を確実に開放させるために用いられる。例えばオープンしたファイルが自動的に必ずクローズされるようにするには、次のように書く。

```
open("outfile", "w") do io
    write(io, data)
end
```

ここで、用いられているopenは2引数の関数のように見えるが、実際には第1引数に関数を取る、3引数のバージョンが使われており、そのバージョンにオープンしたファイルをクローズするロジックが組み込まれている。

0.3.3 パイプ演算子

パイプ演算子|>は、関数と引数の順番を入れ替える。

```
引数 |> 関数名
```

は、

```
関数名(引数)
```

と同じだ。これだけだと何の意味があるのかわからないだろうが、複数の処理を連続して行う場合に見通しを良くする効果がある。例えば、配列の内容をソートしてから重複を取り除く操作を考えよう。

```
unique(sort([1, 4, 2, 3, 2]))
```

のように書いてもよいのだが、処理の順番とプログラムの字面上の順番が異なるため、認識しにくい。パイプ演算子を用いると、次のように書ける。

```
[1, 4, 2, 3, 2] |> sort |> unique
```

関数としては1引数のものしか使えない点に注意が必要だ（もちろん無名関数を使ってラップしてやれば複数引数の関数でも使える）。

0.4 Juliaによる「オブジェクト指向」プログラミング

Juliaには、C++やJavaやPythonで言うところのクラスがなく、構造体と総称関数によってオブジェクト指向的なプログラミングを実現する。

0.4.1 構造体

Juliaの構造体はデータをひとまとめにして扱う機能で、Cの構造体とほぼ同じだ。構造体は`struct`キーワードで定義するが、デフォルトではメンバが変更不能（immutable）になる。変更可能（mutable）にするには、`mutable`を指定する。例えば2次元座標上の点を表す構造体は以下のようになる。

```
mutable struct Coordinate
    x::Float64
    y::Float64
end
```

0.4.2 総称関数と多重ディスパッチ

総称関数とは、1つの関数名に対して実体がいくつも定義されている関数で、引数の型に応じて実行される実体が選択される関数だ。例として、引数が数値ならば2倍にし、文字列ならば2つ連結したものを返す関数`double`を考えてみよう。

```
julia> double(a::Number) = a * 2
double (generic function with 1 method)
```

```
julia> double(a::String) = a ^ 2      # String に対する^は繰り返しを意味する
double (generic function with 2 methods)
```

2つの関数定義で1つの総称関数doubleが定義されている。個々の型に対する関数定義を**メソッド**と呼ぶ。メソッドという用語の使い方は、一般的なオブジェクト指向言語とは違うので注意しよう。総称関数は1つ以上のメソッドで構成されることになる。総称関数に定義されているメソッドのリストはmethods関数で取得できる。

```
julia> methods(double)
# 2 methods for generic function "double":
[1] double(a::String) in Main at REPL[49]:1
[2] double(a::Number) in Main at REPL[47]:1
```

実行してみよう。

```
julia> double(1.2)
2.4

julia> double("aa")
"aaaa"
```

引数によって実行されるメソッドが異なることがわかる。

0.4.3 構造体と総称関数を用いた「オブジェクト指向」プログラミング

C++やJavaやPythonでは、データフィールドとメソッドを持つ「クラス」を定義し、その「インスタンス」としてオブジェクトを作る。例えば、2次元平面上のベクトルとその加算を考えてみよう。Javaで書くと以下のようになるだろう。データフィールドであるx, yとコンストラクタ、addメソッドがclassというかたまりの中に書かれている。

```
class Vector2D {
    public double x, y;
    Vector2D(double x, double y) { // コンストラクタ
       self.x = x;
       self.y = y;
    }
    public add(Vector2D v0) {
       return new Vector2D(self.x + v0.x, self.y + v1.y);
    }
}
```

Juliaには、データフィールドとメソッドを1つの枠に入れるオブジェクトという概念がない。代わりに構造体と総称関数を用いる。

```
mutable struct Vector2D
    x::Float64
```

```
    y::Float64
end

function add(v0::Vector2D, v1::Vector2D)
    Vector2D(v0.x + v1.x, v0.y + v1.y)
end
```

データ構造を表すstructの定義とそれに対する処理を表すfunctionが分離されている。このように、構造体と総称関数でオブジェクト指向を実現するアプローチは、1990年台のCommon LispのCLOS以来の古典的な手法のひとつで、Rustも採用している。Javaなどのクラスベースのオブジェクト指向言語のメソッドは各クラスに属しているが、Juliaの総称関数は、構造体によるデータ型といわば直交している。

JuliaのコードをJavaのコードと比較するとコンストラクタの定義がないことに気づく。これは、構造体を定義すると、自動的に構造体と同名のコンストラクタ関数が自動的に定義されるからだ。addメソッドで利用しているVector2Dがコンストラクタ関数だ。

0.4.4 Juliaの「オブジェクト指向」の制約

クラスベースのオブジェクト指向は、データ構造を抽象化し隠蔽することを目的の1つとしているが、Juliaのような構造体ベースのオブジェクト指向ではデータ構造は常に開示されている。したがって、いわゆる「カプセル化」の機能はない。また、Juliaには型の階層は存在するものの、コードの共有という意味での継承関係は存在しない。

また、Javaのインターフェイス、Rustでいうトレイトのような、あるオブジェクトが実装しているべきメソッドを明示的に示す機能もない。イテレーションやインデックスなどの重要な機能が非公式のインターフェイス（本書ではプロトコルと呼んでいる）で実装されているが、これらを明示的に宣言する方法はない。

非公式なインターフェイスについてはhttps://docs.julialang.org/en/v1.2/manual/interfaces/を参照してほしい。

0.5 パラメータ化型

0.5.1 パラメータ化型と型パラメータ

Juliaでは、型を定義する際にその一部を型パラメータとして残しておき、実際に使うときに指定して具体的な型を作成することができる。この機能をパラメータ化型（parametric type）と呼ぶ。Javaなどではジェネリクスと呼ばれている機能だ。

例えば上の例で用いたVector2Dを考えてみよう。上で定義したVector2DはxとyにFloat64しか利用できなかったが、これを一般の実数で使えるようにするには次のように定義すればいい。

```
mutable struct Vector2D{T <: Real}
    x::T
```

```
    y::T
end
```

実際に使う際には型パラメータを指定する。

```
Vector2D{Int32}(1, 2)
```

0.5.2　共変と非変

ある型A, Bの間にサブタイプの関係がある場合に、これらA, Bを用いて作った何らかの型X{A}, X{B}の間にも何らかのサブタイプ関係ができると考えるのが自然だろう。どのようなサブタイプ関係ができるかを、総称して**変位**（variance）と呼ぶ。変位には、共変（covariant）、非変（invariant、不変とも）、反変（contravariant）の3つの可能性がある。

型Bが型AのサブタイプだとしようB。これをB <: Aと書く。共変の場合には作られた型のサブタイプ関係が元の型のサブタイプ関係と一致する。つまりX{A} <: X{B}となる。非変の場合にはX{A}とX{B}の間には何も関係が生じない。どちらも他方のサブタイプではない。反変の場合には、共変の場合と逆になる。つまりX{B} <: X{A}となる。

Juliaのパラメータ化型の変位を**表0-1**に示す。Juliaではタプル以外では非変になっているのが特徴だ。

表0-1　複合型の変位

言語要素	変位
タプル	共変
配列	非変
名前付きタプル	非変
構造体	非変

簡単な例で見てみよう。まずB <: Aとなる2つの型と、構造体を用意する。

```
abstract type A end
struct   B <: A end

struct C{T}
    a::T
end
```

まず共変となるタプルを確認してみよう。BのタプルがAのタプルのである、と判定されている。

```
julia> (B(),) isa Tuple{A}                      # タプル
true
```

次に配列、名前付きタプル、構造体を見てみよう。いずれの場合もBで作った型がAで作った型のサブタイプではない、と判定されている。

```
julia> [B()] isa Vector{A}                      # 配列
false
```

```
julia> (x=B(),) isa NamedTuple{(:x,), Tuple{A}}                # 名前付きタプル
false

julia> C(B()) isa C{A}                                         # 構造体
false
```

ただし、いずれの場合も`<:`を用いて型パラメータを指定すれば共変にすることができる。`<: A`はAのサブタイプすべてを指す。

```
julia> [B()] isa Vector{<:A}                                   # 配列
true

julia> (x=B(),) isa NamedTuple{(:x,), Tuple{T}} where T <: A   # 名前付きタプル
true

julia> C(B()) isa C{<: A}                                      # 構造体
true
```

「レシピ5.1　Juliaのサブタイプを理解する」で詳細に解説されている。

0.6　共用型（Union）

「複数の型のいずれか」を意味する共用型（Union）という特殊な抽象型が用意されている。Cにもunion（共用体）と呼ばれる言語機能があるが、Cの共用体は1つのメモリ領域を複数の型で流用することが目的であるのに対して、Juliaの共用型は抽象型なのでそもそもメモリとは関係なく、型を定義することそのものが目的なので、Cのunionとはまったく違うものだと思ったほうがいい。

Unionはキーワード`Union`で定義する。下の`IntOrString`は、`Int`もしくは`String`を表す型になる。したがって、`Float64`である`1.0`は`IntOrString`のサブタイプではない。

```
IntOrString = Union{Int, String}

"test" isa IntOrString   # true
1      isa IntOrString   # true
1.0    isa IntOrString   # false
```

共用型の目的や用途はRustの列挙型（enum）に近い。最も有用な使い方としては、Rustで言う`Option`、Haskellで言う`Maybe`のような型として使うことが考えられる。ある関数は`Int`を返すが、失敗することもあるとしよう。失敗した場合には失敗したことを、成功した場合にはその`Int`値を、1つの値として返したい。このような場合には次のように`Option`を定義して使うことが考えられる。

```
Option{T} = Union{T, Nothing}        # Option は任意の型TとNothingのいずれか

function intOrNothing() Option{Int}  # Option{Int} はIntとNothingのいずれか
    rand() > 0.5 ? 1 : nothing
```

```
end
```

ここでNothingは値nothingを1つだけ持つ型だ（「**0.8.7 nothingとmissing**」参照）。

共用型は、「**レシピ6.3 ユーザ定義型を作ってみる—連結リスト**」で使われている。また、7章ではデータフレームの列の型としても登場する。

0.7 マクロと文字列マクロ

0.7.1 マクロ

マクロとはコンパイル時にコードを置き換える機構で、一見すると関数とよく似ているが実行方法はまったく違うので注意が必要だ。マクロには、引数が抽象構文木として渡され、抽象構文木を返す。返された構文木を評価したものがマクロ呼び出しの結果となる。例えばマクロmと関数fに対してそれぞれ1+1を引数として呼び出したとしよう。

```
@m(1+1) # マクロ呼び出し
f(1+1)  # 関数呼び出し
```

マクロmに渡されるのは1+1という構文解析木だが、関数fに渡されるのは1+1が評価されて得られた2という値だ。

マクロは、macroキーワードで定義し、@を冒頭に付けて呼び出。例として、与えられた式を評価する時間を計測するマクロを書いてみよう。quoteは構文解析木を作る構文だ。

```
import Dates
macro mytime(expr)
    esc(
        quote
            now = Dates.now()          # 実行開始前の時刻を計測
            tmp = $expr                # 式を評価して結果tmpに格納
            println(Dates.now() - now) # 実行後の時刻を測り、結果を出力
            tmp                        # ブロック全体の値として式の評価結果を返す
        end
    )
end
```

引数として任意の式を与えてマクロを実行すると時間が計測される。

```
julia> @mytime(sum(rand(100000000)))
523 milliseconds
4.999804165641142e7
```

ここで注意するべき点は、nowとtmpという変数が導入されていることだ。これが呼び出し側の環境の変数を上書きしてしまうと非常にややこしいことになる。

juliaのマクロはそのようなことの起きない**ハイジニックマクロ**（hygienic macro、健全なマクロ）になっている。マクロの中で定義された変数は自動的に、衝突しないユニークな名前に置き換えられる。

しかしこうなると今度は、呼び出し側の環境で定義された変数にアクセスできなくなってしまうので、これを回避するために関数escが用意されている。ここでも、引数として与えられる式の中の変数を保護するためにescを用いている。

マクロは、**「レシピ2.2　行列乗算を高速に行う」**、**「レシピ6.2　マクロと関数生成を理解する」**などで用いられている。

0.7.2 文字列マクロ

文字列マクロは*xxx*_strの形をした名前を持つ特殊なマクロだ。文字列マクロは*xxx*を前に付けた特殊な文字列リテラルを作る。例えば、Juliaの正規表現はr"-?\d+$"のように書くが、これはr_strというマクロで実現されている。

例として、文字列をそのまま評価する文字列マクロexprを書いてみよう。

```
macro expr_str(string)
    esc(Meta.parse(string))
end
```

これを使うと次のように実行することができる。

```
julia> x = 0
julia> expr"x = 3";
julia> x
3
```

文字列マクロは**「レシピ2.4　正規表現を使ってGitログを解析する」**の正規表現のほか、**「レシピ8.6　JuliaからRを使う」**のRCallでも使われている。

0.8 その他の言語機能

0.8.1 タプル

タプルは、任意の型の値を複数保持できる、固定長の配列のようなもので、カッコを使った簡単なリテラルで定義できる。Pythonでもまったく同じ構文でサポートされている。

```
julia> typeof((1, "test"))
Tuple{Int64,String}
```

関数から複数の値を場合などにもよく用いられる。

```
julia> f() = (1, 2)
f (generic function with 1 method)

julia> a, b = f()
(1, 2)

julia> a
```

```
1

julia> b
2
```

タプルを複数の変数に代入すると、各要素が分割されて代入されることに注意しよう。

NTuple{N, T}というパラメータ化型が用意されている。これは「型Tの要素を正確にN個持つタプル」を意味する。

配列からタプルを作るには関数tupleを用いる。

```
julia> tuple([1, 2]...)
(1, 2)
```

...は、直前の引数を分解して引数として並べることを指定している。つまりこの書き方は、tuple(1, 2)と書くのと等価だ。

また、タプルを作成する補助関数ntupleも用意されている。これは第1引数にインデックス番号から値を作る関数を、第2引数にタプルの要素数を取る関数で、規則的で大きいタプルを作るのに便利だ。

```
julia> ntuple(i->i, 10)
(1, 2, 3, 4, 5, 6, 7, 8, 9, 10)
```

0.8.2 Symbol

JuliaにはSymbolと呼ばれる言語要素がある。シンボルはStringと同じように、文字列を表す。:を冒頭に付けるか、Symbol関数を使って作成する。

```
julia> :test
:test

julia> Symbol("test")
:test

julia> typeof(:test)
Symbol
```

同じ文字列を表すSymbolは常に同一のオブジェクトであることが保証されるため、メモリ効率がいい。また、SymbolとSymbolの比較はアドレスの比較で済むため、StringとStringの比較よりも高速だ。Symbolはメタプログラミング時の構文木中の識別子名や、DataFrameのラベル名などに用いられる。

0.8.3 Dict

Dictは辞書を表す構造体だ。Pythonと異なり、Juliaには辞書を書くための特別なリテラル記法は用意されておらず、Dict関数を使って作成する。このときPairと呼ばれる=>で区切る構造を引数として与えることで、リテラルっぽく書くことができる。

```
julia> Dict(:a => 1, :b => 2)
Dict{Symbol,Int64} with 2 entries:
  :a => 1
  :b => 2

julia> ans[:a]
1
```

0.8.4　ショートカット構文

「||」はORを表す演算子だが、左辺が真であった場合には、右辺の値によらず式全体の値が真となるため、右辺を評価しない。同様に「&&」はANDを表す演算子だが、左辺が偽であった場合には、右辺を評価しない。これを利用して、条件に応じて実行する文を書くことができる。

```
条件 || 実行文  # 条件が偽のときだけ実行文が実行される
条件 && 実行文  # 条件が真のときだけ実行文が実行される
```

サンプル中でも何箇所か使われているので覚えておこう。

0.8.5　文字列補間

$を使って文字列に値を埋め込むことができる。これを**文字列補間（String interpolation）**と呼ぶ。

```
julia> x = 1
1

julia> "x = $x"
"x = 1"
```

$に続く最小の式表現が、補間対象となる。したがって、カッコを使えばその場で簡単な計算をすることもできる。

```
julia> "x *3 = $(x * 3)"
"x *3 = 3"
```

この方法では、数値型の出力を細かく指定することができない。細かく指定したければ、C言語のprintfに準じた出力指定を実現したPrintfパッケージのprintfおよびsprintfマクロを使う。printfはデフォルトでは標準出力に直接出力し、sprintfはstringを返す。printfには第1引数で出力先ストリームを指定することもできる。

```
julia> using Printf
julia> @printf("%0.2f", π)              # デフォルトの標準出力へ出力
3.14
julia> @printf(stderr, "%0.2f", π)      # 標準エラーを指定して出力
3.14
```

```
julia> @sprintf("%04x", 100)          # 文字列に変換
"0064"
```

0.8.6 レンジ

Juliaには連続した数字の列を作る機能が用意されている。開始点と終了点を:で区切る。例えば1から10まで書くfor文は次のように書く。

```
for i in 1:10
    println("$i")
end
```

ここで重要なのは指定した開始点と終了点が生成される列に**含まれる**ということだ。

ステップサイズを指定するには、3つ組にして真ん中に書く。

```
julia> collect(10:-2:1)
5-element Array{Int64,1}:
 10
  8
  6
  4
  2
```

0.8.7 nothingとmissing

Juliaには、他の言語でいうnullやnoneに相当する値として、nothingとmissingの2つが用意されている。nothingは型Nothingの唯一の値、missingは型Missingの唯一の値だ。

nothingとmissingは両方とも値がないことを表すが、nothingは値がないことが異常である場合に、missingは値がなくても正常である場合に使う。具体的には演算した場合の挙動が異なる。nothingに対して何らかの演算を行うとエラーが発生する。これに対してmissingの場合はmissingが伝播していくだけで、エラーは起きない。

```
julia> missing + 1
missing
```

missingについては**「レシピ7.5 欠損値を扱う」**で詳しく説明する。

0.8.8 数式の表現

Juliaはプログラムの字面を数式に可能な限り近づけられるように設計されている。このために、通常のascii文字だけでなく、任意のunicodeをプログラム中から利用できるようになっている。例えばμやσを変数として使うことができる。また、円周率や自然対数の底は、π、eとしてデフォルトで定義されている(eはアルファベット小文字のeとは異なる)。

これらの特殊な文字は、インタラクティブモードから容易に入力できるようになっている。例えばπ

は\piとタイプして[Tab]を打つと自動的に変換される。利用できる文字とその入力方法は、https://docs.julialang.org/en/v1.2/manual/unicode-input/index.htmlにまとめられている。

さらに、演算子としてもさまざまな文字を利用することができる。例えば整数除算は÷、排他的論理和には⊻を用いる。演算子はユーザが定義することもできるが、その際にも広範な文字の範囲から演算子文字を選択することができる。

また、Juliaでは、数値リテラルと変数の掛け算の際に掛け算記号を省略することができる。2*πではなく2πと書けるのだ。

```
julia> 2π
6.283185307179586
```

また、括弧でくくった式に対しても同じように書くことができる。

```
julia> 2(1 + 1)
4
```

この記法の演算子としての優先順位は、他の2項演算子よりは高いが、単項演算子よりは低い。したがって、a / 2bはa / (2 * b)と解釈されるが、-2aは(-2) * aと解釈されるので注意が必要だ(この場合には問題はないが、単項演算子によっては結果が変わる)。

これらの機能を適切に利用すれば、数式とプログラムの字面を近づけることができる。

0.8.9 イテレータ

ほとんどすべての近代的な言語には繰り返し処理を一般化したイテレータ(Iterator)という概念がある。Juliaでもこれを使うことができ、例えばfor文などもこのイテレータのインターフェイスを使うように設計されている。

ユーザが定義した型でイテレータを定義するには、iterate関数を定義する必要がある。

```
Base.iterate(iter [, state]) -> Union{Nothing, Tuple{Any, Any}}
```

stateは繰り返し処理の状態を表す何らかのデータだ。繰り返し処理を終わらせるにはnothingを、データを返す場合には、データそのものと次の状態のタプルを返す。

例えば、次のforループを考えてみよう。

```
for i in iter   # or  "for i = iter"
    # ループボディ部
end
```

このループは

```
next = iterate(iter)
while next !== nothing
    (i, state) = next
    # ループボディ部
    next = iterate(iter, state)
```

```
end
```

のように変換されて実行されると思えばいい。

簡単な例を考えてみよう。独自のデータを保持するコンテナをforループで処理できるようにしてみよう。

```
struct Container{T}
    cont :: Vector{T}
end
```

実際のデータは配列contに保持する。

繰り返し処理の状態を管理するにはこの配列のインデックスを保持すればいい。したがって本当はint641つで十分なのだが、ここでは例を示すのが目的なので、より複雑な状況を想定して構造体を使う。この構造体はインデックスをカウンタで保持する。カウンタをインクリメントする関数inc!も用意する。この関数はインクリメントする**前**のカウンタ値を返すことに注意してほしい。

```
mutable struct ContainerIteratorStatus
    counter :: Int64
end

function inc!(c::ContainerIteratorStatus)
    tmp = c.counter
    c.counter += 1
    tmp
end
```

こうすると、iterateは次のように書ける。1つ注意すべきなのは、明示的にBase.iterateとしていることだ。こうしないと定義しているモジュールのiterate関数を定義したことになるので、for文で使ってくれない。

```
function Base.iterate(c::Container{<:Any}, state = nothing)
    if state == nothing                        # 最初に呼び出された場合
        iterate(c, ContainerIteratorStatus(1)) # 状態を初期化して再呼び出し
    elseif state.counter > length(c.cont)      # 最後まで処理した場合
        nothing
    else
        (c.cont[inc!(state)], state)           # 中身と更新された状態を返す
    end
end
```

これで、for文をContainer型に使えるようになる。

```
julia> for i in Container([1, 2, 3])
           println(i)
       end
1
```

```
2
3
```

しかしこれでは、関数collectなどは動かない。同様にしてBase.lengthを定義するとcollectが使えるようになる。

```
Base.length(c::Container{<:Any}) = length(c.cont)
```

イテレータは**「レシピ2.1 配列中の最小要素のインデックスを取得する」**で使われている。

また、**「レシピ6.3 ユーザ定義型を作ってみる—連結リスト」**でもイテレーションプロトコルを実装している。

1章 Juliaのインストールと設定

本章で取り上げる内容

- Juliaのインストール方法
  —Juliaのさまざまな環境にインストールする
  —JuliaをLinuxでソースからビルドする
  —JuliaをAWSクラウド上のCloud9 IDEで使う
- Juliaの基本的な使い方
  —Julia起動時の動作を変更する
  —Juliaをマルチコアで使う
  —Juliaのインタラクティブモードを使いこなす
  —Juliaで計算結果を表示する
  —パッケージの管理
- 高度なJuliaの使い方
  — JuliaをJupyter Notebookで使う
  —JuliaをJupyterLabで使う
  —ターミナルしか使えないクラウド環境でJupyter Notebookを使う

はじめに

どんなプログラミング言語でも同じだが、はじめに開発環境を注意深く設定しておかないと、うまく活用することはできない。Juliaはオープンソースの言語なので、Juliaをサポートする機能はさまざまなツールに統合されている。ということは、開発者にとっては、Juliaのツールボックスを構築する方法がたくさんあるということになる。

まず最初に使うJuliaの配布パッケージを決める必要がある。バイナリパッケージとソースパッケージの2つの選択肢がある。あまり広く使われていないハードウェアを使いたい場合や、最新のコンパイラ機能を使いたい場合には、ソースパッケージを使おう。この場合には、Juliaのビルドに用いるコンパイラ（GCCかIntelコンパイラか）と、Intelの数値演算ライブラリにリンクするかどうかを決めなければならない。

次に決めなければならないのは、利用するIDEだ。Juliaはさまざまなエディタでサポートされているが、最も広く使われているのはAtomにJunoプラグインを使う形だろう。ブラウザベースのJulia IDE、例えばJupyter Notebook、JupyterLab、Cloud9を使う方法もある。

本章では、これらの選択肢のそれぞれについて説明し、Juliaの開発環境を設定する方法を紹介する。また、重要な技術上のヒントやわれわれがおすすめする環境設定についても紹介する。

レシピ1.1 Juliaをバイナリパッケージでインストールする

このレシピでは、Juliaの開発環境をLinux環境とWindows環境にそれぞれインストールして設定する方法を紹介する。

準備しよう

Linux/macOSとWindows上にJuliaをインストールして設定する方法を紹介する。

本書で示すLinuxの実行例はすべて、Linux Ubuntu 18.04.1 LTSとでテストした。Linuxのコマンドはユーザubuntuで実行することを仮定している。Linuxの他のディストリビューションを使っている場合は、適宜読み替えてほしい（例えばRed Hat系のユーザであれば、aptではなくyumを使うなど）。

Windowsの実行例のテストにはWindows 10 Professionalを用いた。

やってみよう

一部の特別な場合を除いて、バイナリパッケージを使ったほうがいい。

ここでは、下の3つを説明する。

- Linux UbuntuへのJuliaのインストール
- WindowsへのJuliaのインストール
- macOSへのJuliaのインストール

Linux UbuntuへのJuliaのインストール

JuliaをLinux上で使うには、バイナリパッケージをインストールするのが一番簡単だ。ここでは、Ubuntuでのインストール方法を紹介するが、他のディストリビューションでも手順はほとんど同じだ。

Juliaをインストールする前に、Linuxの標準的なビルドツールをインストールしておこう。Juliaそのものを実行するためには必要ないのだが、Juliaのパッケージインストーラがこれらのツールを使うからだ。OSのシェルから次のように打ち込んでインストールする。

```
$ sudo apt update
$ sudo apt -y install build-essential
```

Juliaをインストールするには、バイナリアーカイブをhttps://julialang.org/からダウンロードして解凍し、**julia**というシンボリックリンクを作るだけだ。これには、下の3つのbashコマンドを実行すればいい（/home/ubuntuで実行することを仮定している）。

```
$ wget https://julialang-s3.julialang.org/bin/linux/x64/1.2/julia-1.2.0-linux-x86_64.tar.gz
$ tar xvfz julia-1.2.0-linux-x86_64.tar.gz
$ sudo ln -s /home/ubuntu/julia-1.2.0/bin/julia /usr/local/bin/julia
```

最後のコマンドでJuliaのバイナリへのシンボリックリンクを作っている。インストールのあとにこのようにリンクを作るだけで、OSのシェルから`julia`コマンドを実行できるようになる。

JuliaのWebページ（https://julialang.org/downloads/）には、ここに示したものよりも新しいバージョンがあるかもしれない。その場合には上に示したコマンドのファイル名の部分を適宜更新してほしい。また、このページには**nightly build**バージョン（毎晩最新のレポジトリからビルドされるバージョン）もある。このバージョンは、最新の言語機能を試したいのでもなければ使わないほうがいい。

WindowsへのJuliaのインストール

JuliaをWindowsにインストールする一番簡単な方法は、バイナリのインストーラをJuliaLangのWebサイトからダウンロードしてくる方法だ。

以下のようにすれば、Windows上にJuliaをインストールできる。

1. https://julialang.org/downloads/の［Windows (.exe)］をダウンロードする。64-bit版を使うといい。
2. ダウンロードした`*.exe`ファイルを解凍する。この際、解凍先はパス名にスペースが入っていないところにする。例えば、`C:\Julia-1.2.0`などがいいだろう。
3. インストールがうまくいったら、スタートメニューにはJuliaへのショートカットができているはずだ。このショートカットをクリックして、Juliaのインストールがうまくいったか確認してみよう。
4. 以下のようにして、`julia.exe`をシステムのパスに入れる。
    1. ［エクスプローラー］を開き、［PC］を右クリックして、［プロパティ］を選ぶ。
    2. ［システムの詳細設定］から［環境変数(N)...］を開く。

`julia.exe`をシステムパスに追加する際には、**ユーザ環境変数**と**システム環境変数**の2つの変数グループが表示されるはずだ。ここでは**ユーザ環境変数**を使ったほうがいいだろう。JunoなどのツールがJuliaを自動的に見つけることができるのは`julia.exe`が`Path`に登録されているからだ（Junoでは、［Packages］→［Juno］→［Settings...[Ctrl+J Ctrl+,]］からJuliaのパスを明示的に設定することもできる）。

    3. 変数［Path］を選んで［編集(E)...］をクリックする。
    4. 変数の値に`C:\julia-1.2.0\bin`を追加する（ここではJuliaが`C:\julia-1.2.0`にインストールされていることを仮定している）。Windowsのバージョンによって、Pathの値を1行に1つずつ書く場合と、セミコロン`;`で区切って1行にまとめて書く場合があることに注意しよう。

5. [OK]をクリックして確定する。これで、どのフォルダからでもJuliaを起動できるようになる。

Windows上でJuliaを活用するためには、ターミナルソフトのConEmuを使うといい。ConEmuをインストールするには次のようにする。

1. ConEmuのWebサイト(https://conemu.github.io/)に行き、[Download]リンクをクリックし、[DOWNLOAD ConEmu Alpha, Installer(32-bit, 64-bit)]を選択する。
2. `*.exe`ファイルがダウンロードされてくるので、これを実行してConEmuをインストールする。この際に64-bit版を選択すること。他の設定はデフォルトのままでいい。
3. ConEmuのインストールが終わると、スタートメニューとデスクトップにリンクができるはずだ。
4. 最初に起動すると、色の設定を聞いてくるが、デフォルトのままにしておくといい。ConEmuを実行して`julia`とタイプして[Enter]キーをタイプしてみよう。Juliaのプロンプトが出るはずだ。

macOSへのJuliaのインストール

JuliaをmacOSへインストールする場合には、https://julialang.org/downloads/にあるバイナリリリースを使うといいだろう。インストールの手順はLinuxの場合とほとんど同じだ。

Juliaのインストーラは、macOSでは標準の`*.dmg`ファイルとなっている。したがって、(例えばSafariで)ダウンロードして、ダブルクリックして開いて、[Julia-1.2]のアイコンを[アプリケーション]アイコンにドラッグするだけで、インストールできる。

インストールができたら、実際にJuliaがインストールされた場所を下のようにして確認する。

```
$ ls -d /Applications/Julia*/
```

こうすると、Juliaがインストールされた場所(例えば`/Applications/Julia-1.2.app`)が表示される。以下では、/Applications/Julia-1.2.appにインストールされたものとして話を進める。

Juliaをターミナルから使うことも多いだろう。次のようにして起動する。

```
$ /Applications/Julia-1.2.app/Contents/Resources/julia/bin/julia
```

こんなに長いコマンドを打つのは不便なので、`/usr/local/bin`ディレクトリに`julia`実行ファイルへのシンボリックリンクを作ることをおすすめする。

```
$ sudo mkdir /usr/local/bin
$ sudo ln -fs /Applications/Julia-1.2.app/Contents/Resources/julia/bin/julia /usr/local/bin/julia
```

macOSのインストール状況によっては`/usr/local/bin`ディレクトリがデフォルトでは存在しない場合がある。その場合は`mkdir`で作成する。

上の2つのコマンドを実行したら、ターミナルで`julia`とタイプするだけで、Juliaをインタラクティブモードで起動することができる。

Juliaのパッケージのインストール時には、複雑なコンパイルが行われる。したがって、Juliaのパッケージ（例えばCbc.jlなど）をインストールするには、Xcodeの開発ツールが必要になる。これをインストールするには下のコマンドを実行する（これでGUIインストーラが起動する）。

```
$ xcode-select --install
```

さらに、開発用のCommand Line Toolsも必要になる。これは下のコマンドでインストールする（パッケージファイルのバージョン番号を適宜調整する）。

```
$ sudo installer -pkg /Library/Developer/CommandLineTools/Packages/macOS_SDK_headers_for_
macOS_10.14.pkg -target /
```

もう少し解説しよう

手元のコンピュータにインストールせずにJuliaを使いたければ、JuliaBoxを試してみよう。

JuliaBox（https://juliabox.com/）は、Webブラウザからアクセスしてすぐに使えるようにインストールされたJulia環境だ。このサイトでは、JuliaをJupyter Notebookから使うことができる。このWebサイトは無料でも使えるが、登録は必要だ。JuliaBoxには、一般的なライブラリが事前に設定されているので、すぐに使うことができる。Juliaを少しだけ試してみたいユーザや、授業で使うには理想的な環境だ。

こちらも見てみよう

JuliaのWebサイトhttps://julialang.org/downloads/platform.htmlには、さまざまなシステムへのインストール方法が紹介されている。

レシピ1.2　JuliaをIDEで使う

IDE（Integrated Desktop Environments）とは、ソフトウェアの開発やテストに用いるエディタと実行環境が統合されたソフトウェアのことだ。IDEは、シンタックスハイライト（予約語や変数を異なる色で表示することでソースコードを読みやすくする機能）や、補完、GUI環境でのデバッグなどの、視覚的なサポートを提供してソフトウェア開発を容易にしてくれる。

準備しよう

IDEをインストールする前に、Julia本体を1つ前のレシピに従ってインストールしておこう（バイナリからでもよいしソースからでもよい）。

このレシピのGitHubのレポジトリには、Sublime Textの設定ファイルSublimeText.txtが用意されている。Sublime Text以外のIDEの設定はクリックだけでできる。

やってみよう

JuliaのIDEとして広く使われているものが3つある。Juno、Microsoft Visual Studio Code、Sublime Textだ。以下で、それぞれをインストールする方法を説明する。

Juno

筆者がおすすめするJulia開発環境がJunoだ。Juno IDEはhttps://junolab.org/から入手できる。JunoはAtom (https://atom.io/) のプラグインなのでJunoをインストールするには、以下のような手順を踏む必要がある。

1. Juliaをインストールして(前レシピの指示に従って) Path環境変数に登録しておく。
2. Atomをhttps://atom.io/からダウンロードしてインストールする。
3. インストールが完了するとAtomが自動的に起動する。
4. [Ctrl] + [,] ([Ctrl] キーとカンマを同時にタイプ) でAtomの設定画面を開く(macOSでは[Cmd] + [,])。
5. [Install]タブを選択する。
6. [Search packages] フィールドに`uber-juno`と入力。
7. JunoLabによるパッケージ`uber-juno`が出てくるので、[Install] を選んでインストール。
8. インストールがうまくできたかを確認するには、左側の[Show console]アイコン( )をクリック。

Atomを起動すると、最初の1回はJuliaの起動に時間がかかる。これは、Junoが使ういくつかのパッケージを、最初にコンパイルしなければならないからだ。

Microsoft Visual Studio Code

Microsoft Visual Studio Code editorは、https://code.visualstudio.com/からインストールできる。インストーラ実行ファイルをダウンロードし、デフォルト設定でインストールすればいい。Visual Studio Codeを起動したら以下のようにして拡張機能を組み込む。

1. ウィンドウの左側に表示される [Extensions] アイコン ( ) をクリックする (もしくは [Ctrl] + [Shift] + [X] をタイプ、macOSでは [Cmd] + [Shift] + [X])。
2. 検索窓に`julia`と入力する。Julia Language Supportが出てくる。緑色の [Install] ボタンをクリックしてインストールを開始する。
3. [File] → [New File] と選択して、新しい中身が空のファイルを作る。
4. [File] → [Save As...] と選択して、先程作ったファイルをセーブする。[Save As...] のファイルの種類でJuliaを選択する（ファイルの種類のリストは、アルファベット順にソートされていないかもしれない。この場合Juliaは一番最後になっているだろう）。

5. [Terminal] タブを開いて、juliaを起動する。

ここまで実行すると、Juliaのファイルがオープンしているエディタと Juliaのターミナルが使えるようになっているはずだ。エディタ中でテキストを選択して、[Ctrl] + [Enter] をタイプすると、選択した部分が、Juliaターミナルで実行される。

Sublime Text

IDEのもう1つの選択肢として、Sublime Textの機能を使う方法がある。

1. Sublime Textがすでにインストールされているなら、[Package Control] からパッケージJuliaを追加する。
2. 次に、Julia用にカスタムビルドを設定する[*1]。

```
{
    "cmd": ["ConEmu64", "/cmd", "julia -i", "$file"],
    "selector": "source.julia"
}
```

3. これで、[Ctrl] + [B]とすると、編集中のJuliaスクリプトが、コンソールの中でインタラクティブモードで実行される（-iスイッチの効果）。

ここでは、ConEmu64とjuliaがパスに入っていることを仮定している。

この方法の面倒なところは、Juliaのスクリプトにエラーがあった場合に、コンソールがすぐに閉じてしまうことだ。もっといい方法としては、コンソールでJuliaを起動しておいて、その中で、includeコマンドでスクリプトを実行する方法がある。これについては、本章の**「レシピ1.8 Juliaのインタラクティブモードを使いこなす」**で説明する。

こちらも見てみよう

他のJuliaをサポートしているIDEについては、https://github.com/JuliaEditorSupportプロジェクトを見てみよう。

レシピ1.3 Juliaをテキストエディタで使う

計算に特化した環境ではデスクトップGUI環境を使えない場合もある。そのような場合にはJuliaをGUIのないテキストのみの環境で使うことになる。

＊1 訳注：この部分はWindows 10を前提としている。

準備しよう

テキストエディタのJuliaサポートをインストールする前に、Juliaを（バイナリからでもソースからでも）予めインストールしておこう。インストール方法は、前のレシピで示した通りだ。

やってみよう

Juliaの開発者がよく使うエディタは、Nano、Vim、Emacsの3つだ。ここでは、これら3つのテキストエディタに対してJuliaをサポートする機能を設定する方法を紹介する。このレシピはすべてUbuntu 18.0.4.1 LTSを前提としている。

NanoでJuliaを使う

NanoはLinux初心者に人気のあるテキストエディタだ。デフォルトでは、NanoはJuliaに対するシンタックスハイライト機能を持っていない。しかし、ユーザのホームディレクトリにある設定ファイル`.nanorc`に少し書き加えるだけで、この機能を追加できる。まず、Juliaのシンタックスハイライト機能をダウンロードする（https://stackoverflow.com/questions/35188420/syntax-highlighting-support-for-julia-in-nano）。

```
$ wget -P ~/ https://raw.githubusercontent.com/Naereen/nanorc/master/julia.nanorc
```

次に、Nanoの設定ファイルを書き換えてこの機能を追加する。`bash`コマンドで次のようにすればいい。

```
$ echo include \"~/julia.nanorc\" >> ~/.nanorc
```

VimでJuliaを使う

VimのJuliaサポートを設定するには、`git://github.com/JuliaEditorSupport/julia-vim.git`にあるファイルを使う。このレポジトリからファイルを取ってきて、Vimの設定フォルダにコピーするだけだ。Linuxでは次のようにすればいい。

```
$ git clone git://github.com/JuliaEditorSupport/julia-vim.git
$ mkdir -p ~/.vim
$ cp -R julia-vim/* ~/.vim
```

`julia-vim`をインストールすると、LaTeXスタイルで特殊文字の入力ができるようになる。`vim file.jl`として実行し、`\alpha`とタイプしてから[Tab]キーをタイプしてみよう。αに書き換わるはずだ。

`julia-vim`プロジェクトに関する詳しい情報や、さまざまなオプションについては、`git://github.com/JuliaEditorSupport/julia-vim.git`にある、`julia-vim`のWebサイトを見てほしい。

EmacsでJuliaを使う

EmacsはデフォルトではUbuntuにインストールされない。ここでは、`sudo apt install emacs25`

でEmacsがインストールされていることにして話を進める。EmacsでJuliaを書きやすくするには`julia-mode`を使う。これには、次のようにシェルコマンドを実行すればいい。

```
$ wget -P ~/julia-emacs/ https://raw.githubusercontent.com/JuliaEditorSupport/julia-emacs/ \
master/julia-mode.el

$ echo "(add-to-list'load-path \"~/julia-emacs\")" >> ~/.emacs
$ echo "(require'julia-mode)" >> ~/.emacs
```

こちらも見てみよう

他のエディタやIDEでJuliaを使う方法については、https://github.com/JuliaEditorSupportにあるJulia Editor Support projectを見てほしい。

レシピ1.4　JuliaをLinuxでソースからビルドする

Juliaをソースからビルドすると、最新の開発結果が反映され、バグが修正されたバージョンを試すことができる。また、コンパイルしたコンピュータのハードウェアに最適化されたバイナリができる。したがって、コンピュータに固有の機能によって計算性能が大きく変わるような場合には、ソースコードからビルドしたほうがいいい。また、Juliaの最新の機能を試してみたい場合にもここに紹介する方法でビルドしてみるといいだろう。

以下では、Julia 1.2.0の安定版をビルドしてインストールする方法を説明する。

準備しよう

下の例はすべてUbuntu 18.04.1 LTSで行っている。

手順は以下の通りだ。

1. まずコンソールから、下のコマンドをタイプして必要なライブラリをインストールする。

```
$ sudo apt update
$ sudo apt install --yes build-essential python-minimal gfortran m4 cmake pkg-config libssl-dev
```

2. 下のコマンドを実行して、ソースコードをダウンロードする（これらのコマンドは、ホームディレクトリで実行すること）。

```
$ git clone git://github.com/JuliaLang/julia.git
$ cd julia
$ git checkout v1.2.0
```

やってみよう

ここでは、Juliaを3つの方法でビルドする。

- オープンソースの数値演算ライブラリを使う

- Intel MKL（Math Kernel Library）は使うが、Intel LIBM（Math Library）は使わない。IntelのWebサイトへのユーザ登録が必要
- Intel MKL（Math Kernel Library）とIntel LIBM（Math Library）の両方を使う。Intelの商用ライセンスが必要

IntelのMKLとLIBMは、Intelプロセッサに最適化されたさまざまな数値演算ライブラリを実装している。MKLのほうには、BLAS、LAPACK、ScaLAPACK、疎行列ソルバ、高速フーリエ変換、などのベクトル、行列演算が実装されている（詳細はhttps://software.intel.com/en-us/mkl参照）。LIBMのほうは、標準のCライブラリのスカラの数値演算を置き換えるもので、exp、log、sin、cosなどを実装している。LIBMに関する詳細は、https://software.intel.com/en-us/articles/implement-the-libm-math-libraryを参照してほしい。

このレシピを実行する前に、**準備しよう**でJuliaをcheckoutしたディレクトリに移動しておこう。

オプション1―Intel MKLを使わないビルド

前ページの「**準備しよう**」の通りにJuliaのソースコードをGitレポジトリからチェックアウトしてから、以下のようにしてビルドする。

1. 以下のコマンドをbashコマンドラインから打ち込む。

   ```
   $ make -j $((`nproc`-1)) 1> build_log.txt 2> build_error.txt
   ```

   ビルドのログは、build_log.txtとbuild_error.txtに出力される。

2. ビルドができたら、./juliaとしてJuliaを起動して、versioninfo()でビルド結果を確認しよう。

   ```
   julia> versioninfo()
   Julia Version 1.2.0
   Commit 0d713926f8* (2019-08-20 00:03 UTC)
   Platform Info:
     OS: Linux (x86_64-linux-gnu)
     CPU: Intel(R) Xeon(R) Platinum 8124M CPU @ 3.00GHz
     WORD_SIZE: 64
     LIBM: libopenlibm
     LLVM: libLLVM-6.0.0 (ORCJIT, skylake)
   ```

オプション2―Intel MKLは使うがIntel LIBMは使わないビルド

「**準備しよう**」の通りにJuliaのソースコードをGitレポジトリからチェックアウトしてから、以下のようにしてビルドする。

1. MKLライブラリはIntelから無料で入手できる。ただし、IntelのWebサイトhttps://software.intel.com/en-us/mklのフォームからユーザ登録する必要がある。

2. 登録ができると、MKLダウンロードリンクが送られてくる（実際のファイル名はライブラリのバージョンによって異なることに注意）。

3. 次のコマンドを実行してMKLをインストールする。

```
$ cd ~
# MKLのWebサイトからリンクを取得
$ wget http://registrationcenter-download.intel.com/[取得したリンク]/l_mkl_2019.0.117.tgz
$ tar zxvf l_mkl_2019.0.117.tgz
$ cdl_mkl_2019.0.117
$ sudo bash install.sh
```

4. MKLがインストールできたら、下のシェルコマンドを実行してJuliaをビルドする。

```
$ cd ~/julia
$ echo "USEICC = 0" >> Make.user
$ echo "USEIFC = 0" >> Make.user
$ echo "USE_INTEL_MKL = 1" >> Make.user
$ echo "USE_INTEL_LIBM = 0" >> Make.user

$ source /opt/intel/bin/compilervars.sh intel64

$ make -j $((`nproc`-1)) 1> build_log.txt 2> build_error.txt
```

ビルドのログは、build_log.txtとbuild_error.txtに出力される。

5. Juliaのビルドができたら、./juliaコマンドで起動する。

6. versioninfo()を用いてJuliaのインストール状況を確認する。MKLに関するしては、システム変数ENV["MKL_INTERFACE_LAYER"]で確認できる。下のような出力が得られるはずだ。

```
julia> versioninfo()
Julia Version 1.2.0
Commit 0d713926f8* (2019-08-20 00:03 UTC)
Platform Info:
  OS: Linux (x86_64-linux-gnu)
  CPU: Intel(R) Xeon(R) Platinum 8124M CPU @ 3.00GHz
  WORD_SIZE: 64
  LIBM: libopenlibm
  LLVM: libLLVM-6.0.0 (ORCJIT, skylake)

julia> ENV["MKL_INTERFACE_LAYER"]
"ILP64"
```

MKLを使用してJuliaをビルドした場合には、bashターミナルを新しく開くたびに、JuliaにIntelコンパイラの場所を教えなければならない。これはJuliaがIntelコンパイラを見つけ、MKLライブラリを使えるようにするためだ。これには次のコマンドを実行すればいい。

```
$ source /opt/intel/bin/compilervars.sh intel64
```

このコマンドは、juliaプロセスを新しい環境で起動する前に毎回実行しなければならない。

オプション3—Intel MKLとIntel LIBMの両方を使うビルド

準備しようの通りにJuliaのソースコードをGitレポジトリからチェックアウトしてから、以下のようにしてビルドする。

1. (https://software.intel.com/en-us/c-compilers/ipsxe) のライセンスを入手する。このライセンスがあると、IntelのC++コンパイラ (https://software.intel.com/en-us/c-compilers) とIntel Math Library (Intel LIBM、https://software.intel.com/en-us/node/522653) を使うことができる。
2. ライセンスとダウンロードリンクを入手したら、下のようにbashからコマンドを実行してソフトウェアをダウンロードしてインストールする。実際のファイル名はバージョンによって異なる。

```
$ cd ~
# リンクURLはIntel C++ compilers Webサイトから入手する
$ wget http://[Intelのサイトで入手]/parallel_studio_xe_2018_update3_professional_edition.tgz
$ tar zxvf parallel_studio_xe_2018_update3_professional_edition.tgz
$ cd parallel_studio_xe_2018_update3_professional_edition
$ sudo bash install.sh
```

3. Intel Parallel Studio XEをインストールする際に、MKLを選択すること。
4. Juliaをビルドする（下のbashコマンドを実行する）。

```
$ cd ~/julia
$ echo "USEICC = 0" >> Make.user
$ echo "USEIFC = 0" >> Make.user
$ echo "USE_INTEL_MKL = 1" >> Make.user
$ echo "USE_INTEL_LIBM = 1" >> Make.user

$ source /opt/intel/bin/compilervars.sh intel64

$ make -j $((`nproc`-1)) 1> build_log.txt 2> build_error.txt
```

ビルドのログは、build_log.txtとbuild_error.txtに出力される。

5. Juliaがコンパイルできたら、./juliaとタイプして実行してみよう。versioninfo()で出力されるLIBMは、libimfとなっているはずだ。

MKL/LIBMを使用してJuliaをビルドした場合には、bashターミナルを新しく開くたびに、Juliaに Intelコンパイラの場所を教えなければならない。これはJuliaがIntelコンパイラを見つけ、MKL/LIBMライブラリを使えるようにするためだ。これには次のコマンドを実行する。

```
$ source /opt/intel/bin/compilervars.sh intel64
```

このコマンドは、`julia`プロセスを新しい環境で起動する前に毎回実行しなければならない（なので、bashのスタートアップスクリプト`~/.profile`にこの行を追加するといいだろう）。

説明しよう

CPUの性能を最大限に引き出すには、Intelが無償で配布している、Linux Intel MKL（https://software.intel.com/en-us/mkl）ドライバを使うといい。数値演算性能をさらに向上させるにはIntel LIBM（https://software.intel.com/en-us/node/522653）も使えればいいのだが、このライブラリはIntel C++コンパイラと一緒にしか入手できない。そして、このコンパイラは、大学関係やオープンソースプロジェクトで使う限りでは無償だが、それ以外の場合には有償となる。したがって、KMLだけを使って、LIBMは使わないでJuliaをビルドしたい場合もあるだろう。

ここで説明した方法では、Intel MKL、LIBMを使う場合でも、GNUコンパイラを使っていたことに注意しよう。Intelコンパイラを使いたければ、`Make.user`を変更する必要がある（`USEICC = 0`、`USEIFC = 0`を`USEICC = 1`、`USEIFC = 1`に変更）。ただし、現時点では、Juliaのコンパイラスクリプトは Intelコンパイラをサポートしていない（https://github.com/JuliaLang/julia/issues/23407参照）。

もう少し解説しよう

Juliaの実行ファイルがインストールできたら、そのファイル（例えば`~/julia/julia`）を直接コマンドラインから指定してやれば、Juliaが実行できる。しかしこれはあまりいい方法ではない。多くのユーザは`julia`とタイプするだけにしたいだろう。以下のようにすればいい。

```
$ sudo ln -s /home/ubuntu/julia/usr/bin/julia /usr/local/bin/julia
```

ここでは、`ubuntu`ユーザが`home`以下にインストールした場合を想定している。別の場所にインストールした場合には、それに応じて変更してほしい。

こちらも見てみよう

JuliaをCrayなどのスーパーコンピュータでビルドしたければ、本書の著者の一人が書いたチュートリアル（https://github.com/pszufe/Building_Julia_On_Cray_and_Clusters）を参考にしてほしい。

レシピ1.5　JuliaをAWSクラウド上のCloud9 IDEで使う

Cloud9はWebブラウザ上で動作する統合プログラミング環境だ。ここでは、この環境をJulia用に設定する方法を紹介する。Cloud9のWebページはhttps://aws.amazon.com/cloud9/にある。

準備しよう

Cloud9を使うには、**Amazon Web Services(AWS)** の有効なアカウントで、AWSの管理コンソールにログインする必要がある。

Cloud9は、Amazon LinuxをEC2上に起動することもできるし、SSHで接続できてNode.jsがインストールされてさえいれば、既存のLinuxサーバを使うこともできる。JuliaをCloud9で使うには以下のようにする。

1. JuliaがインストールされたLinuxマシンを用意する（ここまでのレシピに従って設定すればいい）。
2. Node.jsをインストールする。例えばUbuntu 18.04.1 LTSでは、次のようにすればインストールできる。

   ```
   $ sudo apt install nodejs
   ```

3. サーバが外部からSSH接続できるようにする。AWS EC2インスタンスの場合、インスタンスのセキュリティグループで、`0.0.0.0/0` からのSSH接続を許可するように設定する必要がある。これには、AWSコンソールで、EC2インスタンスをクリックして、[Security Groups]→[Inbound]→[Edit] と選択して、SSHポートへのすべてのトラフィックを受け付けるルールを追加する。

Github上のこのレシピのレポジトリにはAWS Cloud9で用いる設定を書いた`JuliaRunner.run`ファイルが準備されている。

やってみよう

サーバ上にJuliaとNode.jsが用意できたら次のようにしてCloud9を使うことができる。

1. AWSのコンソールでCloud9サービスに行き、新しい環境を作る。
2. [Connect and run in remote server (SSH)]を選ぶ。
3. usernameのところは、Ubuntu Linuxであれば`ubuntu`とする。Amazon Linux、CentOS、Red Hatなら`ec2-user`とする（このレシピはubuntuでテストしている）。
4. EC2インスタンスのホスト名を指定する（public DNSでの名前）。
5. SSH認証を設定する。
6. [Environment settings]スクリーンで、[Copy key to clipboard]を選択し、公開鍵をコピーする。
7. ターミナルからリモートサーバにSSHでログインする。
8. `nano ~/.ssh/authorized_keys`としてファイルを編集する。

9. 空の行を作り、先程コピーした公開キーをペーストする。
10. [Ctrl] + [X] をタイプすると、セーブするかどうか聞いてくるのでYをタイプしてセーブしてからnanoエディタを抜ける。
11. これで、Cloud9のコンソールで [Next step] ボタンを押す準備ができた。Cloud9はサーバに接続して自動的に必要なソフトウェアをインストールする。数分もすればCloud9 IDEが表示されるだろう。ただし、デフォルトでは、Cloud9はJuliaプログラムの実行をサポートしていない。
12. メニュー [Run] で [Run with | New runner] を選んで、以下の内容を書き込む。

```
 {
"cmd" : ["julia", "$file", "$args"],
"info" : "Started $project_path$file_name",
"selector" : "source.jl"
 }
```

13. このファイルを`JuliaRunner.run`としてセーブする。
14. [Run] ボタンを押すだけでJulia `*.jl`が実行できるようになったはずだ。

Cloud9フォルダが`/.c9/runners`を指していることを確認しよう。

説明しよう

Cloud9の環境はWebブラウザ上で動作する。ブラウザはCloud9のサーバにRESTで接続し、Cloud9のサーバはユーザが設定したLinuxインスタンスにSSHで接続する（**図1-1**参照）。Cloud9からの接続を受け付けるLinuxサーバであれば、任意のサーバに対してこの機能を利用できる（他のサーバをCloud9で使う方法についてはhttps://docs.aws.amazon.com/cloud9/latest/user-guide/ssh-settings.htmlを参照）。

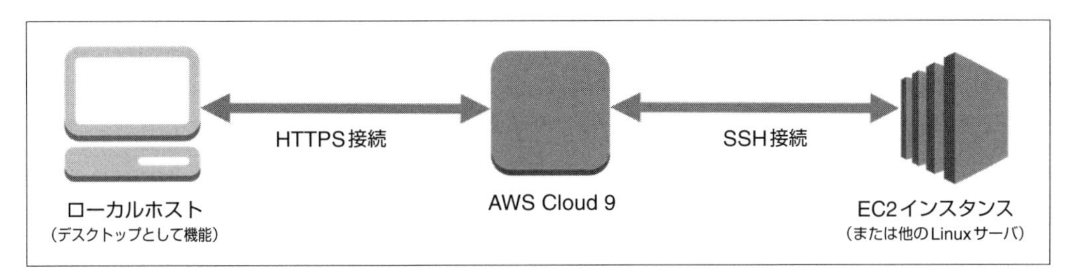

図1-1　Cloud9の構成

ただし、Cloud9で利用するEC2インスタンスは、AWSのCloud9インフラからの接続を受け付けるように設定しなければならない。実際に使う場合には、EC2インスタンスのセキュリティ設定で、接続できるネットワークをCloud9が定義しているIPレンジに制約したほうがいい。詳しい説明は、Cloud9のマニュアル（https://docs.aws.amazon.com/cloud9/latest/user-guide/ip-ranges.html）を参照してほしい。

こちらも見てみよう

Cloud9は、AWSによって現在も開発が続けられており、頻繁に新機能が追加されている。最新のドキュメントAWS Cloud9's user guideは、https://docs.aws.amazon.com/cloud9/latest/user-guide/にある。特に、https://docs.aws.amazon.com/cloud9/latest/user-guide/get-started.htmlを参照してほしい。

レシピ1.6　Julia起動時の動作を変更する

Juliaの挙動を、起動時に指定するパラメータで変更することができる。このレシピでは3つの方法を紹介する。

- コマンドラインオプション
- スタートアップスクリプト
- 環境変数

また、ちょっと意外で有用な使い方についても紹介する。

準備しよう

Juliaの実行ファイルが環境変数PATH（WindowsではPath）に登録されていることを確認しておこう。登録する方法は、**「レシピ1.1　Juliaをバイナリパッケージでインストールする」**で説明した通りだ。また、下に示す内容を書いたhello.jlというファイルを現在のディレクトリに作っておく。

```
println("Hello " * join(ARGS, ", "))
```

このファイルは、あとで起動時に読み込むために使う。

Github上のこのレシピのレポジトリには、いつものcommand.txtの他に、このレシピで用いるhello.jlとstartup.jlが用意されている。

やってみよう

このレシピでは、juliaのプロセスが起動する際の挙動を変更する方法を、いくつか紹介する。具体的には、スタートアップスクリプトを実行する方法、1つだけコマンドを実行する方法、毎回実行されるスタートアップスクリプトを設定する方法を、1つずつ説明していく。

スタートアップスクリプトを実行する

起動時にいくつかのオプションと引数を指定した上で、hello.jlファイルを実行したい。

これにはシェルのプロンプト（この場合は$）から、以下のように入力して［Enter］キーをタイプする。

```
$ julia -i hello.jl Al Bo Cyd
```

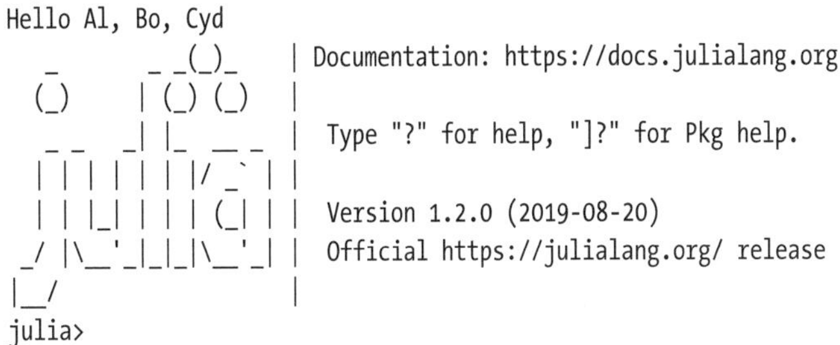

```
Hello Al, Bo, Cyd
   _       _ _(_)_     | Documentation: https://docs.julialang.org
  (_)     | (_) (_)    |
   _ _   _| |_  __ _   |  Type "?" for help, "]?" for Pkg help.
  | | | | | | |/ _` |  |
  | | |_| | | | (_| |  |  Version 1.2.0 (2019-08-20)
 _/ |\__'_|_|_|\__'_|  |  Official https://julialang.org/ release
|__/                   |
julia>
```

スクリプトが実行されたあとでも、シェルのプロンプトに戻らずに、JuliaのREPLにいることに注意してほしい。これは、-iスイッチを指定したからだ。また、引数Al、Bo、Cydが変数ARGSに引き渡され、hello.jl内のprint文に引き渡されていることもわかるだろう。

さて、［Ctrl］+［D］をタイプするか、exit() +［Enter］とタイプして、Juliaを出てシェルのプロンプトに戻ろう。

起動時に1つだけコマンドを実行する

コマンドを1つだけ実行したいなら、-eスイッチを使う。

シェルプロンプト$の後ろに、次のように入力してみよう。

```
$ julia -e "println(factorial(10))"
3628800
$
```

この例では、10!を計算して、その結果を標準出力に出力している。この場合は計算が終わったらシェルプロンプトに戻っていることに注意しよう。これは-iオプションを指定しなかったからだ。

必ず実行されるスタートアップスクリプトを設定する

Juliaを起動するたびに毎回実行するコマンドがあるなら、スタートアップスクリプトを作ってコマンドを自動的に実行するようにできる。

まず、~/.julia/config/startup.jlファイルを作り、下のような内容を書いておこう。エディタには何を使ってもよい。

```
using Random
ENV["JULIA_EDITOR"] = "vim"
println("Setup successful")
```

シェルからJuliaを起動してみよう。

```
$ julia --banner=no
Setup successful
julia> RandomDevice()
RandomDevice(UInt128[0x0000000000000000000000000153e4040])

julia>
```

スタートアップスクリプトが自動的に実行されて、スクリプトからのメッセージが表示されている。また、Randomモジュールで定義されているRandomDeviceコンストラクタが利用できるようになっていることもわかる。これは、using Randomがスタートアップスクリプトに書かれているからで、これがなければ、RandomDevice()とした際に、例外UndefVarErrorが投げられているはずだ。また、起動時に--banner=noとしたのでJuliaのバナーが表示されていないことにも注意しよう。

説明しよう

Julia起動時の挙動を変更するには4つの方法がある。

- 起動時のオプション
- スタートアップスクリプト
- ~/.julia/config/startup.jl
- 環境変数

コマンドラインからJuliaを起動する際の一般的なフォーマットは次のようになっている。

```
$ julia [オプション] -- [プログラムファイル名] [引数...]
```

Juliaの起動プロセスを制御する一番簡単な方法はオプションを指定することだ。利用できるオプションのリストを見るには、次のようにすればいい。

```
$ julia --help
```

これまでの例ではオプションとして、-i、-e、--banner=noを使った。

最初のオプション(-i)には、指定されたコマンドを実行したあとでもインタラクティブモードのままにする効果がある。これを指定しないと、指定されたコマンドを実行した直後にJuliaは停止する。

Juliaに実行するファイルを直接渡すこともできるし、-eオプションで実行するコマンドを指定することもできる。後者は、短い式を実行したい場合に便利だ。Juliaを起動するたびに同じことを毎回実行したい場合には、~/.julia/config/startup.jlに書いておくといい。このファイルは、Juliaが起動するたびに毎回自動的に実行される。このファイルを実行したくない場合には、コマンドラインスイッチ--startup-file=noを指定する。

ファイル名~/.julia/config/startup.jlの中の~はホームディレクトリを指す。Linuxではこのままシェルコマンドで使えるはずだが、WindowではJuliaのREPLでhomedir()を実行してホームディレクトリを確認して読み替えてほしい（多くの場合ホームディレクトリはC:\Users\[ユーザ名]になっているはずだ）。

~/.julia/config/startup.jlには何を書くといいだろうか？

このレシピでは、using Randomを~/.julia/config/startup.jlに書いて、デフォルトでRandomパッケージをロードするようにした。これは、われわれが実際に毎回利用しているからだ。次の行のENV["JULIA_EDITOR"]="vim"は、Juliaが用いるデフォルトエディタを指定している。Juliaでエディタを利用する方法は、**「レシピ1.8　Juliaのインタラクティブモードを使いこなす」**で紹介する。

もう少し解説しよう

Juliaが使用する環境変数のリストが、https://docs.julialang.org/en/v1.2/manual/environment-variables/にまとめられている。これらの環境変数はシェルで設定して、Juliaに読み込ませることができる。Julia内部からは、辞書ENVを用いて環境変数にアクセスし、書き換えることができる。

こちらも見てみよう

- Juliaでエディタを利用する方法は、**「レシピ1.8　Juliaのインタラクティブモードを使いこなす」**で紹介する。
- パッケージの管理については、**「レシピ1.10　パッケージの管理」**で紹介する。
- 複数プロセスを同時に起動する際に用いるオプションは少し高度な話題だ。これらについては、次の**「レシピ1.7　Juliaをマルチコアで使う」**で紹介する。

レシピ1.7　Juliaをマルチコアで使う

最近のコンピュータは複数のコアを持っているのが普通だ。このレシピでは、Juliaで複数のコアを利用できるように起動する方法を説明する。複数のコアを利用するには、大きく分けて2つの方法がある。マルチスレッドとマルチプロセスだ（https://www.backblaze.com/blog/whats-the-diff-programs-processes-and-threads/とhttps://ja.wikipedia.org/wiki/スレッド_(コンピュータ)にこれらの違いについて簡単に説明されている）。マルチスレッドとマルチプロセスの一番大きな違いは、状態や資源が共有されるかどうかだ。マルチスレッドではプロセスの状態やメモリなどの資源がスレッド間で共有されるのに対して、マルチプロセスでは個々のプロセスが独立した状態や資源を持つ。このレシピでは両方とも説明する。

準備しよう

マルチプロセスの機能を確認するために、REPLへテキストを表示するだけの簡単なファイルを2つ用意しておこう。並列実行すると、これらのスクリプトが出力するメッセージが非同期にREPLに出てくる。

現在のディレクトリに、hello.jlを作り、以下の内容を書き込む。

```
println("Hello " * join(ARGS, ", "))
```

同様にhello2.jlを作り、以下の内容を書き込む。

```
println("Hello " * join(ARGS, ", "))
sleep(1)
```

Github上のこのレシピのレポジトリには、いつものcommand.txtの他に、このレシピで用いるhello.jlとhello2.jlが用意されている。

やってみよう

まず、Juliaをマルチプロセスを用いて起動する方法を説明しよう。その後で、マルチスレッドで起動する方法を説明する。

マルチプロセス

Juliaで複数のプロセスを使うには、次のようにする。

1. Julia起動時に、-pオプションで、ワーカプロセスの数を指定する。
2. ワーカプロセスの数は、Distributedモジュールのnworkers()で確認できる。
3. シェルのプロンプト（この場合は$）に対して下のようにコマンドを入力してJuliaを起動する。Distributedモジュールをロードして、nworkers()関数を呼び出す。最後にexit()でシェルに戻る。

   ```
   $ julia --banner=no -p 2
   julia> using Distributed
   julia> nworkers()
   2

   julia> exit()

   $
   ```

   起動時に何らかのスクリプトをすべてのワーカで実行したければ、-Lオプションを使う。

4. スクリプトhello.jlとhello2.jlを実行してみよう（ここでは上の場合と同様に、Juliaを起動してからすぐに終了させている）。

```
$ julia --banner=no -p auto -L hello.jl
Hello
 From worker 4: Hello
 From worker 5: Hello
julia> From worker 2: Hello
 From worker 3: Hello
julia> exit()

$ julia --banner=no -p auto -L hello2.jl
Hello
 From worker 4: Hello
 From worker 5: Hello
 From worker 2: Hello
 From worker 3: Hello
julia> exit()

$
```

-Lオプションが指定されると、スクリプト実行後もJuliaのREPLから自動的に抜けないことに注意しよう。これは、通常の方法でスクリプトを起動した場合の動作と異なる。通常は-iを指定しない限りJuliaは終了してしまう。hello.jlとhello2.jlの相違については、**「説明しよう」**で述べる。

マルチスレッド

Juliaはマルチスレッドモードで起動することもできる。このモードは、システム環境変数JULIA_NUM_THREADSで指定する。以下のようにして試してみよう。

1. Juliaをコンピュータの持つコア数と同じだけのスレッド数で起動するには、まずJULIA_NUM_THREADSを指定する。
2. Juliaが利用しているコア数を確認するには、関数Threads.nthreads()を用いる。

   実行方法はLinuxとWindowsで少し異なるので個別に説明する。

次のステップを試してみよう。

1. Linuxのbashでは次のように実行する。

```
$ export JULIA_NUM_THREADS=`nproc`
$ julia -e "println(Threads.nthreads())"
4
$
```

2. Windowsのcmdなら以下のようにする。

```
C:\> set JULIA_NUM_THREADS=%NUMBER_OF_PROCESSORS%
```

```
C:\> julia -e "println(Threads.nthreads())"
4
C:\>
```

いずれの場合も-iオプションを使っていないのでJuliaプロセスが即座に終了していることがわかる。

説明しよう

オプション-p {N|auto}を指定すると、N個のワーカプロセスが同時に起動する。-pでautoを指定すると、コンピュータの持つコア数と同じ数のワーカが起動する。したがって、julia -p autoは、以下と同じ意味になる。

- Linuxではjulia -p `nproc`
- Windowsではjulia -p %NUMBER_OF_PROCESSORS%
- macOSではjulia -p `sysctl -n hw.physicalcpu`

1つ重要な点を指摘しておこう。Nワーカ起動するように指定した場合、Nが1以上の場合には、JuliaはN+1個のプロセスを起動する。nprocs()関数を用いるとプロセスの数を確認できる。ただし、Nが1の場合にはプロセスは1つしか起動しない。

hello.jlはマスタプロセスとすべてのワーカプロセスで実行されている。さらに、実行が同期していないこともわかる。この場合、ワーカ4と5のメッセージはJuliaのプロンプトがマスタプロセスによって表示される前に表示されているが、ワーカ2と3の出力はその後で実行されている。hello2.jlのようにsleep(1)を加えることで、マスタプロセスが1秒待つようになる。こうすることで、すべてのワーカがprintlnするのを待つことができる。

すでに見たように、Juliaをマルチスレッドで起動するには環境変数JULIA_NUM_THREADSを設定しなければならない。この値が有効になるには、Juliaを起動する前に設定しなければならない。Juliaのコードの中からENV["JULIA_NUM_THREADS"]でこの変数にアクセスことはできるが、この値を増やしたり減らしたりしたところで、スレッドの数が増えたり減ったりするわけではない。Juliaを起動する前に次のようにして設定しよう。

LinuxとmacOSもしくはWindowsのbashの場合

```
export JULIA_NUM_THREADS=[スレッド数]
```

Windowsの標準シェルの場合

```
set JULIA_NUM_THREADS=[スレッド数]
```

もう少し解説しよう

Juliaが起動したあとでも、addprocsを用いてプロセスを追加することができる。下の例では、C:ドライブとD:ドライブがあるWindows上で実行している。JuliaはディレクトリD:\で実行している。

```
D:\> julia --banner=no -p 2 -L hello2.jl
Hello
 From worker 3: Hello
 From worker 2: Hello
julia> pwd()
"D:\\"

julia> using Distributed
julia> pmap(i -> (i, myid(), pwd()), 1:nworkers())
2-element Array{Tuple{Int64,Int64,String},1}:
 (1, 2, "D:\\")
 (2, 3, "D:\\")

julia> cd("C:\\")
julia> pwd()
"C:\\"

julia> addprocs(2)
2-element Array{Int64,1}:
 4
 5

julia> pmap(i -> (i, myid(), pwd()), 1:nworkers())
4-element Array{Tuple{Int64,Int64,String},1}:
 (1, 3, "D:\\")
 (2, 2, "D:\\")
 (3, 5, "C:\\")
 (4, 4, "C:\\")
```

それぞれのワーカが個別のワーキングディレクトリを持つことができることに注意しよう。実行を開始した時点では、マスタプロセスのワーキングディレクトリがワーカのワーキングディレクトリとなる。また、addprocsとしても、-Lオプションで指定したスタートアップスクリプトが実行されるわけではないことにも注意が必要だ。

また、この実行結果から、pmap関数とmyid関数の簡単な使い方がわかる。pmapはmapの並列化バージョンで、myidはそれを実行したプロセスのIDを返す*1。

前にも書いたが、実行中のJuliaにスレッドを追加することはできない。スレッド数は起動した時点で決定される。

マルチプロセスとマルチスレッドのどちらを使うかは難しい問題だ。基本的なルールとしては、データを共有しなければならない場合、頻繁に通信が必要な場合には、スレッドを使うといい。

＊1　訳注：map関数と第1引数の無名関数については「**0.3.1　関数の定義**」を、レンジ表記は「**0.8.6　レンジ**」を参照。。

こちらも見てみよう

マルチプロセス、マルチスレッドの使い方については、10章の**「レシピ10.3 マルチスレッドで計算する」**と**「レシピ10.1 マルチプロセスで計算する」**で詳しく説明する。

レシピ1.8 Juliaのインタラクティブモードを使いこなす

Juliaのインタラクティブモードには、日々の仕事を効率的にするためのさまざまな機能が組み込まれている。このレシピでは、インタラクティブモードの使い方を紹介する。インタラクティブモードは**REPL**とも呼ばれる。REPLは、Read-Eval- Print Loop（読み込んで評価して出力するループ）を意味する。

準備しよう

下の内容のexample.jlファイルを作る。

```
println("An example was run!")
```

このレシピではこのスクリプトを実行する。

Github上のこのレシピのレポジトリには、いつものcommand.txtの他に、このレシピで用いるexample.jlが用意されている。

やってみよう

Juliaをインタラクティブに使う方法を以下の手順で紹介する。

1. JuliaのREPLを起動する。
2. 以下の2つのコマンドをREPLから実行する。

   ```
   julia> x = 10      # 単なるテスト
   10

   julia> @edit sin(1.0)
   ```

   これらのコマンドを実行すると、エディタが立ち上がり、sin関数を定義したコードが表示されるはずだ。エディタの設定方法については、**「レシピ1.6 Julia起動時の動作を変更する」**で説明した。
3. エディタを閉じてJuliaに戻る。
4. [Ctrl] + [L] とタイプする。すると、スクリーンが書き換えられて、以前の出力が消える。次にexample.jlが、現在のディレクトリにあることを確認しよう。
5. ; キーをタイプする。すると、Juliaのプロンプトが下のように変わるはずだ。

```
shell>
```

6. Linuxなら`ls`、Windowsなら`dir`とタイプして実行してみよう。現在のディレクトリにあるファイルのリストが得られるはずだ。その後Juliaは元のプロンプトに戻る。`example.jl`があることが確認できたら、先に進もう。

7. JuliaのREPLで`inc`とタイプする。

```
julia> inc
```

8. [Tab] キーをタイプする。Juliaが自動的に補完して、Juliaの組み込み関数`include`が表示されるはずだ。

```
julia> include
```

9. 続けて`("exa`までタイプし、

```
julia> include("exa
```

10. 再度[Tab]をタイプする。すると、下のように補完されるはずだ。

```
julia> include("example.jl"
```

11. `)`キーをタイプしてから[Enter]キーをタイプして実行しよう。`example.jl`に書かれていたコマンドが実行されるだろう。関数`include`の機能を知りたくなっただろうから、調べてみよう。

12. JuliaのREPLで`?`キーをタイプしてヘルプモードに移行する。プロンプトが下のように変わる。

```
help?>
```

13. ここで、確認したいコマンド名を途中まで入力する。

```
help?> in
```

14. ここで[Tab]を2回タイプすると、下のようになる。

```
help?> in
in                  include_string     instances          intersect!         invoke
include             indexin            int128"            inv                invperm
include_dependency  insert!            intersect          invmod             invpermute!
help?> in
```

`in`で始まるコマンドがたくさんあり、それらがすべて表示されている（[Tab] を2回タイプする必要があったのはこのためだ）。

15. `c`をタイプして[Tab]をタイプする。今度は、1つしか候補がない。

16. [Enter]をタイプすると、下のようになるはずだ。

```
help?> include
search: include include_string include_dependency

  include(path::AbstractString)

  Evaluate the contents of the input source file in the global scope of the
  containing module. Every module (except those defined with baremodule) has its
  own 1-argument definition of include, which evaluates the file in that module.
  Returns the result of the last evaluated expression of the input file. During
  including, a task-local include path is set to the directory containing the file.
  Nested calls to include will search relative to that path. This function is
  typically used to load source interactively, or to combine files in packages that
  are broken into multiple source files.

  Use Base.include to evaluate a file into another module.
```

指定されたファイルの内容を、呼び出したモジュールのグローバルスコープで評価する。(baremoduleでない) すべてのモジュールには、そのモジュールで入力ファイルを評価する1引数のincludeが定義されている。入力ファイルの最後の式の結果が、include呼び出しの返り値となる。読み込んでいる間は、タスクローカルのinclude pathが、指定された入力ファイルを収めたディレクトリにセットされる。includeがネストしている場合には、入力ファイルからの相対パスでファイルを検索する。この関数は、ソースファイルをインタラクティブにロードする場合や、複数のファイルを組み合わせてパッケージを定義する場合に用いる。
別のモジュールにファイルを読み込むにはBase.includeを用いる。

これで関数includeの機能がわかった。さて、ここで、またx = 10コマンドを実行したくなったらどうしたらよいのだろうか (x = 10ぐらいならタイプし直せばいいのだが、一般にはもっとはるかに長いコマンドになるので、このような機能が欲しくなる)。

17. [Ctrl] + [R]をタイプして後方検索モードに入り、x =までタイプすると次のようになる。

```
(reverse-i-search)`x =': x = 10
```

18. ここで[Enter]キーを押すと、見つかったコマンドがJuliaのプロンプトに挿入される。

```
julia> x = 10
```

19. 再度[Enter]キーをタイプすると、コマンドが実行される。

20. 最後にJuliaを終了する。[Ctrl] + [D]をタイプしてもいいし、exit()を実行してもいい。

説明しよう

JuliaのREPLにはいくつかのモードがある。よく使われるのは以下の5つだ。

Juliaモード

Juliaのコードを実行するモード (デフォルト)

ヘルプモード

?キーで起動するモード。このモードの使い方はいろいろ試してみるとわかってくるだろう。

シェルモード

;キーで起動するモード。このモードを使うと、Juliaを離れずに簡単にシェルコマンドが実行できる。

パッケージマネージャモード

]キーで起動するモード。このモードでシステムにインストールされたパッケージの管理を行う。

後方検索モード

[Ctrl] + [R]で起動する。

Juliaのインタラクティブモードの詳細については、https://docs.julialang.org/en/v1.2/stdlib/REPL/を参照してほしい。

ここで示した例からもわかるように、JuliaのREPLはコンテクストに依存して補完することができる。つまり、入力しているのがコマンド名なのかファイル名なのかを判断して適切に補完してくれる。また、コマンドヒストリの検索もインタラクティブに操作する際にはとても重要な機能だ。

「レシピ1.6　Julia起動時の動作を変更する」で、エディタの設定方法を紹介した。このレシピでは、`@edit`マクロを使って、設定しておいたエディタで`sin`関数の定義されている場所を開く例を示した。Juliaは、Vim、Emacs、gedit、textmate、mate、kate、Sublime Text、atom、Notepad++、Visual Studio Codeをエディタとしてサポートしている。`@edit`が関数に渡した引数の型を認識して、適切なメソッドの部分を開こうとすることに注意しよう。設定されたエディタが、起動時に表示する行を指定する機能をサポートしているなら、メソッドの定義された行の部分が開かれる。この機能がないエディタの場合には、JuliaのREPLにメソッドの定義された行番号が表示される。

もう少し解説しよう

`@edit`マクロの他にも`@less`マクロや、関数`edit`や`less`を用いても、使用したい関数のソースコードを表示することができる（これらの挙動は微妙に違うのだが、それについてはJuliaのヘルプを見てほしい）。

メソッドが定義されている場所が知りたいだけで、表示する必要がないなら`@which`マクロを使えばいい。

```
julia> @which sin(1.0)
sin(x::T) where T<:Union{Float32, Float64} in Base.Math at special/trig.jl:30
```

こちらも見てみよう

「レシピ1.6　Julia起動時の動作を変更する」で`startup.jl`の使い方と、Juliaのデフォルトエディタの指定の方法を説明した。

レシピ1.9 Juliaで計算結果を表示する

このレシピでは、計算結果の表示方法を制御する方法を説明する。このあたりの挙動は、初めてJuliaに触れたユーザの多くが戸惑う部分だ。Juliaでは、REPLに出力する場合とスクリプトモードで動作する場合とで計算結果の表示方法が変わる。このレシピではこの点に関しても説明する。

準備しよう

Pyplot.jlパッケージをインストールしておく。インストールされていなければ(その場合にはエラーメッセージが出る)、下のようにしてインストールする。

```
julia> using Pkg; Pkg.add("PyPlot")
```

パッケージ管理に関しては、本章の**「レシピ1.10　パッケージの管理」**で詳しく説明する。

次に、display.jlというファイルを現在のディレクトリに作り、下の内容を書き込んでおく。

```
using PyPlot, Random

function f()
    Random.seed!(1)
    r = rand(50)
    @show sum(r)
    display(transpose(r))
    print(transpose(r))
    plot(r)
end

f()
```

Github上のこのレシピのレポジトリには、いつものcommand.txtの他に、このレシピで用いるdisplay.jlとdisplay2.jlが用意されている。

やってみよう

Juliaの出力が、コマンドが実行されるコンテクストによって変化することを、以下の手順で確かめてみよう。

1. Juliaを起動して、インタラクティブモードでdisplay.jlを実行する。

```
julia> include("display.jl")
sum(r) = 23.134209483707394
 1×50 LinearAlgebra.Transpose{Float64,Array{Float64,1}}:
 0.236033 0.346517 0.312707 0.00790928 0.488613 0.210968 0.951916 … 0.417039 0.144566 0.622403
```

```
0.872334 0.524975 0.241591 0.884837
 [0.236033 0.346517 0.312707 0.00790928 0.488613 0.210968 0.951916 0.999905 0.251662 0.986666
0.555751 0.437108 0.424718 0.773223 0.28119 0.209472 0.251379 0.0203749 0.287702 0.859512
0.0769509 0.640396 0.873544 0.278582 0.751313 0.644883 0.0778264 0.848185 0.0856352 0.553206
0.46335 0.185821 0.111981 0.976312 0.0516146 0.53803 0.455692 0.279395 0.178246 0.548983
0.370971 0.894166 0.648054 0.417039 0.144566 0.622403 0.872334 0.524975 0.241591 0.884837]
 1-element Array{PyCall.PyObject,1}:
 PyObject <matplotlib.lines.Line2D object at 0x0000000026314198>
```

上に示した出力の他に、下の図がプロットが表示されたウィンドウが開くはずだ。

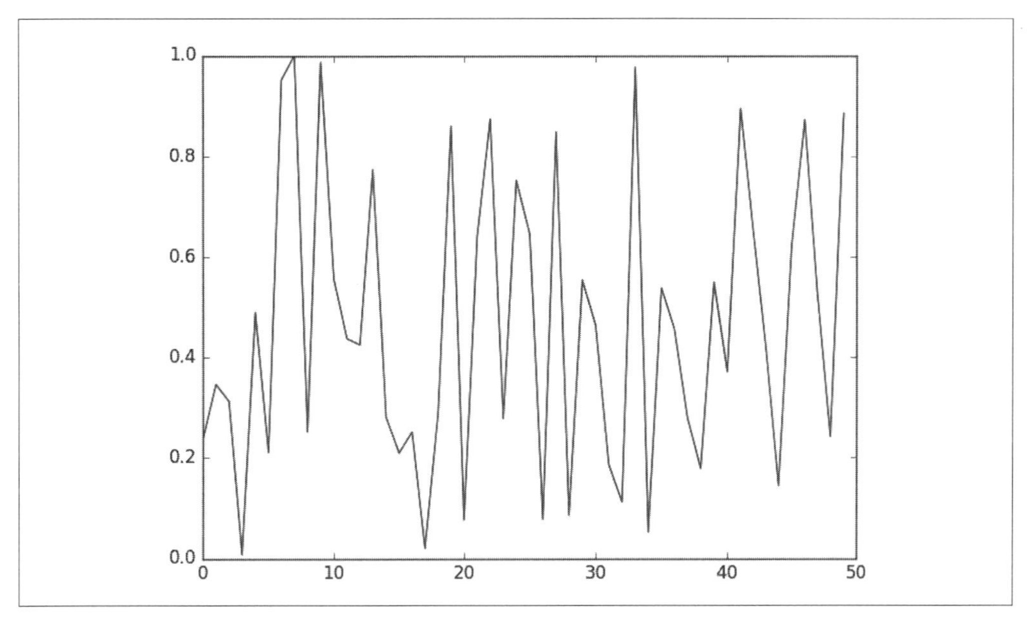

図1-2 PyPlotによるプロット

2. Juliaから出て、インタラクティブモードではなく、OSのコマンドラインから同じスクリプトを実行してみよう。

```
$ julia display.jl
 sum(r) = 23.134209483707394
 1×50 LinearAlgebra.Transpose{Float64,Array{Float64,1}}:
 0.236033 0.346517 0.312707 0.00790928 0.488613 0.210968 0.951916 0.999905 0.251662 0.986666
0.555751 0.437108 0.424718 0.773223 0.28119 0.209472 0.251379 0.0203749 0.287702 0.859512
0.0769509 0.640396 0.873544 0.278582 0.751313 0.644883 0.0778264 0.848185 0.0856352
 0.553206 0.46335 0.185821 0.111981 0.976312 0.0516146 0.53803 0.455692 0.279395 0.178246
0.548983 0.370971 0.894166 0.648054 0.417039 0.144566 0.622403 0.872334 0.524975 0.241591
0.884837[0.236033 0.346517 0.312707 0.00790928 0.488613 0.210968 0.951916 0.999905 0.251662
0.986666 0.555751 0.437108 0.424718 0.773223 0.28119 0.209472 0.251379 0.0203749 0.287702
```

```
0.859512 0.0769509 0.640396 0.873544 0.278582 0.751313 0.644883 0.0778264 0.848185 0.0856352
0.553206 0.46335 0.185821 0.111981 0.976312 0.0516146 0.53803 0.455692 0.279395 0.178246
0.548983 0.370971 0.894166 0.648054 0.417039 0.144566 0.622403 0.872334 0.524975 0.241591
0.884837]
```

今度はプロット表示のウィンドウは出てこない。また、display関数の出力もインタラクティブモードの場合と異なることに注意しよう。こちらでは結果の後ろに改行文字が入らないため、print関数の出力とくっついてしまっている。

3. 今度はdisplay.jlの関数plot(r)の後ろにshow()を付けてみよう。

```
using PyPlot, Random

function f()
    Random.seed!(1)
    r = rand(50)
    @show sum(r)
    display(transpose(r))
    print(transpose(r))
    plot(r)
    show()
end

f()
```

4. スクリプトとして実行してみる。

```
$ julia display2.jl
```

今度はプロットが表示され、プロットのウィンドウを閉じるまで、Juliaはサスペンドする。

説明しよう

Juliaのdisplay関数は、呼び出されたコンテクストに応じて挙動を変える。つまりこの関数が呼び出された際のコンテクストによって得られる結果が違う。例えば、JuliaのREPLで、displayに画像が渡されたら、新しいウィンドウを開いてそれを表示するが、Jupyter Notebookではノートブックに埋め込む。同様に、多くのオブジェクトは、JuliaのREPLではただのテキストとして表示されるが、Jupyter Notebookでは、きれいに整形されたHTMLとして表示される。つまり、display(x)は、現在のコンテクストの範囲で、xを出力するのに利用できる最も「リッチ」な方法で出力を行う。他に使える方法がなければstdoutにテキストを出力する。

JuliaのREPLでコマンドを実行するとdisplay関数が呼び出される。

```
julia> transpose(1:100)
1×100 LinearAlgebra.Transpose{Int64,UnitRange{Int64}}:
 1  2  3  4  5  6  7  8  9  10  11  …  92  93  94  95  96  97  98  99  100
```

この場合、出力はターミナルのサイズに合うように補正されている。しかし、上の例で見たように、displayをインタラクティブにではなくスクリプトの中で実行した場合には、このような出力デバイスのサイズに応じた補正は行われない。

JuliaのREPLでは入力した式の値が表示されてしまうが、実際に使う上では値の表示を抑制することが必要になる。これは、末尾に;を追加することで実現できる。

```
julia> rand(100, 100);
julia>
```

こうすれば、何も表示されない。;を付けないと大きな行列でウィンドウがいっぱいになってしまうはずだ。

また、このレシピで示したスクリプトでは、@showマクロを使っている。このマクロは式とその値を同時に表示してくれるので、デバッグの際にとても便利だ。

このレシピの最後で、PyPlotパッケージの挙動が、インタラクティブモードかどうかで異なることを紹介した。これと同様に、出力デバイスに応じて挙動を変えるパッケージはたくさんある。各パッケージのモードによる挙動の違いを知りたければ、パッケージのドキュメントを見てほしい。Juliaのモード（REPLかスクリプトか）で挙動が変わるようにコードを書くには、isinteractive関数を使う。この関数を使うと、Juliaのモードを実行時に確認できる。

もう少し解説しよう

Juliaの表示管理がどのようになっているかについては、https://docs.julialang.org/en/v1.2/manual/types/#man-custom-pretty-printing-1に書かれている。

こちらも見てみよう

6章の「**レシピ6.3　ユーザ定義型を作ってみる―連結リスト**」で、ユーザが定義型した型の表示方法を指定する方法を説明する。

レシピ1.10　パッケージの管理

Juliaにはパッケージマネージャが組み込まれている。このパッケージマネージャを用いると、個々のプロジェクトで利用するパッケージの組み合わせを管理できる。

このレシピでは、デフォルト（グローバル）プロジェクトで用いるパッケージの管理方法の基本を説明する。8章の「**レシピ8.7　プロジェクトの依存関係を管理する**」で、ローカルなプロジェクトレポジトリで使うパッケージのカスタマイズ方法について説明する。

準備しよう

このレシピでは、JuliaのREPLを使う。また、コンピュータがインターネットにつながっていることを確認しておこう。

やってみよう

以下のステップで実行してみよう。

1. JuliaのREPLに行く。

```
julia>
```

2.]をタイプして、パッケージマネージャモードに移行する。

```
(v1.2) pkg>
```

3. パッケージの初期状態を確認するにはstatusコマンドを使う。

```
(v1.2) pkg> status
    Status `~/.julia/environments/v1.2/Project.toml`
```

ここでは、追加のパッケージがまったくインストールされていないきれいな環境であることがわかる。

4. `BenchmarkTools.jl`パッケージを追加するにはaddコマンドを使う。

```
(v1.2) pkg> add BenchmarkTools
   Cloning default registries into /home/ubuntu/.julia/registries
   Cloning registry General from "https://github.com/JuliaRegistries/General.git"
  Updating registry at `~/.julia/registries/General`
  Updating git-repo `https://github.com/JuliaRegistries/General.git`
 Resolving package versions...
 Installed BenchmarkTools ─ v0.4.2
 Installed JSON ─────────────── v0.21.0
  Updating `~/.julia/environments/v1.0/Project.toml`
  [6e4b80f9] + BenchmarkTools v0.4.2
  Updating `~/.julia/environments/v1.0/Manifest.toml`
  [6e4b80f9] + BenchmarkTools v0.4.2
  [682c06a0] + JSON v0.21.0
  [2a0f44e3] + Base64
  [ade2ca70] + Dates
  [8ba89e20] + Distributed
  [b77e0a4c] + InteractiveUtils
  [76f85450] + LibGit2
  [8f399da3] + Libdl
  [37e2e46d] + LinearAlgebra
  [56ddb016] + Logging
  [d6f4376e] + Markdown
  [a63ad114] + Mmap
  [44cfe95a] + Pkg
  [de0858da] + Printf
  [3fa0cd96] + REPL
  [9a3f8284] + Random
```

```
[ea8e919c] + SHA
[9e88b42a] + Serialization
[6462fe0b] + Sockets
[2f01184e] + SparseArrays
[10745b16] + Statistics
[8dfed614] + Test
[cf7118a7] + UUIDs
[4ec0a83e] + Unicode
```

5. statusコマンドで、インストールしたパッケージのバージョンを見てみよう。

```
(v1.2) pkg> status
    Status `~/.julia/environments/v1.2/Project.toml`
  [6e4b80f9] BenchmarkTools v0.4.2
```

Juliaには他にもパッケージがインストールされているのに、BenchmarkToolsパッケージしか見えていないことがわかる。パッケージレポジトリ内には存在しても、明示的にインストールしない限り見えるようにはならない。BenchmarkToolsパッケージは、これらのパッケージに（直接もしくは間接的に）依存している。

6. パッケージをインストールできたら、インストールしたパッケージを事前コンパイルしておこう。

```
(v1.2) pkg> precompile
Precompiling project...
Precompiling BenchmarkTools
[ Info: Precompiling BenchmarkTools [6e4b80f9-dd63-53aa-95a3-0cdb28fa8baf]
```

7. Backspaceキーでパッケージマネージャモードを抜ける。

```
(v1.2) pkg>

julia>
```

8. インストールしたパッケージがロードして使えることを確かめてみよう。

```
julia> using BenchmarkTools
julia> @btime rand()
  4.487 ns (0 allocations: 0 bytes)
0.07253910317708079
```

9. 次に、BSON.jlパッケージのバージョンv0.2.0をインストールしてみよう（これは最新版ではない。本書執筆時点での最新バージョンはv0.2.1だ）。]キーをタイプして、パッケージマネージャモードに移行し、次のようにタイプする。

```
(v1.2) pkg> add BSON@v0.2.0
```

```
[出力省略]
```

これでBSONパッケージのv0.2.0がインストールできた。

10. 一部のパッケージに対して、新しいバージョンがリリースされたとしてもJuliaのパッケージマネージャが勝手にアップデートしないように、バージョンを固定したい場合がある。これには、pinコマンドを使う。

```
(v1.2) pkg> pin BSON
[出力省略]
```

11. pinでバージョンを固定したパッケージを、再度パッケージマネージャがアップデートできるようにするには、freeコマンドを用いる。

```
(v1.2) pkg> free BSON
[出力省略]
```

ここで示した、あるパッケージの特定のバージョンをインストールしたり（ステップ9）、バージョンを固定したり（ステップ10）する方法は、本書で用いたパッケージのバージョンと読者の環境を再現するためにも使える。このような手法が必要になるのは、将来のリリースでパッケージが変更されてコードが動作しなくなってしまう可能性があるからだ。本書で用いているパッケージとそのバージョンのリストを、「まえがき」の「本書を活用するには」に掲載してある。

説明しよう

Juliaは個々の環境で必要とされるパッケージとそのバージョンの情報をProject.tomlとManifest.tomlというファイルで管理する。グローバルなデフォルト環境では、これらのファイルは~/.julia/environments/v1.2/ディレクトリにある。Project.tomlには、インストールされたパッケージとそのUUID（https://ja.wikipedia.org/wiki/UUID または https://www.itu.int/ITU-T/studygroups/com17/oid.html参照）が格納される。Manifest.tomlには、個々のパッケージが依存するパッケージの情報と、そのパッケージのバージョン番号が書かれている。

このレシピでは、パッケージマネージャの基本的なコマンドしか使わなかった。ほとんどの場合、普通に使うにはこれだけで十分だが、コマンドは他にもたくさんある。パッケージマネージャモードでhelpとタイプすれば使用できるコマンドのリストが表示される。覚えておくといいコマンドを下に示す。

コマンド	説明
add	指定されたパッケージをインストールする。
rm	指定されたパッケージを削除する。
up [パッケージ名]	指定されたパッケージをアップデートする。
develop	パッケージのレポジトリを完全にローカルにコピーして開発できる状態にする（パッケージの最新masterを使いたい場合に有効）。
up	マニフェストファイルに書かれたパッケージをアップデートする（プロジェクトで使っているパッケージをアップデートすると、古いコードとの間で不整合を起こす可能性がある。なので注意深く使おう）。
build	パッケージのビルドスクリプトを実行する（インストール時に、必要な外部パッケージの不足などの原因でビルドに失敗したパッケージを再ビルドする際などに使う）。
pin	パッケージを現在のバージョンで固定する（指定したパッケージのバージョンが、変更されないように固定する）。
free	pinやdevelopでパッケージ管理対象から外したパッケージを、再度管理対象に戻す。

もう少し解説しよう

ここで示したコマンドはすべて、Pkg.jlパッケージの関数でも実行できる。例えば、Pkg.add("BenchmarkTools")とすれば、JuliaのREPLのパッケージマネージャモードでadd BenchmarkToolsとするのと同様に、パッケージをインストールすることができる。これらの関数を使うには、まずusing PkgとしてPkgパッケージをロードする必要がある。

もう1つ重要な点がある。Juliaには多くのパッケージがもともとインストールされている。これらのライブラリは、インストールしなくてもusingでロードして使うことができる。このようなライブラリのうち重要なものは下の通りだ。

ライブラリ名	説明
Dates	日時を扱う
DelimitedFiles	区切り文字で区切られたファイルを扱う
Distributed	マルチプロセス処理
LinearAlgebra	さまざまな行列演算
Logging	ログの書き出しサポート
Pkg	パッケージマネージャ
Random	乱数生成
Serialization	Juliaオブジェクトのシリアライズ、デシリアライズ
SparseArrays	疎な配列を実現
Statistics	基本的な統計関数
Test	ユニットテストをサポート

標準でインストールされているパッケージの完全なリストは、Juliaのドキュメントhttps://docs.julialang.org/en/v1.2/のStandard Libraryのセクションにある。

こちらも見てみよう

同じコンピュータ上でもプロジェクトごとに別のバージョンのパッケージを使う必要がある場合に、Juliaのパッケージマネージャは真価を発揮する。具体的な方法については、8章の**「レシピ8.7 プロジェクトの依存関係を管理する」**で説明する。

レシピ1.11 JuliaをJupyter Notebookで使う

Jupyter Notebookは、探索的にデータ分析を行う際の**事実上の**標準ツールだ。このレシピでは、Jupyter NotebookでJuliaを利用する方法を紹介する。

準備しよう

Jupyter Notebookをインストールする前に、以下のステップを実行しておこう。

1. Juliaをインストールしたマシンを用意しておく（方法は**「レシピ1.1 Juliaをバイナリパッケージでインストールする」**で説明した）。
2. JuliaのREPLを開く。
3. `IJulia`パッケージをインストールする。JuliaのREPLで、]キーをタイプして、Juliaパッケージマネージャに行き、`add IJulia`コマンドを実行する。

```
(v1.2) pkg> add IJulia
```

やってみよう

`IJulia`をインストールできたら、Jupyter Notebookが実行できる。これには2つの方法がある。

- Jupyter NotebookをJuliaのREPLから実行する。
- Jupyter Notebookをbashから実行する。

Jupyter NotebookをJulia環境から実行する

JuliaのREPLで次のようにコマンドを実行する。

```
julia> using IJulia
julia> notebook()
```

Webブラウザのウィンドウが開き、Jupyterが起動するので、その中でJuliaを実行する。Jupyter Notebookサーバを停止するには、REPLに戻って[Ctrl]+[C]をタイプする。

Jupyter NotebookをJulia環境の外で実行する

Jupyter NotebookをJuliaの外から実行する場合でも、まずは`IJulia`をインストールする（「準備しよう」を参照）。IJuliaがインストールできたら次の手順でJupyterを起動する。

1. 次のコマンドをシェルで実行する（この手順は、Juliaのpackageディレクトリがデフォルトのままになっていることを前提としている。特にパスのhsaaNの部分は変わっているかもしれないので~/.julia/packages/Conda/ディレクトリを見て確認してほしい）。

```
$ ~/.julia/packages/Conda/hsaaN/deps/usr/bin/jupyter notebook
```

Windowsの場合は下のようになる。

```
C:\> %userprofile%\.julia\packages\Conda\hsaaN\deps\usr\Scripts\jupyter-notebook
```

2. コンソール出力から下のような部分を探す。

```
Or copy and paste one of these URLs:
http://localhost:8888/?token=438824b51e908a791ac3d601458e58d0f1f8de0824e8e3d5
```

3. このリンク（上の出力で下線が引かれている部分）をブラウザのアドレスバーにコピペする。

説明しよう

Jupyter Notebookは、ローカルWebサーバのポート8888で実行される。あとは、ここにWebブラウザから接続するだけだ。ノートブックにアクセスするブラウザとは別のコンピュータでJupyterを実行することも可能だ。**「レシピ1.13　ターミナルしか使えないクラウド環境でJupyter Notebookを使う」**を見てほしい。

もう少し解説しよう

Juliaのパッケージの一部がインストール時にWindowsのセキュリティ設定とコンフリクトすることがある。具体的には、[IE Enhanced Security Configuration] をオフにしよう（Windows Serverではデフォルトでオンになっている）これをオフにするには、Server Managerを開き左側にあるLocal Serverをクリックする。右側のカラムにIE Enhanced Security Configurationがあるはずだ。これをクリックしてオフにする。

IJuliaのインストール時にもう1つ問題が起きる可能性があるのは、すでにインストールされているPythonとのコンフリクトだ。これは、IJuliaが最小限のPython環境をダウンロードしてインストールしようとするからだ。このような場合にはエラーが出るので、下のように実行してみよう。

```
ENV["JUPYTER"] = "[既存のjupyterのパス]"
using Pkg
Pkg.build("IJulia")
```

[既存のjupyterのパス] は自分で見つける必要がある。AnacondaがインストールされたWindowsでは、このパスは"C:\\Program Files\\Anaconda\\Scripts\\jupyter-notebook.exe"になる。バックスラッシュをJuliaの文字列に書くには、2つバックスラッシュを並べなければならないことに注意しよう。適切なパスを指定できれば、ビルドは成功するはずだ。

こちらも見てみよう

IJuliaの最新ドキュメントは、https://github.com/JuliaLang/IJulia.jlにある。ここで示した手順が古くなっている可能性があるのでチェックしてほしい。

レシピ1.12 JuliaをJupyterLabで使う

JupyterLabは、Jupyter Notebookの拡張版だ。これのレシピを実行する前に、**「レシピ1.11 JuliaをJupyter Notebookで使う」**を実行しておこう。JupyterLabを実行するにはPythonが必要だ。Pythonの実行環境としてはPython Anacondaを強くおすすめする。

準備しよう

JupyterLabをインストールするには、IJuliaがインストールできている必要がある。

1. JuliaがインストールされたLinux/macOSもしくはWindowsマシンを用意する。
2. **「レシピ1.11 JuliaをJupyter Notebookで使う」**に従ってIJuliaをインストールする。

やってみよう

デフォルトでは、JuliaにはJupyterLabは含まれていないが、Conda.jlパッケージを使ってJupyterLabをインストールすることができる。ここでは、Juliaを用いてJupyterLabをインストールする方法と、それをbashから起動する方法を手順を追って示す。

1.]キーをタイプして、Juliaのパッケージマネージャに移行して、Conda.jlパッケージをインストールする。

```
(v1.2) pkg> add Conda
```

2. Condaを用いてJupyterLabをインストールする。

```
julia> using Conda
julia> Conda.add("jupyterlab")
```

3. JupyterLabがインストールできたら、Juliaから出て、コマンドラインからJupyterLabを起動する。

```
$ ~/.julia/packages/Conda/hsaaN/deps/usr/bin/jupyter lab
```

4. Windowsではコマンドは以下のようになる。

```
C:\> %userprofile%\.julia\packages\Conda\hsaaN\deps\usr\Scripts\jupyter-lab
```

5. 自動的にWebブラウザが開かなければ、コンソールの出力に以下のような部分があるので、それを探す。

```
Or copy and paste one of these URLs:
http://localhost:8889/?token=dcb5418f48f1963dd91b52a05a35141e1f946d578c307fbe
```

6. 下線のリンクを、ブラウザのアドレスバーにコピペする。

ここまで実行すれば、ブラウザのスクリーン上に、下の図のような画面が表示されているはずだ(JuliaだけでなくPythonも使えるのは`IJulia.jl`をインストールする際にインストールされているからだ)。

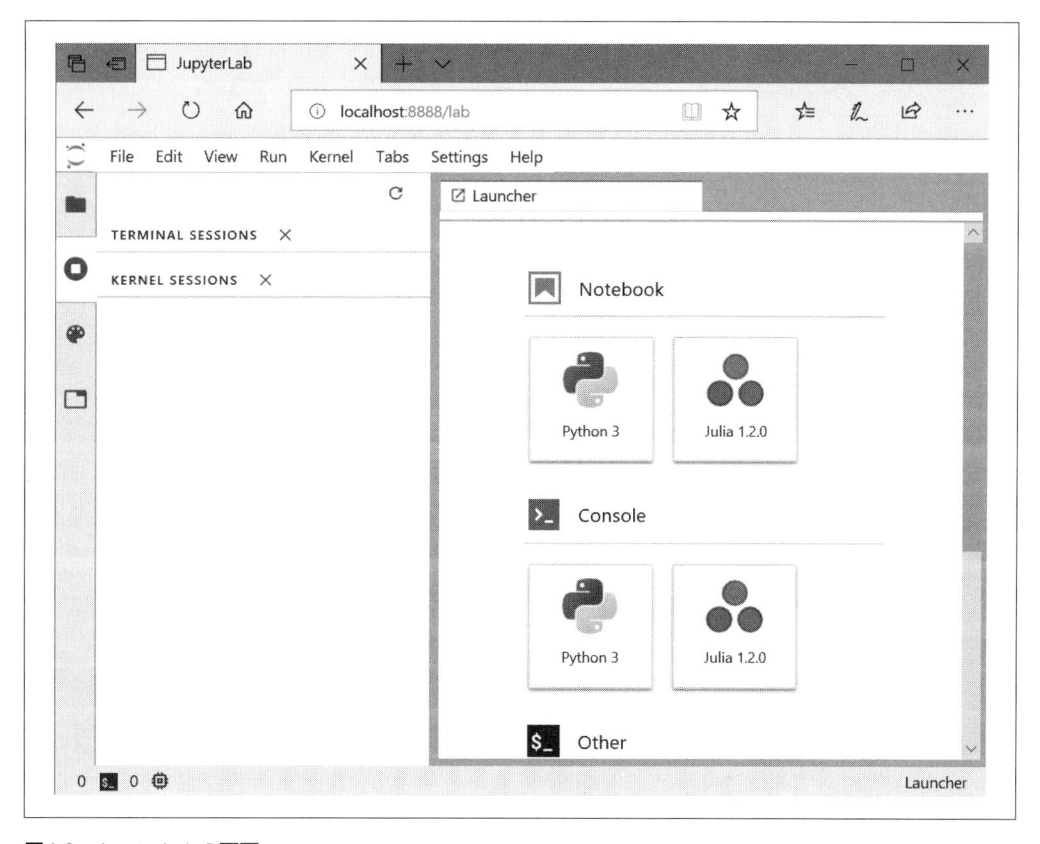

図1-3　JupyterLabの画面

説明しよう

JupyterLabはJupyterを拡張したものなので、動作する仕組みもほとんど同じだ。JupyterLabは、ポート8888上のローカルなWebサーバとして動作する(Jupyterと同じポートだ)。起動したら、ブラウザから接続することができる。別のコンピュータ上で動かしておいてブラウザで接続することもできる。詳しくは「**レシピ1.13　ターミナルしか使えないクラウド環境でJupyter Notebookを使う**」を参照してほしい(このレシピで紹介する方法はJupyter NotebookとJupyterLabの双方に適用できる)。

もう少し解説しよう

もう1つの方法は、完全にJuliaの外部のAnacondaでJupyterLabをインストールする方法だ。この方法はLinuxとWindowsで違うので、別々に紹介する。

Linux上でAnacondaを使ってJupyterLabを実行する

JupyterLabをLinuxにインストールするには次のようにする。

1. AnacondaのLinuxダウンロードサイト(https://www.anaconda.com/download/#linux)に行って、64ビットPython3向けの最新バージョンのリンクを探す(多くの場合は、WebブラウザでDownloadボタンを右クリックして、Copy link locationを選択すればいい)。
2. Anacondaをダウンロードする。Anacondaは頻繁にバージョンアップするので、実際のリンクは異なるだろう。

```
$ wget https://repo.anaconda.com/archive/Anaconda3-5.3.0-Linux-x86_64.sh
```

3. Anacondaのインストーラを実行する。

```
$ sudo bash Anaconda3-5.3.0-Linux-x86_64.sh
```

4. これでJupyterLabを実行できるようになっているはずだ。下のようにして起動しよう(デフォルトの場所にインストールしたことを仮定している)。

```
$ /home/ubuntu/anaconda3/bin/jupyter lab
```

5. これで自動的にWebブラウザが開かないようなら、手動で開く必要がある。
   これには、コンソールへの出力から下のような部分を探す。

```
[I 11:07:55.625 LabApp] The Jupyter Notebook is running at:
[I 11:07:55.625 LabApp] http://localhost:8888/?token=c3756ac2013d780af16b0401d67ab017c5e4a17cc9bc7924
[I 11:07:55.625 LabApp] Use Control-C to stop this server and shut down all kernels (twice to skip confirmation).
[W 11:07:55.625 LabApp] No web browser found: could not locate runnable browser.
```

6. 太字になっている部分のリンクをブラウザのアドレスバーにコピペする。

これまでに述べた手順を(`IJulia.jl`パッケージのインストールも含めて)実行していれば、JupyterLabのウェルカムスクリーンが開きさえすれば、Julia Notebookの実行カーネルだけでなくPython3も使えるようになっているはずだ。

Windows上でAnacondaを使ってJupyterLabを実行する

Windows上でAnacondaを使ってJupyterLabを実行するには以下のようにする。

1. AnacondaのWindowsダウンロードサイト（https://www.anaconda.com/download/#windows）に行って、64ビットPython3向けの最新バージョンのリンクを探す。そして、インストーラの実行ファイルをダウンロードする。
2. インストーラを実行する。ここでは、デフォルトの`C:\ProgramData\Anaconda3\`にダウンロードしたと仮定する。

別の場所にインストールする場合には、パスにスペースが含まれないようにしよう。

3. Anaconda 3がインストールできたら`jupyter-lab.exe`を実行する。

```
C:\> C:\ProgramData\Anaconda3\Scripts\jupyter-lab.exe
```

4. これで自動的にWebブラウザが開かないようなら、手動で開く必要がある。これには、コンソールへの出力から下のような部分を探す。

```
Copy/paste this URL into your browser when you connect for the first time,  to login with a
token:
http://localhost:8888/?token=7f211507e188ecfc22e2858b195c8de915c7c221f012ee86
```

5. 太字になっている部分のリンクをブラウザのアドレスバーにコピペする。

これまでに述べた手順を（`IJulia.jl`パッケージのインストールも含めて）実行していれば、JupyterLabのウェルカムスクリーンが開きさえすれば、Julia Notebookの実行カーネルだけでなくPython3も使えるようになっているはずだ。

こちらも見てみよう

JupyterLabは現在急速に発展中のプロジェクトなので、最新情報をプロジェクトのWebサイトhttps://github.com/jupyterlab/jupyterlabで確認しておこう。

レシピ1.13　ターミナルしか使えないクラウド環境でJupyter Notebookを使う

このレシピでは、ターミナルのみのLinux環境（つまり、グラフィカルなデスクトップインターフェイスのない環境）で、Jupyter（JupyterLabでもJupyter Notebookでも）を設定する方法を説明する。このようなリモート環境は、Jupyter Notebookの実行は少し面倒になる。ここでは、説明のためAWSクラウドを使う。

準備しよう

実行する前に、LinuxマシンにIJuliaと、Jupyter NotebookまたはJupyterLabをインストールしておく。

1. 本章のレシピに従って、Juliaと、Jupyter NotebookまたはJupyterLabをインストールしたLinuxマシンを用意する（例えばAWSのEC2など）。
2. LinuxマシンにSSHで接続できるように設定する。AWSの上のLinuxマシンであれば、https://docs.aws.amazon.com/AWSEC2/latest/UserGuide/AccessingInstancesLinux.htmlに書かれた手続きに従おう。これには、サーバのアドレス、ログイン名（ここでは、Ubuntu Linuxのデフォルトである`ubuntu`というユーザ名を使う）、秘密鍵（ここでは`keyname.pem`という名前だとする）もしくはユーザパスワード（秘密鍵の代わりに使える場合）が必要になる。

Windows 10にはデフォルトのSSHクライアントがないので、このレシピでは、Git for Windows（https://git-scm.com/download/win/）に添付されているSSHを使っている。Git for Windowsをインストールしてあれば、`C:\Program Files\Git\usr\bin\ssh.exe`にあるはずだ。注意するべき点が1つある。LinuxやOS XなどのUnix系の環境では、接続に使う秘密鍵の入ったキーファイル`keyfile.pem`は、そのユーザだけが読めるように設定しなければならない。AWSからダウンロードしたファイルはそのようになっていないので、SSHでログインを試みる前に、

```
$ chmod 400 keyfile.pem
```

のようにして、アクセス権限を設定する必要がある。

やってみよう

一般に、リモートマシンでJupyter Notebook/JupyterLabを動作させるには、次の3つの手順を踏む必要がある。

1. SSHトンネルをポート8888番に設定する。
2. リモートマシンでJupyterLabを起動する。
3. 起動ログを見てリンクを見つけてコピーし、ローカルマシンのブラウザにペーストする。

以下では、この手順をJupyter NotebookとJupyterLabについて詳しく説明する。

1. 下のようにして、ローカルマシンから、SSH接続を開く際に、ポート8888番へのトンネルを作る。[ホスト名]の部分には、適切なホスト名を書く（例えばAWSならホスト名は`ec2-18-188-`

4-172.us-east-2.compute.amazonaws.comのようになるはずだ）。

```
$ ssh -i path/to/keyfile.pem -L8888:127.0.0.1:8888 ubuntu@[ホスト名]
```

2. 接続ができたら、リモートマシンで下のようにコマンドを実行して、Jupyter NotebookやJupyterLabを起動する（ここでは、**「レシピ1.11　JuliaをJupyter Notebookで使う」**に従ってIJuliaパッケージが、デフォルトのpackagesディレクトリにインストールされていることを仮定している）。

```
$ ~/.julia/packages/Conda/hsaaN/deps/usr/bin/jupyter lab
```

JupyterLabでもJupyter Notebookでも基本的な起動方法は同じだ（1つ前のレシピを参照）。

JuliaとAnacondaの設定によっては、実行ファイルjupyterの場所が異なる場合がある。Linux環境では、ホームディレクトリで、**$ find ~/ -name "jupyter"**と実行すれば検索することができる。

3. コンソールに出力されたテキストから下のような部分を探す。

```
Or copy and paste one of these URLs:
http://localhost:8889/?token=dcb5418f48f1963dd91b52a05a35141e1f946d578c307fbe
```

4. 太字のリンクをコピーして、（リモートではなく）ローカルマシンのブラウザにペーストする。

SSHトンネルが正しく設定できていれば、リモートマシンで実行されているJupyter Notebook/JupyterLabが、ローカルマシンのブラウザ上に表示されるはずだ。このようになるのは、SSH接続が開いている間だけで、SSH接続を閉じると、Jupyter Notebook/JupyterLabへアクセスできなくなる。

説明しよう

インターネット環境で、Jupyter Notebookを使うには、サーバへのSSHトンネルを作る必要がある。このために必要なのが、このチュートリアルで示したオプションだ。ローカルネットワークの場合には、SSHトンネルを使わず直接接続することもできる。

上に示したシナリオでは、sshのコマンドライン引数-L 8888:127.0.0.1:8888は、手元のコンピュータからクラウド上のターゲットマシンのポート8888への安全なトンネルをオープンするように指示している。

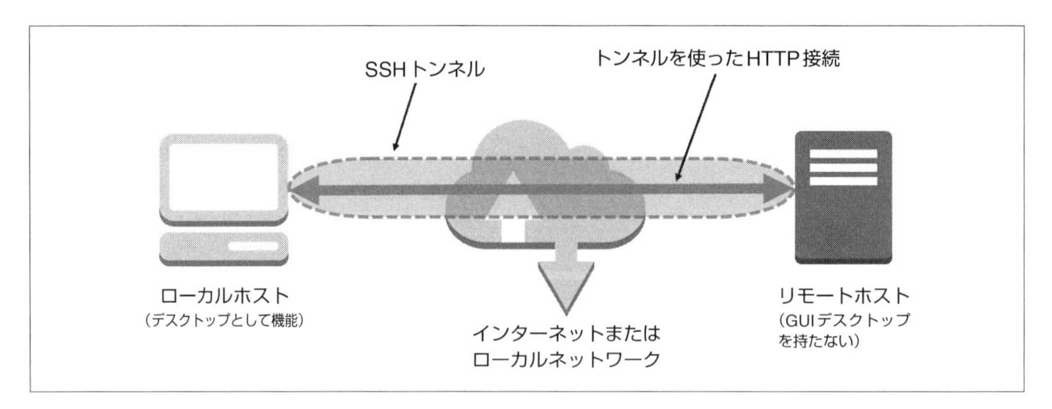

図1-4 SSHトンネルによるリモートホストの利用

もう少し解説しよう

IJuliaをテキストのみのリモートマシンで実行するもう1つの方法は、Jupyter環境のデタッチモードを使う方法だ。しかし、Jupyter Notebookにアクセスするにはトークンキーが必要となる。次の例を見てみよう。

```
julia> using IJulia
julia> notebook(detached=true)
julia> run(`$(IJulia.notebook_cmd[1]) notebook list`)
Currently running servers:
http://localhost:8888/?token=2bb8421e3bba78c8c551a8af1f22460bb4bb3fdc5a0986bb
```

このリンクをWebブラウザにコピペすればいい。

こちらも見てみよう

SSHトンネルについては、https://www.ssh.com/ssh/tunneling/exampleを参照。

2章
データ構造とアルゴリズム

本章で取り上げる内容

- 配列中の最小要素のインデックスを取得する
- 行列乗算を高速に行う
- カスタム擬似乱数生成器を実装する
- 正規表現を使ってGitログを解析する
- 標準的でない基準でデータをソートする
- 関数原像（preimage）の生成-辞書とセットの機能を理解する
- UTF-8文字列を扱う

はじめに

Juliaのコア言語や標準ライブラリには、たくさんの便利な関数が用意されている。さらに、Julia自身も高速なので、Juliaはアルゴリズムを実装するのにも適している（他の高級言語の中には、インストールしたパッケージに組み込まれたアルゴリズムを組み合わせることしかできないものも多い）。

本章では、言語に組み込まれた機能を利用しつつ実用的なカスタムアルゴリズムを実装する方法を紹介する。本章のレシピを見れば、標準の関数を使うよりもはるかに高速な低レベルアルゴリズムをユーザが実装できる（配列中のランダムな最小要素のインデックスを見つけるレシピ）ことや、標準的な関数の動作をカスタマイズする方法（行列乗算の最適化のレシピ）が理解できるはずだ。さらに、本章のレシピでは、最も多用されるデータ構造である辞書、セット、ソート、文字列操作に焦点を絞り、これらの効率的な利用方法を示す。

レシピ2.1　配列中の最小要素のインデックスを取得する

配列から最小要素のインデックスを取得する操作は、多くのアプリケーションで用いられる。組み込み関数の`argmin`はこのために用意された関数で、コレクションの中の最小要素のインデックスを返す。しかし、最小要素が複数ある場合には、最初の要素しか返さない。実際にはすべての最小要素のインデックスが必要な場合や、すべての最小要素から一様ランダムに選択したインデックス1つだけが必要な場合もある。このレシピでは、このような関数の実装方法について説明する。

準備しよう

このレシピではパッケージStatsBase.jlとBenchmarkTools.jlを使うので、**「1.10 パッケージを管理する」**に従ってインストールしておこう。

Github上のこのレシピのレポジトリには、いつものcommand.txtのほかに、このレシピで用いるrandargmin2.jlが用意されている。

やってみよう

このレシピでは、配列中のすべての最小要素のインデックスを返す、2つの関数を比較する。1つはシンプルだが遅い。もう一方は、少し複雑だが高速だ。ここでは、出力と実行速度を比較する。

1. 配列中のすべての最小要素のインデックスを返す関数を定義する。このようになる。

```
julia> function allargmin(a)
           m = minimum(a)
           filter(i -> a[i] == m, eachindex(a))
       end
allargmin (generic function with 1 method)
```

2. JuliaのREPLで、期待した通りの結果が得られるか試してみよう。

```
julia> allargmin([1, 2, 3, 1, 2, 3])
2-element Array{Int64,1}:
 1
 4
```

正しい結果が得られた。

3. 複数の最小要素がある場合に、そのうちのどれか1つのインデックスをランダムに返す関数の最初のバージョンを定義しよう。

```
julia> randargmin1(a) = rand(allargmin(a))
randargmin1 (generic function with 1 method)
```

4. include("randargmin2.jl")と入力して、randargmin2.jlに定義されている次に示すコードを実行しよう。この関数は、一度配列を処理するだけで、複数の最小要素のどれか1つのインデックスをランダムに返す。

```
function randargmin2(a)
```

```
    indices = eachindex(a)
    y = iterate(indices)
    y === nothing && throw(ArgumentError("collection must be non-empty"))
    (idx, state) = y
    minval = a[idx]
    bestidx = idx
    bestcount = 1
    y = iterate(indices, state)
    while y !== nothing
        (idx, state) = y
        curval = a[idx]
        if isless(curval, minval)
            minval = curval
            bestidx = idx
            bestcount = 1
        elseif isequal(curval, minval)
            bestcount += 1
            rand() * bestcount < 1 && (bestidx = idx)
        end
        y = iterate(indices, state)
    end
    bestidx
end
```

5. 2つの関数が両方とも同じ結果の分布を生成することをJuliaのREPLで確認してみよう。

```
julia> using StatsBase
julia> x = [1, 2, 3, 1, 2, 3, 1, 1]
8-element Array{Int64,1}:
 1
 2
 3
 1
 2
 3
 1
 1

julia> countmap([randargmin1(x) for i in 1:10^6])
Dict{Int64,Int64} with 4 entries:
 7 => 250201
 4 => 249437
 8 => 249902
 1 => 250460

julia> countmap([randargmin2(x) for i in 1:10^6])
Dict{Int64,Int64} with 4 entries:
```

```
7 => 249511
4 => 250550
8 => 251003
1 => 248936
```

乱数の性質上、結果は少しだけ違っている。一般には、2つ目の関数のほうが、より高速で使用メモリ量も小さい。

6. 次のテストをJuliaのREPLから実行して確認してみよう。

```
julia> x = rand(1:10, 1000);
julia> using BenchmarkTools
julia> @btime randargmin1($x);
  34.056 μs (602 allocations: 18.05 KiB)

julia> @btime randargmin2($x);
  2.022 μs (0 allocations: 0 bytes)
```

説明しよう

このレシピの要点は、randargmin2関数の動作を理解することにある。この実装には2つ難しいポイントがある。1つはアルゴリズム的なもので、ランダムに最小要素を選択する方法だ。もう1つは実装上のもので、Juliaの多様なイテレータをサポートする方法だ。

アルゴリズムのほうから説明しよう。コードからわかる通り、新しい最小値が見つかったらそれを保持する。問題は最小値が2つ以上出てきたときだ。すでに最小値をbestcount回見つけていたとしよう。変数bestidxは、1/bestcountの確率ですでに見た最小値のインデックスを保持している。a[idx]が現時点での最小値minvalに等しいインデックスidxを新しく見つけたら、1/(bestcount+1)の確率でこの新しいインデックスをbestidxに保持する。これで、新しい値に関しては正しい確率で保持できたことになる。一方、それ以前に入っていた値は1/bestcount * bestcount/(bestcount+1)の確率でbestidxに保持されることになる。この値も実は1/(bestcount+1)と等しい。したがって最終的には、このアルゴリズムで返されるインデックスを適切にランダム化できたことになる。

2つ目の困難な点は、Juliaにはさまざまな種類のコレクションがあり、それぞれ異なるインデックスを用いていることだ。例えば線形インデックス（linear indexing）や直積インデックス（Cartesian indexing）などがある。このため、このコードでは、eachindex(a)で得たaのインデックスの集合を、イテレーションプロトコルで処理している。このプロトコルの基盤となるのがiterate関数だ。例えばiterate(indices)のように、イテラブルをこの関数に渡すと、次の2つを収めたタプルが返ってくる。

- イテラブルの最初の要素
- 以降の呼び出しで使うための状態変数

これで、2つの値をiterateに渡すことで、コレクションを繰り返し処理できるようになる。2つの値とは、イテラブルと、前回の呼び出しで得られた状態変数の2つだ。iterateがnothingを返してきたら、コレクションの最後に来たことがわかる。`a`に対して繰り返し操作を行っているのではなく、`eachindex(a)`に対して行っていることに注意しよう。ここではコレクションのインデックスに対して処理したいのであって、コレクションの要素に対して処理したいわけではないからだ。また、こちらのイテレーションプロトコルを使ったバージョンのほうが、元の素朴な方法に比べてはるかに高速だ。メモリを新たに確保する必要はないし、コレクション全体を1度処理するだけで終了する。

もう少し解説しよう

コレクションのインデックスと値の両方を処理する場合には、`pairs`関数を用いればいい。`randargmin2`を改良するのは比較的簡単なので、ぜひやってみてほしい。このコードでもう一点注意すべき点がある。このコードでは、(PythonやRから移行してきたユーザの使いがちな) `<`や`==`ではなく、`isless`や`isequal`を使っている。こうしているのは、`isless`や`isequal`は`Bool`型を返すことが保証されているのに対して、`<`や`==`は一方の引数が`missing`だった場合に`missing`を返すからだ。さらに、`0.0`と`-0.0`を比較した場合、`NaN`を比較した場合の挙動が微妙に異なる。下のようにJuliaのREPLで実行して確認してみよう。

```
julia> 0.0 == -0.0, -0.0 < 0.0
(true, false)

julia> isequal(0.0, -0.0), isless(-0.0, 0.0)
(false, true)

julia> NaN == NaN, NaN < NaN
(false, false)

julia> isequal(NaN, NaN), isless(NaN, NaN)
(true, false)
```

このように、`<`や`==`は浮動小数点に対して適切な順序を定義できていない。

こちらも見てみよう

イテレータプロトコルはJuliaの言語デザインの要石の1つなので、https://docs.julialang.org/en/v1.2/manual/interfaces/#man-interface-iteration-1のドキュメントを読んでおくことをおすすめする。また、**「0.8.9　イテレータ」**でも解説している。`missing`については**「0.8.7　nothingとmissing」**を参照。

レシピ2.2　行列乗算を高速に行う

行列の計算は、数値計算の基盤の1つだ。$n \times m$の行列を$m \times p$の行列に掛けて$m \times p$行列を得る場合、この操作の計算複雑性は$O(mnp)$となる。したがって、複数の行列を連続して掛ける場合、その計算量は乗算を行う順番によって変わる。

例えば下のような配列があるとしよう。

- A：10×40
- B：40×10
- C：10×50

ここでA*B*Cを求めたいとしよう。この場合(A*B)*Cのように計算してもよいしA*(B*C)のように計算してもよい。前者の計算コストは、10*40*10+10*10*50=9000に比例する。後者の場合には40*10*50+10*40*50=40000に比例する。このように計算の順序が性能に大きく影響するのだ。

このレシピでは行列の乗算を計算コストが最小となる方法で行う方法を実装する。

準備しよう

このレシピでは、最適な乗算の順番を求めるために動的プログラミングアルゴリズムを用いる。実装に進む前に、アルゴリズムが何をするのかを確認しておくといい。

実装の詳細は、https://en.wikipedia.org/wiki/Matrix_chain_multiplication もしくは下記を参照してほしい。

- Cormen, Thomas H; Leiserson, Charles E; Rivest, Ronald L; Stein, Clifford (2001): *Introduction to Algorithms*, Second Edition. MIT Press and McGraw-Hill. pp. 331–338.[*1]

概要を説明しておこう。行列$A_1, A_2, ..., A_n$に対して、$f(i, j)$はA_iからA_jまでの行列積を最小のコストで返す関数だとする。われわれの目的は$f(1, n)$を見つけることだ。以下の関係が成り立つことは明らかだろう。

- 何も乗算をしない場合にはコストは0だ。したがって $f(i,i)=0$ 。
- iからjまでの行列を乗算する際の最小コストを見つけるには、すべての分割可能な点を考慮すればいい。したがって、

  $$f(i,j)=\min_{i\leqq k<j}\{f(i,k)+f(k-1,j)+d(i,1)d(k,2)d(j,2)\}$$

  ここで、$d(i,s)$は、行列iのs番目の次元を表す。

このレシピでは、この式を用いて最適な行列乗算順序を求める。

BenchmarkTools.jlパッケージをインストールしておこう。**「レシピ1.10 パッケージを管理する」**に従ってインストールしておこう。
このレシピのGitHubレポジトリには、シェルコマンドとJuliaコマンド列を収めたcommands.txtと、このレシピで定義する関数を収めたfastmatmul.jlが用意されている。

＊1 訳注：最新の第3版の邦題は『アルゴリズムイントロダクション第3版総合版』近代科学社

やってみよう

このレシピでは、まず高速な行列乗算機能を持つ関数を定義する。次にその結果と性能をテストする。

1. 関数fastmatmul、solvemul、domulを定義する。これにはJuliaのREPLで、include("fastmatmul.jl")を実行してfastmatmul.jlを読み込めばいい。

```
# 一連の行列を引数としてとり、最適な順番で乗算する
function fastmatmul(args::AbstractMatrix...)
    length(args) ≤ 1 && return *(args...)
    sizes = size.(args)
    if !all(sizes[i][2] == sizes[i+1][1] for i in 1:length(sizes)-1)
         throw(ArgumentError("matrix dimensions mismatch"))
    end
    partcost = Dict{Tuple{Int,Int}, Tuple{Int, Int}}()
    from, to = 1, length(sizes)
    solvemul(sizes, partcost, from, to)
    domul(args, partcost, from, to)
end

# 最適な乗算順序を見つける
function solvemul(sizes, partcost, from, to)
    if from == to
        partcost[(from, to)] = (0, from)
        return
    end
    mincost = typemax(Int)
    minj = -1
    for j in from:to-1
        haskey(partcost, (from, j)) || solvemul(sizes, partcost, from, j)
        haskey(partcost, (j+1, to)) || solvemul(sizes, partcost, j+1, to)
        curcost = sizes[from][1]*sizes[j][2]*sizes[to][2] +
                  partcost[(from, j)][1] + partcost[(j+1, to)][1]
        if curcost < mincost
            minj = j
            mincost = curcost
        end
    end
    partcost[(from, to)] = (mincost, minj)
end

# 事前に計算した最適な順番で乗算を行う
function domul(args, partcost, from, to)
    from == to && return args[from]
    from+1 == to && return args[from]*args[to]
    j = partcost[(from, to)][2]
```

```
        domul(args, partcost, from, j) * domul(args, partcost, j+1, to)
    end
```

2. うまく動いているか確認しよう。5×5000の行列と5000×5の行列が交互に20個並んだ列に対して乗算を行う。

```
julia> using BenchmarkTools
julia> A = ones(5, 5000);
julia> B = ones(5000, 5);
julia> @btime *(repeat([A, B], outer=10)...);
  1.219 ms (33 allocations: 1.72 MiB)

julia> @btime fastmatmul(repeat([A, B], outer=10)...);
  706.329 μs (102 allocations: 54.23 KiB)
```

最適な順番で実行すると、最適な順番を見つけるのに余分なコストが掛かっているにもかかわらず、ほぼ2倍のスピードで実行できていることがわかる。

説明しよう

このレシピでは、3つの関数を定義した。

`fastmatmul`
: ユーザが呼び出すラッパ関数

`solvemul`
: 最適な乗算順序を求めるヘルパ関数

`domul`
: `solvemul`の結果を受け取り、実際の乗算を最適な順序で行う関数

この例で最も重要な構造体は`partcost`辞書だ。この辞書は「準備」で定義した関数fを表現している。この辞書のキーはタプル(i, j)で表現されており、i, jが乗算を行う対象の行列の範囲を示している。各キー(i, j)に対応して格納される値も、やはり2要素のタプルとなっており、このタプルには最小の乗算コストと、その際の分割点（「準備しよう」に示した式を最小化するk）が収められる。kが必要なのは、あとで`domul`で実際に計算する際に必要だからだ。

`partcost`辞書をメモ化データ構造に用いていることに注意しよう（https://github.com/JuliaCollections/Memoize.jlとhttps://ja.wikipedia.org/wiki/メモ化を参照）。これによって、同じ$f(i, j)$を何度も計算しないようになっている。次の2点に注意しよう。

- `fastmatmul`関数では、まず行列の列が乗算可能かどうかを確認している。
- `solvemul`関数では、簡単にするために、乗算のコストがIntの最大値よりも小さいことを仮定している。このため、`mincost`の初期値は`typemax(Int)`としている。

もう少し解説しよう

実際に使う際には、高速行列乗算をマクロとして定義したほうがいいだろう。通常の行列乗算式を受け取り、高速な式に置き換えるマクロを用意するのだ。次のようになる。

```
julia> macro fastmatmul(ex::Expr)
           ex.head == :call || throw(ArgumentError("expression must be a call"))
           ex.args[1] == :(*) || throw(ArgumentError("only multiplication is allowed"))
           new_ex = deepcopy(ex)
           new_ex.args[1] = :fastmatmul
           esc(new_ex)
       end
```

上のコードを評価したら、マクロが機能することを確認してみよう。

```
julia> @fastmatmul ones(2,3)*ones(3,4)*ones(4,5)
2×5 Array{Float64,2}:
 12.0 12.0 12.0 12.0 12.0
 12.0 12.0 12.0 12.0 12.0
```

このマクロの実装には注意すべき点が1つある。このマクロでは内部でexをディープコピーしている。これは、exがマクロの外で何か別の用途に用いられている可能性があるので、直接変更するのを避けるためだ。また、esc関数を呼び出した結果を返していることにも注意しよう。これは、マクロのハイジニック化[*1]によってnew_exに埋め込まれた変数が書き換えられてしまわないようにするためだ。

最後に一言。浮動小数点数の乗算に精度の限界があるため、演算の順序を変更することで結果がわずかに変わる可能性があることを覚えておこう。*とfastmatmulは完全に同じ結果を返すわけではない（近似的には同じ結果を返す）。

こちらも見てみよう

Juliaのメタプログラミングに関しては6章の**「レシピ6.1　メタプログラミングを理解する」**で詳しく述べる。

レシピ2.3　カスタム擬似乱数生成器を実装する

Juliaを使っているとベース言語で定義されている何らかの抽象型を拡張したくなることがある。このレシピでは、AbstractRNGを拡張して簡単な擬似乱数生成器を実装する方法を紹介する。

準備しよう

独自の擬似乱数生成器を実装するには、抽象型AbstractRNGのサブタイプとして具象型を定義すればいい。この型に対してseed!、rand、rng_native_52関数を実装する。このレシピではその方法を示す。

＊1　訳注：マクロのハイジニック化については、**「0.7　マクロ」**を参照。

ここで実装する生成器は、64ビットxorshiftと呼ばれるものだ[*1]。

このレシピを実行する前に、StatsBase.jlとBenchmarkTools.jlパッケージを**「1.10　パッケージを管理する」**に従ってインストールしておこう。

やってみよう

独自の擬似乱数生成器を定義するには、JuliaのREPLで次のようにする。

1. Randomモジュールをロードする。

```
julia> using Random
```

2. Xorhift型をAbstractRNGのサブタイプとして定義する。

```
julia> mutable struct Xorshift <: AbstractRNG
           state::UInt64
       end

julia> Xorshift() = Xorshift(rand(RandomDevice(), UInt64))
Xorshift
```

3. 新しく作った型で動作するカスタムメソッドを定義する。

```
julia> Random.seed!(r::Xorshift, seed::UInt64 = rand(RandomDevice(), UInt64)) = r.state = seed

julia> function xorshift_rand(r::Xorshift)
           state = r.state
           state ⊻= state << 13
           state ⊻= state >> 7
           state ⊻= state << 17
           r.state = state
       end
xorshift_rand (generic function with 1 method)

julia> const XorshiftSamplers = Union{map(T->Random.SamplerType{T},
    [Bool, UInt32, Int32, UInt64, Int64])...}
Union{SamplerType{Bool}, SamplerType{Int32}, SamplerType{Int64},
SamplerType{UInt32}, SamplerType{UInt64}}

julia> Base.rand(r::Xorshift, sampler::XorshiftSamplers) = xorshift_rand(r) % sampler[]
julia> Random.rng_native_52(::Xorshift) = UInt64
```

4. 最後に、簡単なテストを行い、乱数生成器が期待通りに動作し、近似的に一様分布を生成していることを確認する。

＊1　これは、George Marsagliaが、“Xorshift RNGs”, Statistical Software, Vol 8 (2003), Issue 14.で提案したものだ。

```
julia> using StatsBase
julia> r = Xorshift(0x0139408dcbbf7a44)
Xorshift(0x0139408dcbbf7a44)

julia> countmap(rand(r, 1:10, 10^8))
Dict{Int64,Int64} with 10 entries:
  7 => 9996777
  4 => 9997119
  9 => 10004173
  10 => 9998711
  2 => 10000084
  3 => 9998660
  5 => 10002696
  8 => 10001941
  6 => 9996874
  1 => 10002965

julia> const X = zeros(Int, 5, 5)
5×5 Array{Int64,2}:
 0 0 0 0 0
 0 0 0 0 0
 0 0 0 0 0
 0 0 0 0 0
 0 0 0 0 0

julia> foreach(i -> X[rand(r, 1:5), rand(r, 1:5)] += 1, 1:10^7)
julia> 25 * X / 10^7
5×5 Array{Float64,2}:
 0.99838   0.99897   1.00105   0.99999   1.00083
 1.00029   0.998483  0.999677  0.99849   0.999127
 1.00189   1.00288   0.998112  1.0006    0.997885
 0.999413  0.999378  1.00081   0.997613  1.00225
 0.99996   1.00161   1.00097   0.998367  1.00298
```

countmapの結果もforeachの結果もおおよそ一様であることが確認できた。

説明しよう

Juliaには2つの組み込み乱数生成器が用意されている。1つは、広く使われている擬似乱数生成器のMersenneTwisterで、もう1つはOSの提供するエントロピを用いて乱数を作るRandomDeviceだ。これらの型は標準ライブラリのRandom.jlパッケージで定義されている。rand、randn、randexp、shuffleなどの関数もこのパッケージからエクスポートされている。

Randomモジュールのメソッドは、既存の乱数生成器以外でも使えるように設計されいている。これらのメソッドはAbstractRNG型のオブジェクトであれば何でも受け付けるように設計されており、独自の乱数生成器を簡単に定義できるようになっている。AbstractRNGのサブタイプとして型を定義して、次の3つの関数のメソッドを定義すればいい。

`Random.seed!`
: 乱数生成器にシードをセットする

`rand`
: 擬似乱数値を1つだけ生成する

`rng_native_52`
: Julia処理系に、この乱数生成器のサンプラが生成する乱数値の型を知らせる

以下の点に注意しよう。

- `Xorshift`型のデフォルトコンストラクタにはシードを指定する必要がある。これだけでは不便なので、ランダムにシードを設定する。外部コンストラクタを定義した。このコンストラクタは引数を取らず、`RandomDevice`で生成した値をシードとして使う。
- このレシピでは、`Base`モジュールと`Random`モジュールで定義されている関数のメソッドを定義した。既存の関数にメソッドを追加することになるので、`Random.seed!`、`Base.rand`のように、関数名の前にモジュール名を付けている。こうしないとこのメソッドを定義しているモジュールに新しい関数が定義されてしまい、`Random`モジュールや`Base`モジュールで定義された関数が見えなくなってしまう。
- `XorshiftSamplers`の定義を見ると、Juliaでは、型シグネチャをプログラムで生成できることがわかる。このケースでは、`SamplerType`の`Union`を定義している。`SamplerType`は`Random`モジュールの内部型なので、`Random`を頭に付けている。この型の役割はとても単純で、定義した乱数生成器が生成できる乱数値の型を定義する。ここでは、真偽値、符号付き/符号なしの32ビット/64ビット整数を定義している。浮動小数点数の生成は、`rng_native_52`関数によって自動的に保証される。
- `sampler[]`が何をしているのか不思議に思うかもしれない。これは`getindex(sampler)`に変換される。つまり、ゼロ次元配列アクセスの演算子なのだ。`@edit getindex(Random.SamplerType{Int}())`としてこの関数のソースコードをチェックしてみると、サンプルされる型が返されていることがわかるだろう[*1]。
- `StatsBase.jl`パッケージの`countmap`関数を用いた。この関数はコレクションの中の要素を集計した辞書を生成する。次に`Base`パッケージの`foreach`関数を用いているが、これについても説明が必要だろう。この関数は`map`と同じように機能するが、結果を集めない。この関数は、この場合のように繰り返し動作の副作用にだけ興味がある場合に使う。

---

*1 訳注：`%`は剰余を得るための演算子だが、第2引数整数型の型である場合には、第1引数をその型に入るように丸めるという意味になる。たとえば、`257 % UInt8`は1となる。

もう少し解説しよう

なぜrand関数の引数にSamplerTypeを指定する必要があるのだろうか。これを理解するために、UInt128の乱数値を生成する方法を考えてみよう。UInt128の値を作るにはUInt64が2つ必要だ。したがって、これまでに定義したメソッドではUInt128の乱数は作れない。試してみると下のようなエラーが出る。

```
julia> rand(Xorshift(), UInt128)
ERROR: ArgumentError: Sampler for this object is not defined
```

UInt128を扱うメソッドを明示的に定義する必要がある。次のようにすればいい。

```
julia> function Base.rand(r::Xorshift, sampler::Random.SamplerType{UInt128})
           r1 = rand(r, UInt64)
           r2 = rand(r, UInt64)
           (UInt128(r1) << 64) | r2
       end
```

これで希望通りの乱数値が得られるようになった。

```
julia> rand(Xorshift(), UInt128)
0x1088e2ff5b8875d343f434adaa6871f8
```

そもそも、なぜMersenneTwisterをXorshiftで置き換える必要があるのだろうか。これには2つ理由がある。1つは実用上の観点で、Xorshiftを用いた擬似乱数生成器を用いた結果を再現しなければならない場合があるからだ。もう1つはスピードだ。Xorshiftのほうがほぼ2倍高速なのだ。

```
julia> using BenchmarkTools

julia> r = Xorshift()
Xorshift(0x77baaba677d18be7)

julia> @benchmark rand()
BenchmarkTools.Trial:
 memory estimate: 0 bytes
 allocs estimate: 0
 --------------
 minimum time: 6.064 ns (0.00% GC)
 median time: 7.464 ns (0.00% GC)
 mean time: 7.467 ns (0.00% GC)
 maximum time: 25.660 ns (0.00% GC)
 --------------
 samples: 10000
 evals/sample: 1000

julia> @benchmark rand($r)
BenchmarkTools.Trial:
```

```
memory estimate: 0 bytes
allocs estimate: 0
--------------
minimum time: 3.732 ns (0.00% GC)
median time: 4.199 ns (0.00% GC)
mean time: 4.392 ns (0.00% GC)
maximum time: 56.917 ns (0.00% GC)
--------------
samples: 10000
evals/sample: 1000
```

Xorshitの問題点は周期が短いことと、統計的な特性が少しだけ悪いということだ。

こちらも見てみよう

外部ソースから乱数性を取得する乱数生成器を作ることもできる。https://www.random.org/を参照するといい。インターネットからデータを取得する方法は、3章の**「レシピ3.3　インターネットからデータを取得する」**で説明する。

countmap関数が提供しているものよりも進んだクロス集計法に興味があるなら、Freqtables.jlパッケージを見るといいだろう。

レシピ2.4　正規表現を使ってGitログを解析する

アプリケーションが生成したログの解析は、よくあるデータサイエンスタスクの1つだ。このレシピでは、Gitレポジトリにおけるコミッタの貢献を解析する簡単なコードを書いてみよう。

準備しよう

このレシピを実行するには、DataFrames.jlパッケージとDataFramesMeta.jlパッケージが必要になる。インストールされていないようであれば、**「レシピ1.10　パッケージを管理する」**に従ってインストールしておこう。

また、Gitもインストールしておかなければならない。Gitはhttps://git-scm.com/から取得できる。

Gitレポジトリでgit log --statとすると、下のような出力が得られるはずだ。

```
$ git log --stat
commit 14f30ad448a5d38be38c7b0e7274f0f7b0a951ee (HEAD -> master, upstream/master)
Author: Bogumił Kamiński <bkamins@sgh.waw.pl>
Date: Mon Jun 18 21:40:46 2018 +0200

    Allow aggregate to use column number for aggregation (#1426)

 src/groupeddataframe/grouping.jl | 6 +++---
 test/data.jl | 8 ++++++++
 2 files changed, 11 insertions(+), 3 deletions(-)
```

```
commit b791af16eb0555f237eff1132125be6fcdf76947
Author: Nick Eubank <nickeubank@users.noreply.github.com>
Date: Mon Jun 18 14:38:51 2018 -0500

    add indicator keyword to join (#1424)

 src/abstractdataframe/join.jl | 59 ++++++++++++++++++++++++++++++++++----------
 test/join.jl | 25 +++++++++++++++++++
 2 files changed, 71 insertions(+), 13 deletions(-)
```

それぞれのコミットに対して、そのコミットを行ったコミッタ（Author）と、追加した行数や削除した行数（もしあれば）が表示されている。ここでは、それぞれのコミッタのレポジトリに対するアクティビティに関する情報を引き出し、集計して表示する。

このレシピのGitHubレポジトリには、シェルコマンドとJuliaコマンド列を収めたcommands.txtと、このレシピで定義する関数を収めたparselog.jlが用意されている。

やってみよう

次のステップで行う。

1. JuliaのREPLでinclude("parselog.jl")としてparselog.jlを実行して、次に示すGitレポジトリのログを解析する関数を定義する。

```
using DataFrames, DataFramesMeta

function parselog(lines)
    author = r"^Author: ([^<]*) <"
    insc = r"^.+changed, ([0-9]+) insertion"
    delc = r"^.+changed.*, ([0-9]+) deletion"
    authordata = DataFrame(author=String[], action=String[], count=Int[])
    curauthor = ""
    for line in lines
        m = match(author, line)
        m === nothing || (curauthor = m[1])
        m = match(insc, line)
        m === nothing || push!(authordata, (curauthor, "insertion", parse(Int, m[1])))
        m = match(delc, line)
        m === nothing || push!(authordata, (curauthor, "deletion", parse(Int, m[1])))
    end
    authorstats = @by(authordata, [:author, :action], count=sum(:count))
    unstack(authorstats, :action, :count)
end
```

```
function gitstats(dir)
    if isdir(dir)
        println("\nAnalyzing")
        cd(dir) do
            try
                res = read(`git log --stat`, String)
                lines = split(res, ['\r', '\n'], keepempty=false)
                df = parselog(lines)
                df.all = coalesce.(df.deletion, 0) .+ coalesce.(df.insertion, 0)
                display(sort!(df, :all, rev=true))
            catch
                error("Running git log failed")
            end
        end
    else
        error("$dir is not a directory")
    end
end
```

2. 次のようにして定義した関数をテストする。パッケージマネージャモードで、DataFrames.jlパッケージを開発用にチェックアウトする。

```
(v1.2) pkg> dev DataFrames
[出力省略]
```

こうすると、このパッケージのGitレポジトリがローカルストレージにすべてコピーされる。

3. Juliaモードに戻り、このレポジトリを解析しよう。

```
julia> gitstats(joinpath(DEPOT_PATH[1], "dev/DataFrames"))

Analyzing
133×4 DataFrame
| Row | author             | deletion   | insertion  | all     |
|     | String             | Int64      | Int64      | Int64   |
| --- | ------------------ | ---------- |----------- | ------- |
| 1   | John Myles White   | 31288      | 105657     | 136945  |
| 2   | Cameron Prybol     | 73847      | 3486       | 77333   |
| 3   | Tom Short          | 10039      | 12975      | 23014   |
| 4   | Sean Garborg       | 9991       | 4008       | 13999   |
[the output is trimmed]
```

4. 最後にDataFrames.jlパッケージを、リリースされているバージョンに戻す（まずパッケージマネージャモードに切り替えることを忘れないように）。

```
(v1.2) pkg> free DataFrames
[出力省略]
```

説明しよう

このコードでは、parselogとgitstatsの2つの関数を定義している。

parselog
: git log --statをGitレポジトリに対して実行して得られるテキストの各行からなる配列を解析する

gitstats
: parselogが処理するデータを用意するラッパ関数

gitstats関数が中心的な役割を果たすので、こちらから先に見ていこう。文字列リテラルの先頭にrを付けて正規表現オブジェクトを定義している。例えばr"^Author: ([^<]*) <"は、文字列"Author: "で始まり、後ろのほうに文字列" <"があるパターンを抜き出す。さらに、マッチした場合にはこの2つの文字列に挟まれた部分（貢献者の名前）をあとの処理で用いるために取り出す。

次に、match(author, line)コマンドを実行している。ここで、authorは正規表現で、lineは文字列だ。authorで表されているパターンがlineにあるかどうか探している。matchが失敗すると、nothingが返される。成功した場合、マッチしたそれぞれの部分をインデックスで取り出すことのできるオブジェクトが返される。

この関数でわかりにくい点があるとすれば、変数curauthorをループの外で定義している理由だろう。こうしないと、curauthorの値がループの次の周に引き継がれないのだ。

curauthor = ""の行を取り除くと、次に示す行のところでエラーが出る。

```
m === nothing || push!(authordata, (curauthor, "insertion", parse(Int, m[1])))
```

これは、このように書くとcurauthorがループ内のローカル変数となってしまうからだ。ループ内ローカル変数はループのたびに新しく束縛される（https://docs.julialang.org/en/v1.2/manual/variables-and-scoping/#For-Loops-and-Comprehensions-1 を参照）。Pythonでは、似たようなコードを書いてもエラーは起きない。

同じ問題を起こす小さい例を見てみよう。まず次のように関数を定義する。

```
julia> function f()
           for i in 1:2
               if i == 1
                   j = 1
               else
                   println(j)
               end
           end
       end
f (generic function with 1 method)
```

JuliaのREPLからこれを実行すると、エラーが出る。

```
julia> f()
ERROR: UndefVarError: j not defined
Stacktrace:
 [1] f() at .\REPL[1]:6
 [2] top-level scope at none:0
```

レシピに戻ろう。ループの中では行の挿入や削除を示すログを見つけたら、push!関数を用いて、authordataデータフレームに行を追加している。この操作はデータフレームを直接更新するので安価だ。この点が、Rのrbind関数とは異なる。

最後に、DataFramesMeta.jlパッケージの@byマクロと、DataFrames.jlパッケージのunstack関数を用いて、レポジトリへのすべての貢献をまとめた素敵な表を作っている。

gitstats関数に進もう。この関数は解析対象とするパスを引数として受け取る。ディレクトリであることを確認したら、doブロックを用いて、一時的に現在のディレクトリをそこに移す。

最後にログの解析を試み、失敗したらエラーを報告する。まず、gitコマンドの結果を文字列として読み込む。これは、read(`git log --stat`, String)で実現されている。ここでは、バッククォート`を用いてCmdオブジェクトを作成し、それを実行した結果を変数resに格納している。変数resを行に分割するには、\nをセパレータとしてsplit(res, '\n')とすればいい。しかし一般には、出自のわからない文字列の行末は"\n"、"\r"、"\r\n"のどれになっているかわからない。したがって、split(res, ['\r', '\n'], keepempty=false)のようにして、この問題を回避している。

最後に残ったわかりにくい部分は、レシピの最後の部分で定義した関数をテストしている部分だ。変数DEPOT_PATH[1]はユーザのデポ、すなわちパッケージがおそらくインストールされている場所だ。DataFrames.jlパッケージが開発用にチェックアウトされている場所のパスを、joinpath関数で構築している。

もう少し解説しよう

JuliaのLibGit2.jlパッケージを用いればGitレポジトリに対して、プログラム可能なAPIを用いてアクセスできる。このパッケージの詳細は、https://docs.julialang.org/en/v1.2/stdlib/LibGit2/を参照。

こちらも見てみよう

Juliaのデポの動作をよりよく理解するには、https://docs.julialang.org/en/v1.2/stdlib/Pkg/を見るといい。

DataFrames.jlパッケージとDataFramesMeta.jlパッケージに関しては、**「7章　Juliaによるデータ分析」**で詳述する。

レシピ2.5　標準的でない基準でデータをソートする

ソートは、データを処理する際の基本的な操作の1つだ。このレシピでは、標準的でないいくつかのソート方法を紹介する。特に、ソートに用いることのできるさまざまな方法について、性能を比較する。

準備しよう

このレシピでは、Float64型の数の配列をノルムでソートする。ここでいうノルムは、値のリスト $x_1, x_2, ..., x_n$に対して、$\left(\sum_{i=1}^{n} x_i^2\right)^{1/2}$ で定義される、いわゆるユークリッド距離（http://mathworld.wolfram.com/MatrixNorm.html参照）だ。

やってみよう

いくつかのソート戦略を比較するためにまずサンプルテストデータを作る。その後で、以下のようにソートを実行する。

1. このレシピではRandomモジュールのseed!関数と、LinearAlgebraモジュールのnorm関数を用いるので、まずはこれらのモジュールをロードする。

```
julia> using Random, LinearAlgebra
```

2. ソートするべきランダムな行列を生成する。

```
julia> Random.seed!(1);
julia> x = rand(1000, 1000);
```

3. この行列の行を、行のノルムに従って、3つの方法でソートする。

```
julia> x1 = sortslices(x, by=norm, dims=1);
julia> x2 = sortslices(x, lt=(x, y) -> norm(x) < norm(y), dims=1);
julia> x3 = x[sortperm([norm(view(x, i, :)) for i in 1:size(x, 1)]), :];
```

4. すべての場合で、操作がうまくいっていることを確認する。

```
julia> issorted(sum(x1.^2, dims=2))
true

julia> x1 == x2 == x3
true
```

5. 最後に、3つの方法の性能を簡単にテストする。

```
julia> @time x1 = sortslices(x, by=norm, dims=1);
  0.120219 seconds (1.06 k allocations: 7.708 MiB)

julia> @time x2 = sortslices(x, lt=(x,y) -> norm(x) < norm(y), dims=1);
```

```
  0.314779 seconds (320.44 k allocations: 23.879 MiB, 2.80% gc time)

julia> @time x3 = x[sortperm([norm(view(x, i, :)) for i in 1:size(x, 1)]), :];
  0.071230 seconds (72.70 k allocations: 11.210 MiB)
```

説明しよう

Juliaのsort関数は、[1, 2, 3]のような1次元の配列を対象とする。

しかし、sortslice関数を使えば、行列の行や列をソートすることができる。

このレシピでは、データをソートする際のルールをカスタマイズする方法を学んだ。次のことができる。

- ltキーワード引数で、要素のペアを比較する関数を指定できる。
- byキーワード引数で、比較する前にデータを変換する方法を指定できる。
- sortperm関数を用いて並べ替え配列を取得し、これを用いて元のデータからソートされたデータに変換する。

実行結果からわかるように、sortpermを使う方法が最も速い。これはnormの実行が高価だからだ。sortpermを使うと、それぞれの行に対して1度ずつしかnormを実行しない。行の取り出しはディープコピーが発生しないようにビューを用いている。byやltを引数で指定した場合には、ソートアルゴリズムが比較を行うたびにnormが呼び出される。実際、ltが最も効率が悪くbyに比べても倍以上の時間がかかっている。

もう少し解説しよう

データをその場でソートしたいなら、sort!やsortslices!などの、名前の最後に!が付いた関数を用いればいい。詳細はhttps://docs.julialang.org/en/v1.2/base/sort/を参照。

こちらも見てみよう

コードの時実行時間計測について、詳細な比較が必要であれば、8章の**「レシピ8.2　コードのベンチマーク」**を参照してほしい。ビューについては**「0.2.6　ビュー」**で説明している。

レシピ2.6　関数原像の生成-辞書とセットの機能を理解する

このレシピでは、JuliaのDict型とSet型がキーを識別する方法について説明する。

準備しよう

この例では、関数の原像を収めた辞書を作成する。与えられたある関数 $f\colon A \to B$ において、$a \in A$ と $b \in B$ が $f(a) = b$ を満たすとき、a を b の原像（preimage）と呼ぶ。Mathworldのサイト（http://mathworld.wolfram.com/Preimage.html）を参考にしてほしい。

ここでは、$f(x,y) = x/y$ に関して、$A = \{(x,y) : x, y \in \{-2,-1,0,1,2\}\}$、$B$ を f による A の像とし、この写像におけるすべての可能な原像を求める。

やってみよう

計算を次の3つのステップで行う。まずデータを保持するのに適切なデータ構造を作成する。次にそのデータ構造に要素を追加する。最後にデータ構造の内容を出力して、どのようなキーと値のペアが格納されているかを確認する。

1. 原像を保持するデータ構造を作る。

```
julia> preimage = Dict{Float64, Set{Tuple{Float64, Float64}}}()
Dict{Float64,Set{Tuple{Float64,Float64}}} with 0 entries
```

2. この辞書に仮定された定義域の写像を記録していく。

```
julia> for x in -2.0:2.0, y in -2.0:2.0
           k = x / y
           v = (x, y)
           if haskey(preimage, k)
               push!(preimage[k], v)
           else
               preimage[k] = Set([v])
           end
       end
```

3. 最後にこの原像辞書の中身を整形して出力する。

```
julia> for k in sort!(collect(keys(preimage)))
           println(k, ":\t", join(sort!(collect(preimage[k])), ",\t"))
       end
-Inf: (-2.0, 0.0),  (-1.0, 0.0)
-2.0: (-2.0, 1.0),  (2.0, -1.0)
-1.0: (-2.0, 2.0),  (-1.0, 1.0),  (1.0, -1.0), (2.0, -2.0)
-0.5: (-1.0, 2.0),  (1.0, -2.0)
-0.0: (0.0, -2.0),  (0.0, -1.0)
0.0:  (0.0, 1.0),   (0.0, 2.0)
0.5:  (-1.0, -2.0), (1.0, 2.0)
1.0:  (-2.0, -2.0), (-1.0, -1.0), (1.0, 1.0),  (2.0, 2.0)
2.0:  (-2.0, -1.0), (2.0, 1.0)
Inf:  (1.0, 0.0),   (2.0, 0.0)
NaN:  (0.0, 0.0)
```

説明しよう

このレシピの冒頭でpreimage辞書を作成している。コンストラクタを見るとDict{Float64, Set{Tuple{Float64, Float64}}}()となっており、キーの型がFloat64、値のほうが2つのFloat64

からなるタプルのセットであることがわかる。

次に、xとyを-2.0から2.0の間で1.0ずつ変化させて関数fを呼び出し、その結果をこの辞書に登録している。

特定の比率x/yがすでに観測されていた場合にはpreimage辞書にすでに格納されているセットにpush!でタプル(x, y)を追加する。ある比率が初めて出現したときには、新しい集合をSetコンストラクタで作成する。

最後の部分では、データ構造を整形して出力している。preimage辞書のキーとエントリをソートしていることに注意しよう。これのために、collect関数を用いて、keys(preimage)とpreimage[k]をそれぞれ配列に変換し、sort!関数でソートしている。Float64に対するソートの結果は-InfからInfのようになっていて、最後にNaNが来ることに注意しよう。Float64の値としてはNaNは他のどの値よりも大きい値として扱われているということだ。

もう少し解説しよう

Float64に関しては注意すべき場合が2つある。1つは、辞書は（セットも同じだが）、すべてのNaNのインスタンスを、同じ値とみなすことだ。

```
julia> f1 = NaN
NaN

julia> f2 = -NaN
NaN

julia> reinterpret(UInt64, f1)
0x7ff8000000000000

julia> reinterpret(UInt64, f2)
0xfff8000000000000

julia> f1 === f2
false

julia> isequal(f1, f2)
true

julia> Set([f1, f2])
Set([NaN])
```

もう1つは、Juliaのコレクションは0.0と-0.0を異なる値とみなすことだ。例を見てみよう。

```
julia> Set([0.0, -0.0])
Set([0.0, -0.0])
```

こうなるのは、これらの値の内部表現が異なるからだ。

```
julia> reinterpret(UInt64, 0.0)
0x0000000000000000

julia> reinterpret(UInt64, -0.0)
0x8000000000000000
```

また、このように区別することによって、引数が0.0の場合と-0.0の場合とで挙動が変わる関数に起因する潜在的な問題を避けることができる。

```
julia> 1/0.0
Inf

julia> 1/-0.0
-Inf
```

unique関数を用いた場合にも、同じことが起こる。

```
julia> unique([-0.0, 0.0, 0.0, -0.0, NaN, -NaN])
3-element Array{Float64,1}:
  -0.0
   0.0
 NaN
```

こうなるのは、これらの関数がisequalを内部で用いているからだ。

こちらも見てみよう

次のレシピでもDict型の利用例を紹介する。

レシピ2.7　UTF-8文字列を扱う

JuliaはUTF-8文字列を扱うことができるが、その扱い方はRやPythonなどの言語とは少し異なる。このレシピでは、String型とSubString型について詳しく見ていくと同時に、Juliaの文字列をインデックスで参照する正しい方法についても説明する。

例として、さまざまな言語で「こんにちは」に相当する挨拶が書かれたファイルを読み込んでみよう。

準備しよう

このレシピでは下記の内容が書かれたhello.txtファイルを使う。

```
Bulgarian Здравейте
Chinese 你好
English Hello
Greek Χαίρετε
Hindi नमस्ते
Japanese こんにちは
Khmer សួស្តី
```

```
Korean 여보세요
Polish cześć
Russian Здравствуйте
```

ターミナルによっては、このレシピで扱う文字がすべて表示できないかもしれない。例えば、Windows標準の`cmd`ターミナルなどがそうだ。そのような場合にはWindowsではJunoかConEmuを、もしくはVim 8.1.1に組み込まれているターミナルを使うといい。この3つの環境では、Unicodeの適切な範囲をサポートするフォント（例えば`Consolas`）を使っていれば、このファイルのすべての文字が正しく表示されることを確認してある。

やってみよう

1. ファイルからJuliaへデータを読み込む。出力はこのようになるはずだ。

```
julia> hello = readlines("hello.txt")
10-element Array{String,1}:
 "Bulgarian Здравейте"
 "Chinese 你好"
 "English Hello"
 "Greek Χαίρετε"
 "Hindi नमस्ते"
 "Japanese こんにちは"
 "Khmer សួស្តី"
 "Korean 여보세요"
 "Polish cześć"
 "Russian Здравствуйте"
```

2. 言語名からその言語での挨拶文字列への辞書を作成する。

```
julia> hello_dict = Dict(map(x->Pair(x...), split.(hello, ' ')))
Dict{SubString{String},SubString{String}} with 10 entries:
  "Chinese"   => "你好"
  "English"   => "Hello"
  "Greek"     => "Χαίρετε"
  "Khmer"     => "សួស្តី"
  "Korean"    => "여보세요"
  "Hindi"     => "नमस्ते"
  "Japanese"  => "こんにちは"
  "Bulgarian" => "Здравейте"
  "Polish"    => "cześć"
  "Russian"   => "Здравствуйте"
```

3. 中国語に対する挨拶を取り出す。

```
julia> chinese = hello_dict["Chinese"]
"你好"
```

4. この文字列について詳しく調べてみよう。

```
julia> codeunits(chinese)
6-element Base.CodeUnits{UInt8,SubString{String}}:
 0xe4
 0xbd
 0xa0
 0xe5
 0xa5
 0xbd

julia> ncodeunits(chinese)
6

julia> collect(chinese)
2-element Array{Char,1}:
 '你'
 '好'

julia> length(chinese)
2

julia> isvalid.(chinese, 1:ncodeunits(chinese))
6-element BitArray{1}:
  true
 false
 false
  true
 false
 false

julia> thisind.(chinese, 0:ncodeunits(chinese)+1)
8-element Array{Int64,1}:
 0
 1
 1
 1
 4
 4
 4
 7

julia> nextind.(chinese, 0:ncodeunits(chinese))
7-element Array{Int64,1}:
 1
 4
 4
```

```
 4
 7
 7
 7

julia> prevind.(chinese, 1:ncodeunits(chinese)+1)
7-element Array{Int64,1}:
 0
 1
 1
 1
 4
 4
 4
```

説明しよう

はじめにreadlines関数でファイルを読み込んでいる。ファイルの個々の行は最後の改行文字が削除された文字列として表現される。

hello_dictの構築は次のように行われる。

1. 配列helloの各要素を、空白文字を区切り文字として分割する。ここではドット記法(.)を用いて、split関数をブロードキャストしている。
2. split関数は、SubString{String}の配列を作る。この型は配列に対するビューと同じで、元の文字列領域を指しているので、新しくメモリを確保する必要がない。この方法の欠点は、hello_dictの要素がSubString{String}型になってしまうので、扱いに注意が必要になることだ。SubString{String}をStringに変換するには、Stringコンストラクタを使う。例えば、String.(split("a b c"))とすると、Vector{String}が得られる。
3. 最後に、2要素ベクトルのベクトルをDictコンストラクタを用いて辞書に変換する。このコンストラクタは、Pairのコレクションを引数として受け取る。

このレシピの後段では、中国語での挨拶「你好」に焦点を絞り、以下のことを調べた。

- 6バイトからなる、2文字
- この文字列へのインデックスとして有効なのは1(1文字目を取得)と4(2文字目を取得)だけ
- 文字列を操作するための低レベル関数が3つある。thisind(s, i)は、インデックスiが指すバイト値を含む文字の最初のインデックスを返す。nextind(s, i)は、インデックスiより後ろにある文字の最初のインデックスを返す。prevind(s, i)は、インデックスiより前にある文字の最初のインデックスを返す。さらに、thisindとnextindはiとして0を指定することができる。同様に、previndのiとしてncodeunits(s)+1を指定してもよい。

一般に、直接文字列をインデックスで参照するのは、面倒なのでやめたほうがいい。文字列sのi番目の文字を取り出すには、少し驚きだがnextind(s, 0, i)としなければならない[*1]。したがって、i番目の文字で始まりj番目の文字で終わる文字列を取り出すにはs[nextind(s, 0, i):nextind(s, 0, j)]と書かなければならない。幸いなことに、多くの場合には正規表現などの高レベルな関数を用いれば事足りる。

もう少し解説しよう

Juliaは、無効なUTF-8文字列も問題なく受け付けてしまうが、ユーザに対して無効だということを知らせる。例を示す。

```
julia> s=String([0xff, 0xff, 0xff])
"\xff\xff\xff"

julia> isvalid(s)
false

julia> collect(s)
3-element Array{Char,1}:
 '\xff'
 '\xff'
 '\xff'
```

上のように、無効な文字列を取り出すこともできるが、下のようにインデックスで読み出すことはできない。

```
julia> s[1]
'\xff': Malformed UTF-8 (category Ma: Malformed, bad data)
```

こちらも見てみよう

Juliaでの文字列処理の詳細はhttps://docs.julialang.org/en/v1.2/manual/strings/に書かれている。Juliaには、他の文字列実装を提供する拡張パッケージがある。これらはhttps://github.com/JuliaStringsにまとめられている。

---

*1 訳注：これは文字列の先頭からnextindをi回繰り返すことに相当する。

3章 Juliaによる データエンジニアリング

本章で取り上げる内容

- ストリームを管理し、ファイルに読み書きする
- IOBufferを使って効率的なインメモリストリームを作る
- インターネットからデータを取得する
- 簡単なRESTfulサービスを作ってみる
- JSONデータを処理する
- 日付と時刻を扱う
- オブジェクトをシリアライズする
- Juliaをバックグラウンドプロセスとして使う
- Microsoft Excelファイルを読み書きする
- Featherデータを扱う
- CSVファイルとFWFファイルを読み込む

はじめに

本章では、JuliaのプロセスがOSが提供する環境との間で情報をやり取りする方法を紹介する。ファイルを使う方法、ネットワークを使う方法を説明し、さらにさまざまなデータ型の利用方法を紹介する。本章では、JSON (JavaScript Object Notation)、Juliaネイティブのオブジェクト直列化、JLD2 (Julia data format)、BSON (Binary JSON)、Microsoft Excel、Feather、CSV (comma-separated values)、FWF (Fixed Width Format) といったデータ形式を扱う。また、Juliaの関数をRESTfulなウェブサービスとして公開する方法も説明する。

レシピ3.1　ストリームを管理し、ファイルに読み書きする

OSの上で動作する個々のプロセスは、OSに接続されたさまざまなデバイス上のデータを読み書きできる。ここで言うデバイスとは、例えばファイルやネットワークなどだ。これらのデバイスはプロセス

からはストリームとして見える。ストリームとは、データの転送状態を論理的に表現したものだ。

このレシピでは、最初から用意されているシステムストリームや、ファイルストリームをJuliaから使う方法を紹介する。

準備しよう

プログラムが環境とデータ交換をすることをI/Oという。これはInput（入力）/Output（出力）を省略したものだ。I/O操作はJulia言語に組み込まれている。したがって、このレシピにはいつものようなインストールは必要ない。JuliaのREPLだけ用意すればいい。

やってみよう

ここでは、2つの方法を紹介する。1つは組み込みのプロセスストリームを使う方法で、もう1つはテキストファイルを読み書きする方法だ。

組み込みのシステムストリーム（stdin, stdout, stderr）

組み込みのシステムストリームをJuliaから利用するには次のようにする。

1. `iotest.jl`というファイルを作り、以下の内容を書いておく。

```
a = parse(Float64, readline(stdin))
b = parse(Float64, readline(stdin))
println(stdout, "Got values: $a, $b")
if b > a
    println(stderr, "Wrong values: ", b, ">", a)
    exit(1)
end
println(stdout, "log(", a, "-", b, ")=", log(a-b))
exit(0)
```

2. このファイルをテストしよう。bashで（Windowsではコマンドライン）`julia iotest.jl`と実行する。数字4をタイプし、次に3とタイプする（それぞれ[Enter]キーもタイプする）。

```
$ julia iotest.jl
4
3
Got values: 4.0, 3.0
log(4.0-3.0)=0.0
```

3. `iotest.txt`というファイルを作り、以下の内容を書き込む。

```
4
3
```

4. 以下のコマンドをLinuxのターミナルもしくはWindowsのbashから実行する。

```
$ more iotest.txt | julia iotest.jl 1> ioout1.txt 2> ioout2.txt

$ more ioout1.txt
Got values: 4.0, 3.0
log(4.0-3.0)=0.0
$ more ioout2.txt

$
```

ioout2.txtには何も出力されていないことに注意しよう。

5. iotest2.txtというファイルを作り、以下の内容を書き込む。

```
3
4
```

6. 以下のコマンドをLinuxのターミナルもしくはWindowsのbashから実行する。

```
$ more iotest2.txt | julia iotest.jl 1> ioout1.txt 2> ioout2.txt
$ more ioout1.txt
Got values: 3.0, 4.0
$ more ioout2.txt
Wrong values: 4.0>3.0
```

ファイルの読み書き

以下のようにして、Juliaでファイルを操作する方法を見てみよう。

1. この例ではJuliaのREPLを使う。下のコマンドを入力してファイルへの書き出しを開始する。

```
julia> f = open("my_data.txt", "w")
IOStream(<file my_data.txt>)
```

2. 次に、このファイルにちょっとした情報を書き込もう。

```
julia> write(f, "first line\nsecond line\n")
23
```

23は、ファイルを表すIOストリームに書き込んだバイト数だ。

3. 次のように、print関数やprintln関数を使うこともできる。

```
julia> println(f, "last line")
```

4. 最後にファイルをcloseする。

```
julia> close(f)
```

5. 次に、このファイルからデータを読み込んでみよう。データの読み込み方法は書き込み方法とよく似ている。

```
julia> f = open("my_data.txt", "r")
IOStream(<file my_data.txt>)
```

ストリームをオープンする際のモードは、デフォルトでは読み込みになることに注意しよう。したがって、ここで指定している"r"はなくてもかまわない。f = open("my_data.txt")のように省略して書くことができる。

6. ファイルから1行読み込むにはreadline関数を用いる。

```
julia> readline(f)
"first line"

julia> readline(f)
"second line"

julia> readline(f)
"last line"
```

すべての行を読み込むと、ストリームはEOF（end-of-file）状態となる。

```
julia> eof(f)
true
```

ストリームがEOFになった後で読み込みを行うと空の文字列が返ってくる。

```
julia> readline(f)
""
```

7. オープンしたストリームは必ずcloseすること（もしくは、下に示すdoブロック構文を使う）。

```
julia> close(f)
```

8. readlinesコマンドでファイルをまるごと読み込むこともできる（ここではdo構文を使う。こうするとストリームのクローズし忘れが起こらない）。

```
julia> lines = open("my_data.txt", "r") do f
           readlines(f)
       end
3-element Array{String,1}:
"first line"
"second line"
"last line"
```

9. データをテキストとしてではなくバイナリとして読み込む場合には、readlinesの代わりにreadを使う。

```
julia> data = open("my_data.txt", "r") do f
           read(f)
       end
33-element Array{UInt8,1}:
 0x66
 0x69
 .
 .
 .
 0x65
 0x0a
```

10. 変数dataに、ファイルのすべてのバイトが読み込まれた状態になる。これを文字列にすることも簡単にできる。

```
julia> text = String(data);
```

こうすると、配列dataは空になることに注意しよう。すべてのバイトがStringを構築するのに使われてしまったからだ。こうすることで、バイト列をコピーせずに文字列を作ることができる。Array{UInt8,1}（dataオブジェクト）を、そのままStringオブジェクトを構築するのに使えるからだ。

11. Juliaの文字列は変更不能なので、元のバイト列としてはアクセスできない。

```
julia> length(data)
0
```

12. 次のようにすれば、バイト列から文字列への変換をあとで行う必要はない。

```
julia> text = read(f, String);
```

説明しよう

プログラムと環境とがデータをやり取りすることをI/Oと呼ぶ。このレシピの冒頭で説明した通り、プロセスが外部のデバイスとデータをやり取りする際には、ストリームを用いる。ストリームはデータ通信の状態を表したものだ。

ストリームには次の3つのタイプがある。

入力ストリーム

対象のデバイスからデータを読み込むために使う

出力ストリーム

対象のデバイスへデータを書き込むために使う

入出力ストリーム

対象のデバイスへデータを読み書きするために使う

さらに、ストリームには2つのアクセスタイプがある。

シーケンシャル

データは決まった順番（例えばファイル内でのバイトの順番）で順次読み書きされる。

ランダムアクセス

データはストリームの任意の位置から読み込み、書き込むことができる。OSが提供するseek操作で、読み書きする場所を任意の場所に動かすことができる。Juliaでは、この機能はseekコマンドで実現されている（先程の例では、`seek(f, 0)`とするとファイルの先頭から読み込むことになる）。

OS内で起動されるすべてのプロセスには（Windows/Linux/Macのいずれでも）、3つのデフォルトストリームが用意されており、実行環境とデータをやり取りできるようになっている。

標準入力

`stdin`と略記されるシーケンシャルな入力ストリーム（Juliaでは組み込みの`stdin`オブジェクトで表される）

標準出力

`stdout`と略記されるシーケンシャルな出力ストリーム（Juliaでは組み込みの`stdout`オブジェクトで表される）

標準エラー

`stderr`と略記されるシーケンシャルな出力ストリーム（Juliaでは組み込みの`stderr`オブジェクトで表される）

図3-1は、プロセスと環境との間のデータ交換の様子を表している。

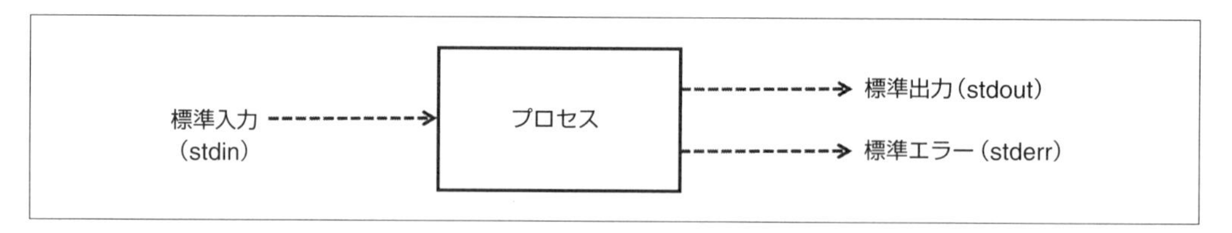

図3-1 プロセス環境間のデフォルトストリーム

これに加えて、すべてのプロセスは、システムデバイス（ファイルネットワーク接続など）に対して入力ストリーム、出力ストリームを開くことができる。多くの場合、1つのプロセスが開くことができるストリームの数にはシステム上の制限がある。例えばLinuxでは同時にオープンできるファイルの数はデフォルトでは1024に制限されている。

プロセスのストリームの接続先をbashから変更することができる。パイプ記号|を用いて、あるプロセスの出力を別のプロセスにつなぐことができるし、1>として標準出力を、2>として標準エラーをリダイレクトできる。

もう少し解説しよう

このレシピで示したファイル操作方法は、データがUTF-8でエンコードされていることを前提としている（Juliaのデフォルト文字エンコードはUTF-8だ）。ASCIIの範囲外の文字がUTF-8以外の方法でエンコードされているファイルに対して同じことを行うと、文字列が誤って解釈されゴミができてしまう。

UTF-8以外のエンコーディングを用いたファイルを読み込むには、StringEncodings.jlパッケージを用いる。それにはまず]キーを押してJuliaのパッケージマネージャに入り、次のようにする。

```
(v1.2) pkg> add StringEncodings
```

これで、StringEncodingsパッケージを用いて任意のエンコーディングを使えるようになった。次のコード例を見てみよう（Windows-1250エンコードを仮定している）。

```
using StringEncodings
data = open("my_data.txt", "r") do f
    read(f)
end;
txt = StringEncodings.decode(data, "Windows-1250")
```

ストリームを扱う際には、クローズすることがとても重要なのだが、忘れてしまいがちだ。Juliaは、オープンしたストリームを自動的にクローズしてくれるdoブロック構文を提供しているので、これを使うのがおすすめだ。次の例を見てみよう。

```
open("my_data.txt", "w") do f
   write(f, "line\nsecond line")
end
```

こうするとfをcloseする必要はない。endに至った時点で、自動的にクローズされる。

こちらも見てみよう

文字エンコーディングについてよく知らないなら、https://www.w3.org/International/questions/qa-what-is-encodingのページを読むことをすすめる。

次の**「レシピ3.2 IOBufferを使って効率的なインメモリストリームを作る」**ではIOバッファを用いたストリームについて説明している。

レシピ3.2 IOBufferを使って効率的なインメモリストリームを作る

前「**レシピ3.1 ストリームを管理し、ファイルに読み書きする**」で、ストリームの読み出しと書き込みについて説明した。このレシピでは、ストリームに対する操作関数を使って高速に読み書きできる、インメモリストリームを作る方法を紹介する。

ここでは、使用例としてIOBufferオブジェクトを用いた簡単な文字列ビルダの作り方を説明する。

準備しよう

このレシピでは、文字列を受け取り、2つの部分文字列に分ける関数を定義する。一方の部分文字列には偶数番目の文字が、もう一方には奇数番目の文字が入る。

やってみよう

まず文字列を分割する関数を定義して、次にサンプル入力でテストする。

1. 以下の関数をJuliaのREPLで定義する。

```
julia> function splitstring(s::AbstractString)
           bufs = [IOBuffer() for i in 1:2]
           idx = 1
           for c in s
               write(bufs[idx], c)
               idx = 3 - idx
           end
           @. String(take!(bufs))
       end
splitstring (generic function with 1 method)
```

2. 簡単な文字列で定義した関数をテストする。

```
julia> s = join('1':'9', "-")
"1-2-3-4-5-6-7-8-9"

julia> splitstring(s)
2-element Array{String,1}:
 "123456789"
 "--------"
```

説明しよう

IOBufferのインスタンスは簡単に読み書きと追記ができるストリームをメモリ上に構築する。IOBufferを使うことの最大のメリットは、通常のストリームと同じように扱えることだ。このレシピではwrite関数を用いている。IOBuffer固有の関数はtake!だけだ。この関数はIOBufferオブジェクトの中身を配列として取り出し、バッファをリセットする。このレシピでは配列をStringに変換している。

このレシピでは2つの点に説明が必要だろう。

- idx = 3 - idxによって、idxを1と2の間でフリップさせている。これはインデックスが1で始まる言語では一般的に使われている手法だ。
- @. String(take!(bufs))で使われている@.マクロは、String関数とtake!関数をブロードキャストするように指定している。String.(take!.(bufs))のように書いたのと同じ意味になる。

もう少し解説しよう

このsplitstringにはもっと自然な方法が2つ考えられる。1つ目はjoinを使う方法だ。

```
julia> function splitstring1(s::AbstractString)
           bufs = [Char[] for i in 1:2]
           idx = 1
           for c in s
               push!(bufs[idx], c)
               idx = 3 - idx
           end
           join.(bufs)
       end
splitstring1 (generic function with 1 method)
```

もう1つは文字列の結合を用いる方法だ。

```
julia> function splitstring2(s::AbstractString)
           bufs = ["" for i in 1:2]
           idx = 1
           for c in s
               bufs[idx] *= c
               idx = 3 - idx
           end
           bufs
       end
splitstring2 (generic function with 1 method)
```

しかしこれらはいずれも遅い。ベンチマークで確認しよう（これにはBenchmarkTools.jlが必要なので、まだインストールしていなければ、using Pkg; Pkg.add("BenchmarkTools")としてインストールしよう）。

```
julia> using BenchmarkTools

julia> s = "1"^10^4;

julia> @benchmark splitstring($s)
BenchmarkTools.Trial:
```

```
  memory estimate: 21.34 KiB
  allocs estimate: 28
  --------------
  minimum time: 195.477 μs (0.00% GC)
  median time: 215.071 μs (0.00% GC)
  mean time: 237.863 μs (4.28% GC)
  maximum time: 48.545 ms (99.56% GC)
  --------------
  samples: 10000
  evals/sample: 1

julia> @benchmark splitstring1($s)
BenchmarkTools.Trial:
  memory estimate: 150.66 KiB
  allocs estimate: 58
  --------------
  minimum time: 410.548 μs (0.00% GC)
  median time: 487.992 μs (0.00% GC)
  mean time: 530.543 μs (5.63% GC)
  maximum time: 49.224 ms (98.75% GC)
  --------------
  samples: 9373
  evals/sample: 1

julia> @benchmark splitstring2($s)
BenchmarkTools.Trial:
  memory estimate: 25.02 MiB
  allocs estimate: 20001
  --------------
  minimum time: 5.910 ms (16.50% GC)
  median time: 6.320 ms (15.96% GC)
  mean time: 7.289 ms (20.53% GC)
  maximum time: 67.388 ms (86.08% GC)
  --------------
  samples: 685
  evals/sample: 1
```

この結果から、文字列結合による方法が特に非効率的であることがわかる*[1]。

こちらも見てみよう

文字列の処理については、2章の「**レシピ2.7　UTF-8文字列を扱う**」で、詳しく説明する。Juliaのブロードキャストについては4章の「**レシピ4.10　Juliaのブロードキャストを理解する**」で詳しく説明す

*1　訳注：翻訳時点ではsplitstring2の速度は飛躍的に高速化されており、splitstring1と遜色ない速度となっている。メモリ確保の回数が激減していることから、文字列確保のアルゴリズムが変更されたことが伺える。

る。8章の「**レシピ8.1　Revise.jlを用いてモジュールを開発する**」では、`IOBuffer`を使って、インターネットからデータを取得する方法を説明する。

レシピ3.3　インターネットからデータを取得する

このレシピでは、Juliaでインターネットからデータを取得し、Webページの情報を抽出する方法を説明する。サンプルとして、GitHubプロジェクトからスターの数を抽出するコードを紹介する。

準備しよう

このレシピでは、`HTTP.jl`、`Gumbo.jl`、`Cascadia.jl`パッケージを用いる。「**1.10　パッケージを管理する**」に従ってインストールしておこう。

```
(v1.2) pkg> add HTTP
(v1.2) pkg> add Gumbo
(v1.2) pkg> add Cascadia
```

こうするとこれらのパッケージとそれに必要なパッケージがインストールされる。

やってみよう

この例では、GitHubの組織アカウントJuliaWebに存在するGitHubレポジトリの、GitHubスターの数を読み取ってみよう。

1. まず必要なモジュールをロードする。

```
using HTTP, Gumbo, Cascadia
```

2. 次にJuliaWebサイトの内容を読み込む。

```
r = HTTP.get("https://github.com/JuliaWeb");
page_body = String(r.body);
```

3. Webサイトの内容を解析しよう。

```
h = Gumbo.parsehtml(page_body);
```

4. このWebサイトからリンクされているすべてのプロジェクトをHTMLから取得する。

```
qs = HTMLElement[]
Cascadia.matchAllInto(sel"h3 .d-inline-block", h.root, qs);
names_links = Tuple{String, String}[]
for q in qs
    name = strip(nodeText(q))
    link = q.attributes["href"]
    push!(names_links, (name, link))
end
```

5. コードがうまく動いていることを確認する（Juliaの開発は活発に進んでいるので、下に示すよりも多くのパッケージが表示されるだろう）

```
julia> names_links
25-element Array{Tuple{String,String},1}:
("WebSockets.jl", "/JuliaWeb/WebSockets.jl")
("MbedTLS.jl", "/JuliaWeb/MbedTLS.jl")
.
.
.
("GnuTLS.jl", "/JuliaWeb/GnuTLS.jl")
("Roadmap", "/JuliaWeb/Roadmap")
```

6. このリスト中のGitHubレポジトリに行き、それぞれのプロジェクトのスターの数を集める。

```
julia> stats = Dict{String,String}();
julia> @sync for (name,link) in names_links
           @async begin
               r2 = HTTP.get("https://github.com"*link);
               h2 = parsehtml(String(r2.body));
               qs2 = HTMLElement[]
               Cascadia.matchAllInto(sel".social-count.js-social-count", h2.root,qs2);
               stats[name] = strip(nodeText(qs2[1]))
           end
       end
```

7. statsの内容を確認する。

```
julia> stats
Dict{String,String} with 25 entries:
  "HTTPClient.jl"  => "15"
  "JuliaWebAPI.jl" => "81"
  "HTTP.jl"        => "125"
   ...             => ...
```

8. 辞書の値をInt64に変換する。

```
julia> stats2 = Dict(key => parse(Int64, stats[key]) for key in keys(stats))
Dict{String,Int64} with 24 entries:
 "HTTPClient.jl"  => 15
 "JuliaWebAPI.jl" => 81
 "HTTP.jl"        => 125
 ...              => ...
```

9. 最後に、最もスターの数の多いプロジェクトを見てみよう。

```
julia> m = maximum(values(stats2))
```

```
139

julia> filter(x -> x[2] == m, stats2)
Dict{String,Int64} with 1 entry:
 "HttpServer.jl" => 139
```

説明しよう

インターネット上のデータ通信で最も広く用いられているプロトコルは、HTTP（Hypertext Transfer Protocol）だ。JuliaのHTTP.jlを使えば、簡単にこのプロトコルを利用できる。HTTP.get関数は、サーバに対してHTTP接続を行い、そのページの内容を取得する。この関数は、HTTP.Messages.Response型のオブジェクトを返す。このオブジェクトにはHTTP GETのレスポンスメッセージに対応したフィールドを持つ。

status
: HTTP GETレスポンスの状態。200はOKを意味する

headers
: HTTPレスポンスのヘッダで、レスポンスのコンテントタイプ（と文字エンコーディング）や、データをエンコードしている方法、その他のレスポンス固有のフィールドを持つ。

request
: HTTP.jlがサーバに送信したリクエストの中身

body
: サーバからのレスポンスの生のバイト列。上の例では、レスポンスはUTF-8でエンコードされているので、直接String(r.body)として文字列に変換している。別のエンコーディングの場合には、StringEncodings.jlパッケージを使う必要がある。

出力を取得したらGumboを使ってHTMLを解析して、ツリー表現に変換する。Gumboで解析したデータは、Cascadiaセレクタを使って検索できる。Cascadiaを使うと、HTMLドキュメントを表す構造に対して検索を行うセレクタを記述することができる。このライブラリに関する詳細なドキュメントが、https://github.com/Algocircle/Cascadia.jlにある。

もう少し解説しよう

Webページのデータにアクセスする方法としては、XPathもある。XPathを利用するにはPythonのscrapyモジュールを使う方法が考えられる。PyCall.jlはすでにインストールされているとして、まずはPyCall.jlをインポートするところから説明する。JuliaのPyCallに関しては、**「レシピ8.5　JuliaからPythonを使う」**を参照してほしい。

```
using PyCall
```

Pythonのscrapyモジュールは、外部のPythonでインストールしてもよいし（**「レシピ8.5 JuliaからPythonを使う」**を参照）、Conda.jlパッケージでインストールしてもよい（Conda.jlがインストールされていなければ、]キーを押してパッケージマネージャに行き、add Condaコマンドでインストールする）。

```
using Conda
Conda.add("scrapy")
```

PythonのscrapyモジュールをJuliaに読み込もう。

```
ssel = pyimport("scrapy.selector")
```

次に、検索に用いるSelectorオブジェクトを準備しよう（メインのレシピで用いたpage_bodyがまだREPLで使えることを仮定している）。

```
julia> s = ssel.Selector(text=page_body)
PyObject <Selector xpath=None data='<html lang="en">\n  <head>\n <meta   char'>
```

XPathを用いてエレメントを見つけるには次のようにする。

```
julia> elems = s.xpath("//a[@itemprop='name codeRepository']")
   25-element Array{PyObject,1}:
 PyObject <Selector xpath="//a[@itemprop='name codeRepository']"
                  data='<a href="/JuliaWeb/WebSockets.jl" itempr'>
 .
 .
 .
 PyObject <Selector xpath="//a[@itemprop='name codeRepository']"
                  data='<a href="/JuliaWeb/Roadmap" itemprop="na'>
```

プロジェクト名は次のようにして抽出できる。

```
julia> strip(elems[1].xpath("text()")[1].extract())
"WebSockets.jl"

julia> strip(elems[2].xpath("text()")[1].extract())
"MbedTLS.jl"
```

リンクは次のようにして抽出できる。

```
julia> a = elems[1].xpath("@href")[1].extract()
"/JuliaWeb/WebSockets.jl"

julia> a = elems[2].xpath("@href")[1].extract()
"/JuliaWeb/MbedTLS.jl"
```

こちらも見てみよう

HTTPプロトコルに関する情報はhttps://developer.mozilla.org/en-US/docs/Web/HTTPを参照。Cascadiaのドキュメントはhttps://github.com/Algocircle/Cascadia.jlを参照、`scrapy`のドキュメントはhttps://scrapy.org/を参照。Pythoライブラリを Juliaで利用する方法については、**「レシピ8.5 JuliaからPythonを使う」**を参照。

レシピ3.4　簡単なRESTfulサービスを作ってみる

1つ前のレシピで述べた通り、HTTPを使ってコンピュータ間で通信することができる。HTTPを用いてタスクや情報をコンピュータ間でやり取りするようにシステムを構築する方法をREST (REpresentational State Transfer) と呼び、HTTP経由でアクセスできるアプリケーションをWebアプリケーションと呼ぶ。システム間通信にHTTPを使う方法は、クライアント側を実装するのもサーバ側を実装するのも簡単なので、広く用いられている。

準備しよう

このレシピでは、2つの方法を紹介する。1つ目はWebサービスを、Juliaの組み込み関数と標準パッケージの`Sockets.jl`だけで実装する方法で、もう一方は`JuliaWebAPI.jl`パッケージを使う方法だ。このパッケージは、リクエストを処理する`ZMQ.jl`パッケージと一緒に使う。また、Webサービスのテストに`HTTP.jl`を用いる。

「1.10　パッケージを管理する」に従ってインストールしておこう。

やってみよう

このレシピでは2つの方法を紹介する。

- Webサービスを一から構築する。この作業を通じてJuliaのソケット通信機構を紹介する。
- `JuliaWebAPI.jl`パッケージを用いて、Juliaの関数をWebサービスとして公開する。

Webサービスを一から構築する

この例では、Julia組み込みの`Sockets`パッケージを用いてWebサービスを構築する。

1. まずパッケージをインポートする。

```
julia> using Sockets
```

2. 8000番ポートで通信を待ち受けるサーバを作る。

```
julia> server = Sockets.listen(8080)
Sockets.TCPServer(RawFD(0x00000014) active)
```

サーバからの読み出すポートをオープンするには、`Sockets.accept`関数を使う。

3. 次のコードで、任意のJuliaコマンドを実行するWebサービスを作る。

```
julia> while true
           sock = Sockets.accept(server)
           data = readline(sock)
           print("Got request:\n", data, "\n")
           cmd = split(data, " ")[2][2:end]
           println(sock, "\nHTTP/1.1 200 OK\nContent-Type: text/html\n")
           println(sock, string("<html><body>", cmd, "=", eval(Meta.parse(cmd)),
                 "</body></html>"))
           close(sock)
       end         # これを実行するとJuliaのコンソールがブロックする
```

このコードは、ずっと走り続けることに注意しよう（cmdの評価でエラーが発生するかコンソールから［Ctrl］+［C］を行わない限り止まらない）。したがって、このサーバをテストするには別のコンソールが必要になる。

4. Linux、macOSの場合はコンソールのbashからテストできる（Windowsユーザはステップ6へ）。

```
$ curl http://127.0.0.1:8080/5+9
HTTP/1.1 200 OK
Content-Type: text/html
 <html><body>5+9=14</body></html>
```

5. このコマンドを実行したら、サーバが動いているJuliaのコンソールを見てみよう。次のような出力がされているはずだ。

```
Got request:
GET /5+9 HTTP/1.1
```

6. WebブラウザのURL欄にhttp://127.0.0.1:8080/5+9と入力しても、このサーバをテストすることができる。Webブラウザには出力は5+9=14と出力されるはずだ。
デスクトップのWebブラウザは、アイコンファイルを取得するための余分なリクエスト（GET /favicon.ico）を送るので、サーバがこのリクエストの処理に失敗して止まってしまうかもしれない。その場合には次のステップに進む前にサーバを再実行すること。

7. このサーバを、Webブラウザなどを用いずにJuliaのコードから直接確認することもできる。新しいコンソールで別のJuliaのREPLを立ち上げて、サーバに接続する（サーバを作ったコンソールを閉じないように注意）。

```
julia> using Sockets
julia> client = Sockets.connect("127.0.0.1",8080)
TCPSocket(RawFD(0x00000013) open, 0 bytes waiting)
```

8. サーバは、データを受け取ることを期待していることに注意しよう。例えば次のようにしてみよう。

```
julia> write(client,"GET /3*8\n")
9
```

このwriteコマンドで、GETリクエストの内容と改行コードが、Webサーバへの接続を表すclientストリームに送られる。サーバは、リクエストのログを出力する。コンソールに出力されている9という数字は、write関数が返したもので、ストリームに書き込まれたバイト数だ。

9. サーバからデータを読み込む。

```
julia> readlines(client)
5-element Array{String,1}:
 ""
 "HTTP/1.1 200 OK"
 "Content-Type: text/html"
 ""
 "<html><body>3*8=24</body></html>"
```

サーバを停止するには、サーバのコンソールから[Ctrl]+[C]を入力すればいい。

ZeroMQとJuliaWebAPI.jlを使って高性能Webサービスを作る

今度は、JuliaWebAPI.jlパッケージとZMQ.jlパッケージを用いて、Juliaの関数をWebサービスとして公開してみよう。

1. 必要なモジュールをロードする。

```
using JuliaWebAPI
using ZMQ
```

2. Webサービスとして公開される関数を定義する。このtestfnには2つの必須引数と、2つの省略可能な引数があることに注意しよう。

```
function testfn(arg1, arg2; optarg1="10", optarg2="20")
    println("T: ", arg1, " ", arg2, " ", optarg1, " ", optarg2)
    return parse(Int,arg1) + parse(Int,arg2) + parse(Int,optarg1) + parse(Int,optarg2)
end
```

3. ZeroMQサーバのパラメータを定義する。

```
tr = JuliaWebAPI.ZMQTransport("tcp://127.0.0.1:9999", ZMQ.REP, true);
apir = JuliaWebAPI.APIResponder(tr, JuliaWebAPI.JSONMsgFormat());
```

4. ZeroMQサーバに関数を登録する。

```
julia> register(apir, testfn; resp_json=true,
              resp_headers = Dict("Content-Type" => "application/json;charset=utf-8"))
```

```
JuliaWebAPI.APIResponder with endpoints:
"testfn"
```

5. ZeroMQサーバを実行する。

```
julia> process(apir)      # これを実行するとJuliaのコンソールがブロックする
```

このREPLを実行しているコンソールは(ZeroMQサーバを実行し続けるために)ブロックしてしまうので、別のコンソールでJulia REPLを起動する必要がある(@asyncマクロを冒頭に付ければ、このコンソールで実行を続けることもできるが、そうするとデバッグが大変になる)。これでZeroMQサーバが起動できたので、HTTPエンドポイントをアタッチしよう。

6. 新しいJuliaのREPLを開いて次のコマンドを実行する。

```
julia> using JuliaWebAPI
julia> const apiclnt = JuliaWebAPI.APIInvoker("tcp://127.0.0.1:9999");
```

7. これでサーバを実行する準備ができた。次のコマンドも永遠に実行し続けることに注意しよう。停止させるには[Ctrl]+[C]をタイプするしかない。

```
julia> JuliaWebAPI.run_http(apiclnt, 8888)  # これを実行するとJuliaのコンソールがブロックする
[ Info: Listening on: Sockets.InetAddr{Sockets.IPv4}(ip"0.0.0.0", 0x22b8)
```

サーバをテストするために別の(3つ目の)コンソールを開く。

8. Linux、macOSのユーザは次のようにBashコンソールで入力してテストしよう。

```
$ curl "http://127.0.0.1:8888/testfn/5/9?optarg1=100&optarg2=1000"
{"data":1114,"code":0}
```

出力はJSONで行われている。dataフィールドは関数の実行結果を表しており、codeが0になっているのは、関数の実行が正常に行われたことを示している。別のテスト方法として、WebブラウザのURL欄にhttp://127.0.0.1:8888/testfn/5/9?optarg1=100&optarg2=1000を入力する方法もある。ブラウザがJSONデータの表示をサポートしているなら(Chromeを使うといい)、{"data":1114,"code":0}のように出力されるだろう。

9. ZeroMQを実行しているコンソールを見てみよう。testfn関数を実行すると、次のように出力されているはずだ。

```
julia> process(apir)
┌ Info: received
└ command = "testfn"
T: 5 9 100 1000
```

Webサーバのコンソールのほうは次のようになっているはずだ。

```
julia> JuliaWebAPI.run_http(apiclnt, 8888)
```

```
[ Info: Listening on: Sockets.InetAddr{Sockets.IPv4}(ip"0.0.0.0", 0x22b8)
[ Info: Accept: 0↑ 0↓ 0s 0.0.0.0:8888:8888 ≡16
┌ Info: processing
└ target = "/testfn/5/9?optarg1=100&optarg2=1000"
[ Info: waiting for a handler
[ Info: Closed: 1↑ 1↓ 5s 0.0.0.0:8888:8888 ≡16
```

先程と同様に、このサーバをWebブラウザを使わずに、Juliaから直接テストすることもできる。

10. 3つ目のJuliaのREPLを開き（このときZeroMQとWebサービスサーバのプロセスを作ったコンソールを閉じないように注意）、次のようにしてコネクションを開く。

```
julia> using HTTP
julia> res = HTTP.get("http://127.0.0.1:8888/testfn/5/9?optarg1=100&optarg2=1000 ")
HTTP.Messages.Response:
"""
HTTP/1.1 200 OK
Content-Type: application/json; charset=utf-8
Transfer-Encoding: chunked

{"data":1114,"code":0}"""
```

説明しよう

このレシピでは、JuliaでWebサービスを実行する例を2つ紹介した。

- 低レベル（Sockets）
- 高レベル（JuliaWebAPI）

Juliaでは、簡単にネットワーク接続を行うことができる。ネットワーク接続は、ファイルと同じように扱うことができる。一度ネットワーク接続を行ってしまえば、あとは、他のデータストリームと同じように読み書きできる。Webサービスを一から作る場合には、プログラマがHTTPプロトコル固有のメッセージの送信を行わなければならない。少なくとも、ステイタスコード（200はOKを意味する）とメッセージコンテントのタイプだけは送信しなければならない。同様に、Webサービスに対して低レベルなSockets APIで接続する場合にも、プログラマが適切なリクエストを送り、出力を読み込むようにしなければならない。HTTPプロトコルの詳細については、https://developer.mozilla.org/en-US/docs/Web/HTTPを参照してほしい。

JuliaWebAPI.jlパッケージを使うと、簡単にJuliaの関数をWebサービスとして公開することができる。高いスケーラビリティと並列性を実現するために、関数をZeroMQエンジンで実行している。APIResponderに指定するサービスアドレスが（ここではtcp://127.0.0.1:9999）は、APIInvokerに指定するアドレスと一致していなければならないことに注意しよう。この例では、関数を1つだけ公開しているが、同じようにして任意の個数のJulia関数を公開することが可能だ。Julia関数を呼び出す際のURLの構成に注意しよう。プロトコル名、サーバアドレス、ポート（http://127.0.0.1:8888/）の後ろに、エンドポイント名を書く。このエンドポイント名は実際の関数の名前でなければならない。必須パラメータは、/parameter_name/parameter_valueの形で書き、省略可能なパラメータは、クエスチョンマーク?の後ろにparameter_name=parameter_valueの形で書く。省略可能なパラメータが複数ある場合には&で区切る。また、ZeroMQのサーバとHTTPエンドポイントには別のポートを使わなければならないことに注意しよう（ここでは9999と8888を使っている）。同じポートに同時に別のサービスを割り当てることはできないからだ。

もう少し解説しよう

ここで紹介した低レベルサーバの実装は、少なくとも（改行コード\nで終わっている）1行のデータが得られるまで待ち続けることに注意しよう。この実装では、例えばwrite(client,"GET /"))のように改行コードを書き忘れると、サーバ側のdata = readline(sock)の部分が、データ（改行コードで終わっている1行全部）をいつまでも待ち続けてしまう。クライアント側でreadlines(client)とすると、これもサーバからのデータが来ないのでずっと待ち続けることになる。さらに悪いことに、このコマンドを実行すると、サーバ側のwhile trueループがブロックしてしまうので、この簡易Webサーバは、他の接続を受け付けなくなってしまうのだ。これを避けるには、簡易Webサーバのデータ処理部分を@asyncマクロで囲んでやればいい。@asyncマクロはコードを新しいスレッドで実行するので、それ以外の部分は実行を続けられる。複数のプロセスが互いに通信するようなコードを書く場合は、ストリームからデータが得られなかった場合にどうなるかを常に考えておくようにしよう。

このような問題はJuliaWebAPI.jlのような既存のパッケージを使うと簡単に解決する。このパッケージは、任意のスケールで、Julia関数を公開しHTTPリクエストを処理できるフレームワークを提供している。

こちらも見てみよう

ZeroMQサーバに関する詳細は、http://zeromq.org/を参照。Juliaの関数をサービスとして公開するフレームワークとしては、Genie.jlもある。これは、https://github.com/essenciary/Genie.jlにある。

レシピ3.5 JSONデータを処理する

JSON（JavaScript Object Notation）は、人間にも読める形でコンピュータ間でデータを交換するためのデータ形式だ。JSONは、ツリー構造でデータを表現し、リストや要素のネストをサポートしている。JSONはXMLよりも軽量でディスクスペースを消費しないので、多くのアプリケーションでXMLを置き換えてきた。Webデータを交換する方法としてはJSONが事実上の標準となっている。これはRESTによるWebサービスでも同じだ。また、多くのログシステムでは、イベントを表現するのにJSONを用いている。さらに、MongoDBやAmazon DynamoDBなどのNoSQL型のドキュメント指向データベースシステムでもJSONが標準のデータ表現形式となっている。

準備しよう

`JSON.jl`パッケージは、Juliaのパッケージマネージャで簡単にインストールできる。**「1.10　パッケージを管理する」**に従ってインストールしておこう。

やってみよう

この例では、JSONデータを処理する方法を示す。

1. まず`JSON`モジュールをロードする。

```
using JSON
```

JSONドキュメントは、キーと値のペアを格納した階層的なデータ構造だ。値としては、数値、文字列、他の値のリスト、キーと値のペアが使用できる。

2. 次の文字列を考える。

```
json_txt = """{
        "key":"value",
        "number":7,
        "array":[1,2,5],
        "dict":{"k1":"val1","k2":2}
}""";
```

3. 出力して中身を確認する。

```
julia> print(json_txt)
{
        "key":"value",
        "number":7,
        "array":[1,2,5],
        "dict":{"k1":"val1","k2":2}
}
```

4. このテキストをパースする。

```
julia> JSON.parse(json_txt)
Dict{String,Any} with 4 entries:
  "key"    => "value"
  "dict"   => Dict{String,Any}("k1"=>"val1","k2"=>2)
  "number" => 7
  "array"  => Any[1, 2, 5]
```

Juliaのデータ構造をJSONに変換することもできる。次の例を考えてみよう。

```
data = Dict{Int64,Union{Int64,String}}(1=>"text", 2=>999);
```

5. これをJSON形式に変換するには、`JSON.json`関数を用いる。

```
julia> print(JSON.json(data))
{"2":999,"1":"text"}
```

型情報が失われていることに注意しよう。JSON形式ではキーには文字列しか使用できない。

6. JSONデータをファイルに書くにはJSON.print関数を用いる。

```
f = open("file.json", "w");
JSON.print(f, data);
close(f);
```

7. ファイルから読み込むのも同様にできる。

```
f = open("file.json", "r");
data2 = JSON.parse(f);
close(f);
```

JSONファイルを読み込むにはもっと別な便利なメソッドJSON.parsefileもある。

```
JSON.parsefile.
```

8. これを用いると、上の例はよりコンパクトに書ける。

```
julia> data_copy = JSON.parsefile("file.json")
Dict{String,Any} with 2 entries:
  "1" => "text"
  "2" => 999
```

説明しよう

JSON.jlパッケージを使うと、JSONのデータ、ストリーム、ファイルを扱うことができる。JSON文書を処理するには、JSONの構造全体、つまり最初の{から最後の}までを読み込む必要があることに注意しよう。このため、全体がコンピュータのメモリに収まるものでなければ処理できない。例えばログなどではこれが問題になるが、個々のイベントを独立したJSONドキュメントとすることで対応するのが一般的だ。

JSON.jlパッケージには、データストリームやファイルを扱う関数が3つ用意されている。JSON.print、JSON.parse、JSON.parsefileの3つだ。JSON形式のデータをファイルに書き出すには、ファイルをオープンして、Juliaオブジェクトを書き出すだけだ。JSON.printとJSON.parseの最初の引数には、任意のI/Oオブジェクトを使うことができる。したがって、オープンしたファイルだけでなくネットワーク接続に対して使うこともできる。

もう少し解説しよう

JSONへ変換できるのは、JuliaのAbstractDictオブジェクトだけではない。他の型もJSON形式で表すことができる。

例えば、ArrayをJSONに変換することもできる。

```
julia> a = reshape(collect(1:8), 2, 4)
 2×4 Array{Int64,2}: 1357 2468

julia> b = JSON.json(a)
 "[[1,2],[3,4],[5,6],[7,8]]"
```

しかし、このJSON文字列をJuliaのオブジェクトに戻すと型情報が失われてしまう。

```
julia> JSON.parse(b)
4-element Array{Any,1}:
 Any[1, 2]
 Any[3, 4]
 Any[5, 6]
 Any[7, 8]
```

また、Juliaの構造体はJSONへの変換の際に辞書に変換されることに注意しよう。

```
julia> struct S; x1::Int64; x2::Float64; x3::String; end
julia> s = S(1, 4.5, "test");
julia> println(JSON.json(s))
{"x1":1,"x2":4.5,"x3":"test"}

julia> JSON.parse(JSON.json(s))
Dict{String,Any} with 3 entries:
  "x1" => 1
  "x2" => 4.5
  "x3" => "test"
```

もっと複雑なデータ構造をオブジェクトの型情報とともに格納する必要があるなら、**「レシピ3.7　オブジェクトをシリアライズする」**を見てほしい。

こちらも見てみよう

JSONファイル形式に関する詳細は、https://www.json.org/を参照してほしい。JSON形式はhttps://tools.ietf.org/html/rfc7159のJavaScript Object Notation (JSON) Data Interchange Formatで定義されている。`JSON.jl`パッケージはhttps://github.com/JuliaIO/JSON.jlにある。

レシピ3.6　日付と時刻を扱う

Juliaは日付と時刻の演算を`Dates`モジュールでサポートしている。Juliaでは、多くの言語と同様に日時を2つの型で扱う。

`Date`

　時刻を除いた日付のみ（年、月、日）を表す

DateTime
　日付とともにミリ秒単位の精度の時刻を表す

準備しよう

このレシピには新たに何かをインストールする必要はない。JuliaのREPLから実行するだけでいい。

やってみよう

以下のステップに従って、Juliaにおける日時データ処理を見ていこう。

1. 日時データの処理は、標準モジュールのDatesで行う。これはインポートしなければならない。

```
julia> using Dates
```

2. 現在時刻を取得するにはnow関数を使う。

```
julia> ts = Dates.now()
2018-08-15T07:54:18.044

julia> typeof(ts)
DateTime
```

この関数はDateTime型を返す。

3. 任意の日付データを生成するには、年、月、日をDateコンストラクタに指定する。月と日は省略可能で、省略すると最初の日付となる（ただし、月だけを省略して、年と日を指定することはできない）。

```
julia> Date(2018, 08, 15)
2018-08-15

julia> Date(2018, 8)
2018-08-01

julia> Date(2018)
2018-01-01
```

4. 同様にDateTimeオブジェクトを年、月、日、時、分、秒、ミリ秒を指定して作ることができる。これも年以外は省略可能だ（Dateの例を参照）。

```
julia> DateTime(2018, 8, 15, 18, 22, 55, 123)
2018-08-15T18:22:55.123
```

5. Date、DateTimeオブジェクトはStringから作ることができる。

```
julia> dt1 = Date("2018-08-15T18:22:55.123", DateFormat("y-m-dTH:M:S.s"))
```

```
2018-08-15

julia> dtm1 = DateTime("2018-08-15T18:22:55.123", DateFormat("y-m-dTH:M:S.s"))
2018-08-15T18:22:55.123
```

6. "dateformat"文字列マクロを使うこともできる。

```
julia> dtm2 = DateTime("2018-08-16T19:32:55.223", dateformat"y-m-dTH:M:S.s")
2018-08-16T19:32:55.223
```

7. 複数のDateTimeインスタンス間の差を日付演算で求めることができる（Dateに対しても同様にできる）。

```
julia> delta = dtm2 - dtm1
90600100 milliseconds

julia> typeof(delta)
Millisecond

julia> Date("2018-03-01") - Date("2018-02-01")
28 days
```

DateTimeやDateオブジェクトを加算することはできない。

8. しかし、Year、Month、Day、Hour、Minute、Second、Millisecond型を用いて日付演算することはできる。

```
julia> dtm1 + Year(1) + Month(4) + Day(4) + Hour(3)
2019-12-19T21:22:55.123

julia> dtm1 + Millisecond(24*3600*1000)
2018-08-16T18:22:55.123
```

9. Year、Month、Day、Hour、Minute、Second、Millisecond型に対しては、乗算と除算の演算子が定義されている（いずれの場合ももう一方の引数は整数でなければならない）。

```
julia> Year(1)*3 + Month(4)/2 + Day(4)*3 + Hour(3)
3 years, 2 months, 12 days, 3 hours
```

10. ただし、演算結果が整数となることをプログラマが保証しなければならない。

```
julia> Day(4)/2
2 days

julia> Day(4)/8
ERROR: InexactError: Int64(Int64, 0.5)
```

```
julia> Day(4)*0.5
ERROR: InexactError: Int64(Int64, 0.5)
```

説明しよう

Dateオブジェクトの内部表現は、西暦が始まってからの日数だ。

```
julia> d1 = Date("2018-08-15")
julia> dump(d1)
Date
  instant: Dates.UTInstant{Day}
    periods: Day
      value: Int64 736921
```

整数1に相当する日付は、西暦1年1月1日だ。

```
julia> d1 = Date("2018-08-15")
2018-08-15

julia> d1 - Day(d1.instant.periods.value)+Day(1)
0001-01-01
```

DateTimeオブジェクトの内部表現はミリ秒単位となっている。

```
julia> dt = DateTime("2018-08-15T18:22:55.123")
julia> dump(dt)
DateTime
 instant: Dates.UTInstant{Millisecond}
   periods: Millisecond
     value: Int64 63670040575123
```

ミリ秒のカウントは、同様に西暦1年の1月1日からカウントされている。

```
julia> dt = DateTime("2018-08-15T18:22:55.123");
julia> dt - Millisecond(dt.instant.periods.value) + Day(1)
0001-01-01T00:00:00
```

Dateの演算は、具体的な日付に依存することに注意しよう。Monthを用いた演算の結果はわかりにくい。次の例を見てほしい。

```
julia> Date(2008,1,31) + Month(1)
2008-02-29

julia> Date(2008,1,31) + Month(1) - Month(1)
2008-01-29

julia> Date(2008,1,31) + (Month(1) - Month(1))
2008-01-31
```

この例からDateの演算では、順番が重要な場合があることがわかる。

もう少し解説しよう

JuliaデフォルトのDatesパッケージはタイムゾーンをサポートしていないことに注意しよう。タイムゾーンを使いたければ、**「1.10　パッケージを管理する」**に従ってTimeZonesパッケージをインストールする。

このパッケージをインストールしたら、次のようにしてロードする。

```
julia> using TimeZones
```

これで、タイムゾーン情報が入った標準日付文字列をパースできるようになる。

```
julia> dtz = parse(ZonedDateTime, "2017-11-14 11:03:53 +0100",
                   dateformat"yyyy-mm-dd HH:MM:SS zzzzz")
2017-11-14T11:03:53+01:00
```

同様にしてApache Webサーバのログでよく用いられる日付形式もパースできる。

```
julia> dtz = parse(ZonedDateTime, "22/Aug/2018:09:22:07 -0100",
                   DateFormat("dd/uuu/yyyy:H:M:S zzzzz"))
2018-08-22T09:22:07-01:00
```

dtzオブジェクトの内部表現を見てみよう。

```
julia> dump(dtz)
ZonedDateTime
  utc_datetime: DateTime
    instant: Dates.UTInstant{Millisecond}
      periods: Millisecond
        value: Int64 63670616527000
  timezone: FixedTimeZone
    name: Symbol UTC-01:00
      offset: TimeZones.UTCOffset
        std: Second
          value: Int64 -3600
        dst: Second
          value: Int64 0
  zone: FixedTimeZone
    name: Symbol UTC-01:00
    offset: TimeZones.UTCOffset
      std: Second
        value: Int64 -3600
      dst: Second
        value: Int64 0
```

TimeZones.jlパッケージは、Dates.jlと同様の日付演算をサポートしている。

```
julia> using Dates
julia> dtz2 = dtz + Dates.Year(2) - Dates.Month(1) + Dates.Day(20)
2020-08-11T09:22:07-01:00
```

こちらも見てみよう

Datesモジュールの使用例は、ドキュメントhttps://docs.julialang.org/en/v1.2/stdlib/Dates/を参照。

レシピ3.7 オブジェクトをシリアライズする

他のプログラミング言語と同様に、Juliaにもオブジェクトシリアライズが用意されている。シリアライズとは、任意のオブジェクトのバイト列表現を取得することで、取得したバイト列はディスクに直接書き込んだり、ネットワークを通じて送信することができる。通常シリアライズは、短期的にデータを保持するために用いる。マイナーなアップグレードを行っただけでもシリアライズしたデータが読めなくなる可能性があるし、システム・アーキテクチャが変われば読めなくなる。プラットフォームが変われば、データのバイナリ表現も変わるからだ。しかし、(例えばキャッシュなどで)1つのプログラムが実行している間でだけ使うようなデータが対象なのであれば、オブジェクトシリアライズはおすすめできる。

より長期間保存するためのデータのシリアライズには、`JDL2.jl`や`BSON.jl`パッケージを使ったほうがいい。これらでシリアライズしたデータは別のプラットフォームでも利用できる。いずれのパッケージも本書執筆時点では、活発に開発が進行しているので、どちらのパッケージが自分の用途に適しているかをテストしてから使うといいだろう。一般には、長期的なデータ保存には、BSONフォーマットのほうが他の言語との互換性が高いので、より適している。

準備しよう

このレシピではパッケージ`JL.Djl`、`FileIO.jl`、`BSON.jl`を使うので、**「1.10 パッケージを管理する」**に従ってインストールしておこう。

やってみよう

このレシピは3つの部分で構成されている。1つ目は、短期的な利用に適したJuliaのシリアライズモジュールを使う方法、2つ目は`JLD2`モジュールによる長期的なシリアライズ、3つ目は`BSON`モジュールによる長期的なシリアライズだ。

Base.SerializationによるJuliaオブジェクトのシリアライズ

以下の手順で実行する。

1. まずは、以下のようにしてモジュールをロードする。

```
using Serialization
```

2. 任意のJuliaオブジェクトをストリームに書き込むことができる。例を見てみよう。

```
x = 1:5;
open(f -> serialize(f,x), "x.jls", "w");
```

シリアライズしたデータを収めたファイルの拡張子は*.jlsとすることが推奨されている。

3. デシリアライズも同じようにできる。

```
y = open(deserialize, "x.jls");
```

4. オブジェクトの中身を見てみよう。

```
julia> dump(y)
UnitRange{Int64}
  start: Int64 1
  stop: Int64 5
```

ストリームには複数のオブジェクトを書き込むことができる。書き込まれたオブジェクトの型情報はそれぞれ個別に保存される。試してみよう。

```
open("data.jls", "w") do f
    serialize(f, Array{Int8}([1, 2, 4]));
    serialize(f, Dict{Int64,String}(1=>"a", 2=>"b"));
end
```

5. 結果をREPLから確認しよう。

```
julia> f = open("data.jls", "r");
julia> deserialize(f)
3-element Array{Int8,1}:
 1
 2
 4

julia> deserialize(f)
Dict{Int64,String} with 2 entries:
  2 => "b"
  1 => "a"

julia> close(f)
```

JLD2.jlによるJuliaオブジェクトのシリアライズ

Juliaオブジェクトを JLD2 でシリアライズする方法は、Serialization API で行う場合とほとんど同じだ。

1. まずJLD2.jlパッケージをロードする。

```
using JLD2
using FileIO
```

2. JLD2モジュールを用いてJuliaオブジェクトをストリームに直接書き込むことができる。例を見てみよう。

```
x1 = 1:5;
x2 = rand(3);
file = File(format"JLD2", "myfile.jld2")
save(file, "x1", x1, "x2", x2)
```

この場合には、ファイルの拡張子は*.jld2とすることが推奨されている。

3. デシリアライズは下記のように行う。

```
julia> data = load(file)
Dict{String,Any} with 2 entries:
  "x1" => 1:5
  "x2" => [0.486263, 0.764547, 0.715775]
```

4. デシリアライズされたオブジェクトの内容をチェックしよう。

```
julia> dump(data["x1"])
UnitRange{Int64}
  start: Int64 1
  stop: Int64 5
```

この例からわかるように、複数のオブジェクトを1度のsaveコマンドで書き込むことができる。書き込まれた複数のオブジェクトをロードすると、1つのDict型のオブジェクトになる。

BSON.jlによるJuliaオブジェクトのシリアライズ

Juliaでサポートされているもう1つのデータ形式がBSON (binary JSON) だ。

1. まず、モジュールをロードする。

```
using BSON
```

2. 次にシリアライズするオブジェクトを作る。

```
x = 1:5
d = Dict{Int64,String}(1=>"a", 2=>"b")
e = 5+3im
```

3. ストリームをオープンし、オブジェクトをシリアライズする（BSONの場合のデフォルト拡張子は*.bsonとなる）。

```
f = open("data.bson", "w")
bson(f, Dict("x" => x, "d" => d))
bson(f, Dict("e" => e))
close(f)
```

4. 最後にファイルからオブジェクトを読み込む。

```
julia> f = open("data.bson", "r");
julia> BSON.load(f)
Dict{String,Any} with 2 entries:
  "x" => 1:5
  "d" => Dict(2=>"b",1=>"a")

julia> BSON.load(f)
Dict{String,Complex{Int64}} with 1 entry:
  "e" => 5+3im

julia> close(f)
```

説明しよう

このレシピでは、Juliaのオブジェクトを永続化する方法を3つ紹介した。

- 組み込みのオブジェクトシリアライズ機構は、時間的にもディスク空間的にも最も効率の良いデータ保存方法だ。このため、プロセス間で情報を交換したり、直後の計算で用いるような場合にはこの方法を使うことが推奨されている。しかし、さまざまな環境で動作させる場合や異なるハードウェアアーキテクチャで実行する場合にはおすすめできない。また、シリアライズモジュールは長期間のデータ保存を意図して設計されていない。Juliaのバージョンが上がったり、Juliaのパッケージのバージョンが上がっただけでも、データ構造やバイナリ表現が変更される可能性がある。
- JLD2形式はHDF5形式に基づくデータ保存形式だ。この形式は長期間の保存や異なるプラットフォーム間でのデータ交換にも適している。さらに、JLD2にはデータ圧縮機構が組み込まれており、ディスク空間を節約することができる（この点はJuliaのシリアライズモジュールと異なる。次項参照）。また、I/O操作の回数も低減できる。
- `BSON.jl`パッケージはbinary JSON形式を用いる。これはMongoDBで用いられている形式で、長期間のデータ保存に適する。

もう少し解説しよう

分散高性能計算では、ディスクI/OやネットワークI/Oの際にデータ圧縮を行ったほうが効率がいい場合がある。このような場合、データをシリアライズしてストリームに書き込む前に圧縮することを検討したほうがよい。JLD2モジュールにはデータ圧縮機構が組み込まれている。シリアライズモジュールで圧縮を用いる場合にはストリームデコレータを使う必要がある。これには、CodecZlib.jlパッケージをインストールする必要がある。「**1.10 パッケージを管理する**」に従ってインストールしよう。

Juliaオブジェクトをシリアライズする例を見てみよう。

```
using CodecZlib
using Serialization
d = Dict([("txt", collect(1:1000000))]);
open("big2.bin", "w") do f
    comp = DeflateCompressorStream(f);
    serialize(comp, d);
    close(comp);
end
```

シリアライズされたオブジェクトファイルは、圧縮した場合には80％小さくなる。実際のファイルをクローズする前にDeflateCompressorStreamをクローズしなければならない点に注意しよう。そうしないと、データストリームにクローズしたというフラグを書き込めなくなってしまう。

この例では、解凍するコードは下記のようになる。

```
f = open("big2.bin", "r");
decomp = DeflateDecompressorStream(f);
d2 = deserialize(decomp);
close(f);
```

ここで示した圧縮解凍のパターンは、他のストリームにもそのまま適用できる。例えば、BSONストリームを圧縮することもできる。

こちらも見てみよう

Juliaのシリアライズに関するドキュメントは、https://docs.julialang.org/en/v1.2/stdlib/Serialization/にある。

JLD2.jlのドキュメントはhttps://github.com/JuliaIO/JLD2.jlにある。

BJSON.jlパッケージはhttps://github.com/MikeInnes/BSON.jlにある。

レシピ3.8 Juliaをバックグラウンドプロセスとして使う

このレシピでは、Juliaをバックグラウンドプロセスとして利用し、パイプを通じてコマンドを送信する。

このレシピのアイディアを提供し、改良をお手伝いいただいたCharles Duffyに感謝したい。経緯の詳細は下記を参照してほしい。https://stackoverflow.com/questions/48510815/named-pipe-does-not-wait-until-completion-in-bash

準備しよう

この例を実行するにはbashが必要だ。

LinuxやmacOSではそのまま利用できる。Windowsでは、Gitとともに提供されているbash環境を使うといいだろう。

やってみよう

このレシピでは、Juliaのプロセスをバックグラウンドで実行しておき、名前付きパイプを通じてコマンドを送り付ける。

1. まずmkfifoコマンドを用いて名前付きパイプpipeを作る。

```
$ mkfifo pipe
```

2. 名前付きパイプpipeが作られたことを確認する。

```
$ ls
pipe
```

3. Juliaをバックグラウンドプロセスとして起動する。標準入力をpipeからのリダイレクトとし、標準出力をlog.txtに、標準エラーをerr.txtにリダイレクトする。

```
$ julia <pipe >log.txt 2>err.txt &
```

4. Juliaにジョブを送るために、ファイルディスクリプタ3を名前付きパイプにリダイレクトする。

```
$ exec 3>pipe
```

5. これでJuliaにコマンドを送る準備ができた。echoコマンドを用いてコマンドを送る。

```
$ echo "1+2" >&3
```

6. 無効な式を送ってみよう。

```
$ echo "X" >&3
```

7. 最後にexit()を送り、Juliaプロセスを停止させる。

```
$ echo "exit()" >&3
```

8. log.txtとerr.txtファイルの内容を確認してみよう。

```
$ cat log.txt
3

$ cat err.txt
ERROR: UndefVarError: X not defined
```

9. 最後に、すべてのファイルを消すことを忘れないようにしよう。

```
$ rm pipe log.txt err.txt
```

説明しよう

通常のJuliaのREPLは、標準入力、標準出力、標準エラーなどのI/O接続を通じて環境とやり取りを行う。このレシピでは、これらのストリームの制御を取得することで、バックグラウンドで動作するJuliaプロセス上でJuliaのコードをプログラムから実行している。

まず最初に、標準入力に使うストリームを作る。これは少しわかりにくいかもしれない。これにはmkfifoコマンドを用いて名前付きパイプを作っている。詳細はhttps://linux.die.net/man/1/mkfifoを参照してほしい。

この新しく作ったパイプを、Juliaプロセスの標準入力に割り当てるには、<を用いる。同様に>log.txtとすることで、標準出力を指定したファイルにリダイレクトし、2>err.txtとすることで標準エラーをリダイレクトしている。

これで次のようにパイプを介して、Juliaに直接コマンドを送信できるようになった。

```
$ echo "1+2" >pipe
```

しかし、こうするとpipeがすぐにクローズされてしまい、Juliaも終了してしまう。そこで、execコマンドを用いてファイルディスクリプタ3をこのパイプにリダイレクトする。このファイルディスクリプタにリダイレクトしてもpipeはクローズされないので、Juliaも終了しない。

```
$ echo "1+2" >&3
```

最後に、Juliaにexit()コマンドを送信して、終了させている。次のようにexecを用いてストリームをクローズしてもよい。

```
$ exec 3<&-
```

もう少し解説しよう

このレシピでは、外部のプロセスからパイプを用いてJuliaプロセスと通信する方法を示した。より高度なアプリケーションを構築したければ、Juliaをアプリケーションに直接埋め込んだほうがいい。

この方法については、Juliaのドキュメントhttps://docs.julialang.org/en/v1.2/manual/embedding/に書かれている。

こちらも見てみよう

Juliaサーバでメッセージを送受信できるようにする方法としては、ZMQ.jlパッケージを使う方法がある。このパッケージはhttps://github.com/JuliaInterop/ZMQ.jlから取得できる。このパッケージは非同期メッセージパッシングライブラリのZeroMQをラップしたもので、**「レシピ3.4 簡単なRESTful**

サービスを作ってみる」でも利用している。

JuliaをRやPythonと組み合わせて利用する方法に関しては、8章の**「レシピ8.5　JuliaからPythonを使う」**/**「レシピ8.6　JuliaからRを使う」**で説明する。

レシピ3.9　Microsoft Excelファイルを読み書きする

Microsoft Excelは広く用いられているスプレッドシートアプリケーションだ。このレシピでは、JuliaからPythonのopenpyxlライブラリを用いてExcelファイルを生成したり、読み込んだりする方法を紹介する。ここでは、Excelファイルを読み書きする方法を2つ紹介する。Pythonのopenpyxlライブラリを`PyCall.jl`を使って呼び出す方法、もう1つは、`XLSX.jl`パッケージを用いる方法だ。

準備しよう

このレシピでは、`PyCall.jl`, `Conda.jl`, `DataFrames.jl`, `XLSX.jl`の4つのパッケージを用いる。**「1.10 パッケージを管理する」**に従ってインストールしておこう。

Pythonのopenpyxlライブラリは下記のようにしてインストールする。

```
julia> using Conda
julia> Conda.add("openpyxl")
```

やってみよう

パッケージによってExcelのサポートレベルが異なるので、2つに分けて説明する。

- `PyCall.jl`とopenpyxlでExcelファイルを操作する
- `XLSX.jl`を使ってExcelファイルを操作する

PyCall.jlとopenpyxlでExcelファイルを操作する

このレシピでは、Excelシートを作成し、そこからデータを読み込む方法を説明する。

1. まず、必要なモジュールをロードする。

```
using PyCall
using Dates
using Random
xl = pyimport("openpyxl")
```

2. ワークブックを作り、その中のワークシートを選択する。

```
julia> wb = xl.Workbook();
julia> ws = wb.active
PyObject <Worksheet "Sheet">
```

3. ワークシートのA1セルとA2セルを作成する。

```
julia> ws.cell(1, 1, "Data generated on:")
PyObject <Cell 'Sheet'.A1>

julia> ws.cell(2, 1, Dates.now())
PyObject <Cell 'Sheet'.A2>
```

Juliaの配列からExcelにデータをコピーするには次のようにする。

```
Random.seed!(0)
dat = rand(3, 5)
for i in 1:size(dat)[1]
    ws.append((dat[i, :]..., ))
end
```

4. ワークブックをディスクに書き込む。

```
wb.save("sample1.xlsx")
```

生成したファイルをMicrosoft Excelで開いて確認してみよう（**図3-2**では最初の列の幅を調整してある）。

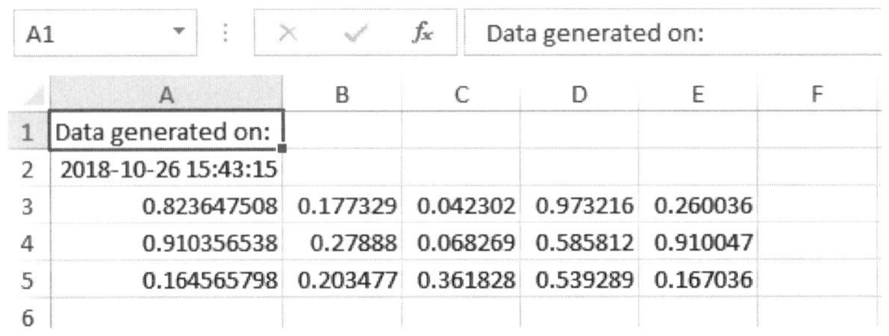

A1 fx Data generated on:

	A	B	C	D	E	F
1	Data generated on:					
2	2018-10-26 15:43:15					
3	0.823647508	0.177329	0.042302	0.973216	0.260036	
4	0.910356538	0.27888	0.068269	0.585812	0.910047	
5	0.164565798	0.203477	0.361828	0.539289	0.167036	
6						

図3-2　Excelでsample1.xlsxを確認

次の段階に行く前に、Microsoft Excelで開いたファイルをクローズしておこう。

5. Excelファイルを開き、ワークシートを選択する。

```
wb = xl.load_workbook(filename = "sample1.xlsx")
ws = wb.active
```

6. ワークシートから、セルの内容を読み出すことができる。

```
julia> println(ws.cell(1, 1).value, "\n", ws.cell(2, 1).value)
Data generated on:
```

```
2018-10-26T15:43:15.265
```

7. 日付が含まれたセルは、自動的にJuliaのDate型に変換される。

```
julia> typeof(ws.cell(2, 1).value)
DateTime
```

8. 存在しないセルを参照するとnothingが返される。

```
julia> ws.cell(20, 221).value == nothing
true
```

9. Excelファイルの行や列に対して繰り返し実行することもできる。

```
julia> using Printf
julia> for row in ws.rows
           for cell in row
               print("|")
               if typeof(cell.value) <: Number
                   @printf("%.3f", cell.value)
               else
                   show(cell.value)
               end
           end
           println("|")
       end
|"Data generated on:"|nothing|nothing|nothing|nothing|
|2018-10-26T13:46:15.265|nothing|nothing|nothing|nothing|
|0.824|0.177|0.042|0.973|0.260|
|0.910|0.279|0.068|0.586|0.910|
|0.165|0.203|0.362|0.539|0.167|
```

10. 最後にワークブックをクローズする。

```
wb.close()
```

XLSX.jlを用いたExcelファイルの操作

XLSX.jlパッケージは、Juliaで記述されたMicrosoft Excelファイルを操作するためのパッケージだ。

1. まずモジュールをロードする。

```
using XLSX
```

モジュールがロードできたら、Excelファイルを作ることができる（先程のopenpyxlの場合と同様に）コードブロックの最後で確実にExcelファイルがクローズされるように、do構文を用いていることに注意しよう。

```
XLSX.openxlsx("sample2.xlsx", mode="w") do xf
    sheet = xf[1]
    XLSX.rename!(sheet, "SheetName")
    sheet["A1"] = "Data generated on:"
    sheet["A2"] = Dates.now()
    dat = rand(3, 5)
    for row in 1:3
        for col in 1:5
            XLSX.setdata!(sheet, XLSX.CellRef(2+row, col), rand())
        end
    end
end
```

2. ワークブックをロードする。

```
julia> wb = XLSX.readxlsx("sample2.xlsx")
sheetname = XLSX.sheetnames(wb)[1]XLSXFile("sample2.xlsx")
containing 1 Worksheets
            sheetname size          range
-------------------------------------------------
            SheetName 5x5           A1:E5
```

3. シートの名前を取得し、ワークシートを表すオブジェクトを取得する。

```
julia> sheetname = XLSX.sheetnames(wb)[1]
"SheetName"

julia> ws = wb[sheetname]
5×5 XLSX.Worksheet: ["SheetName"](A1:E5)
```

4. さらに、ワークシートから、使用できるセルに関する情報を取得し、そのセルのデータを読み取る。

```
julia> dim = ws.dimension
A1:E5

julia> ws[dim]
5×5 Array{Any,2}:
  "Data generated on:"   missing   missing    missing   missing
  2018-10-26T14:44:01    missing   missing    missing   missing
 0.838118               0.914712  0.300075   0.72285   0.119653
 0.76707                0.801924  0.0353445  0.484661  0.899199
 0.951691               0.801119  0.124323   0.114269  0.0795545
```

5. ワークブックをクローズしよう。

```
XLSX.close(wb)
```

XLSX.jlパッケージには、DataFrameオブジェクトを操作する便利な機能がある。

6. この機能を確認するために2つのDataFrameを作る。

```
using DataFrames
df1 = DataFrame(a=[1, 2, 3], b=[4, 5, 6]);
df2 = DataFrame(x1=[1, 2, 3], x2=["A", "B", "C"]);
```

7. これらのDataFrameを次のようにしてディスクに書き出す。

```
XLSX.writetable("sample3.xlsx",
 SheetName1=( DataFrames.eachcol(df1), DataFrames.names(df1) ),
 SheetName2=( DataFrames.eachcol(df2), DataFrames.names(df2) ));
```

こうすると、それぞれのDataFrameを別々のワークシートに格納したExcelファイルができる。

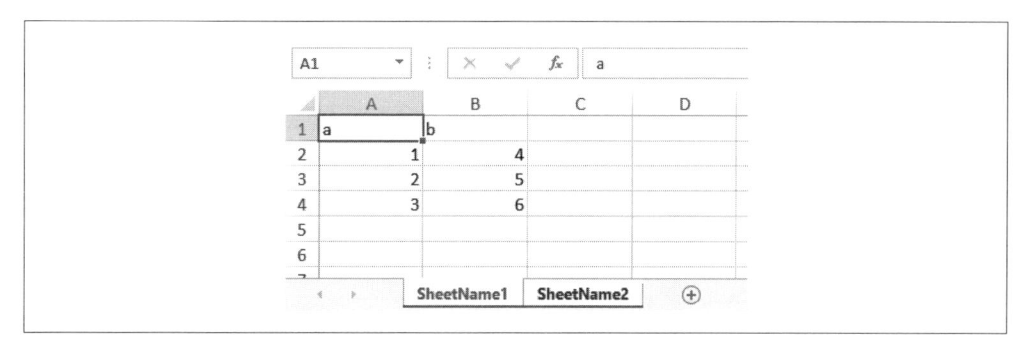

	A	B	C	D
1	a	b		
2	1	4		
3	2	5		
4	3	6		
5				
6				

図3-3　2つのDataFrameから作成したExcelファイル

説明しよう

Excelのスプレッドシートは階層的なデータ構造となっている。スプレッドシートはワークブックオブジェクトとして表現される。ワークブックには複数のシートが収められており、個々のシートには行が並んでおり、行は一連のセルで構成される。この階層的な構造によって、Excelスプレッドシートの操作方法が規定される。

openpyxlは、Excelファイルを操作するための手法としては成熟している。一方、XLSX.jlはJuliaのコミュニティが開発しているJuliaで書かれている新しいパッケージだ。本書執筆時点では、openpyxlのほうが、Excelのさまざまなファイルフォーマットに対する互換性が高い。例えば、openpyxlは、XLSX.jlで作ったファイルが読めるが、XLSX.jlでは一度Excelで読み込んでセーブしたものでないと、openpyxlで作ったファイルを読み込むことができない。

もう少し解説しよう

凝ったスプレッドシートを操作することのできるライブラリとしては、Javaで書かれたApache POI

がある。JavaCall.jlパッケージを用いれば、Apache POIをJuliaから利用することができる（Javaユーザ向けのApache POIのドキュメントがhttps://poi.apache.org/にある）。Julia用のPOIのラッパとして、Taro.jlが開発されている。Taroパッケージのドキュメントはhttps://aviks.github.io/Taro.jl/にある。

いずれの方法を使っても、（Microsoft Officeそのものでない限り）Excelとの100％の互換性は保証されないことに注意しよう。Excelファイルを処理する際には常に注意しなければならない。

こちらも見てみよう

openpyxlのドキュメントはhttps://openpyxl.readthedocs.io/en/stable/にある。XLSX.jlのドキュメントは、プロジェクトのWebサイトhttps://felipenoris.github.io/XLSX.jl/latest/にある。

JuliaのエコシステムにはExcelファイルを扱うパッケージがある。ExcelReaders.jlパッケージを用いてもいいし、Pythonのxlrdパッケージ（https://github.com/python-excelxlrd）を用いる方法もある。

DataFrameに関しては、**「7章　Juliaによるデータ分析」**を参照。

レシピ3.10　Featherデータを扱う

Featherは、バイナリの列指向のデータシリアライズファイル形式だ。Featherファイルは、Apache Arrowデータ形式を用いてデータフレームを保存する。この形式は、PythonやRを含むさまざまなプラットフォームでサポートされている。

準備しよう

このレシピでは、Feather.jlを用いてDataFrameオブジェクトを保存し、読み込む方法を紹介する。Feather.jlパッケージとDataFrames.jlパッケージは、Juliaのパッケージマネージャでインストールできる。さらに、RとPythonのサンプルを実行するために、RCall.jlとPyCall.jlを用いる（これらのパッケージに関する詳細は**「レシピ8.6　JuliaからRを使う」「レシピ8.5　JuliaからPythonを使う」**/を参照）。これらのパッケージとConda.jlパッケージを、**「1.10　パッケージを管理する」**に従ってインストールしておこう。

やってみよう

次のステップに従って試してみよう。

1. まずモジュールをロードする。

```
using Feather
using DataFrames
```

   このレシピでは乱数を用いるので、同じ結果になるようにシードを指定しよう。

```
using Random
Random.seed!(0);
```

2. 次に、DataFrameオブジェクトを生成する。

```
julia> df = DataFrame(x1=[1:3..., missing], x2=rand(4), x3=rand(1:10, 4))
| Row | x1      | x2       | x3    |
|     | Int64   | Float64  | Int64 |
|-----|---------|----------|-------|
| 1   | 1       | 0.823648 | 1     |
| 2   | 2       | 0.910357 | 1     |
| 3   | 3       | 0.164566 | 4     |
| 4   | missing | 0.177329 | 9     |
```

3. Feather.jlパッケージを用いてデータを保存する。

```
julia> Feather.write("df.dat", df);
```

データを再度Juliaに読み込むこともできる。

```
julia> df2 = Feather.read("df.dat");
```

4. 2つのDataFrameオブジェクトを比較してみよう。データ型もチェックしてみよう。

```
julia> isequal(df, df2)
true

julia> describe(df)[[1:3..., 5, 7, 8]]
3×6 DataFrame
| Row | variable | mean     | min      | max      | nmissing | eltype   |
|     | Symbol   | Float64  | Real     | Real     | Union... | DataType |
| --- | -------- | -------- | -------- | -------- | -------- | -------- |
| 1   | x1       | 2.0      | 1        | 3        | 1        | Int64    |
| 2   | x2       | 0.518975 | 0.164566 | 0.910357 |          | Float64  |
| 3   | x3       | 3.75     | 1        | 9        |          | Int64    |

julia> describe(df2)[[1:3..., 5, 7, 8]]
3×6 DataFrame
| Row | variable | mean     | min      | max      | nmissing | eltype   |
|     | Symbol   | Float64  | Real     | Real     | Union... | DataType |
| --- | -------- | -------- | -------- | -------- | -------- | -------- |
|  1  | x1       | 2.0      | 1        | 3        | 1        | Int64    |
|  2  | x2       | 0.518975 | 0.164566 | 0.910357 |          | Float64  |
|  3  | x3       | 3.75     | 1        | 9        |          | Int64    |
```

今度は、データをRで読み込んでみよう。今度は、RのREPLを用いる。これには別のプロセスを用いてもいいし、Rcall.jlを用いてもよい。RCall.jlを用いればDataFrameオブジェクトを直接Juliaと

Rの間でやり取りできるのだが、ここでは確認の目的でしか使っていない。

5. モジュールをロードする（RCallがインストールされていることを確認しよう。まだインストールされていないようなら、**「レシピ8.6　JuliaからRを使う」**を参照）。

```
using RCall
```

6. これで、$キーでJuliaのREPLからRのセッションを立ち上げることができる（ここでは、Rのfeatherライブラリがすでにインストールされていることを前提としている。まだインストールされていなければ別のRのREPLでinstall.packages("feather")を実行してインストールしよう）。

```
R> library(feather)
R> dfR <- read_feather("df.dat")
┌ Warning: RCall.jl: Warning: Coercing int64 to double
│ Warning: Coercing int64 to double
└ @ RCall ~/.julia/packages/RCall/Q4n8R/src/io.jl:110
```

7. R上でデータフレームを見てみよう。

```
R> dfR
# A tibble: 4 x 3
     x1    x2    x3
  <dbl> <dbl> <dbl>
1     1 0.824     1
2     2 0.910     1
3     3 0.165     4
4    NA 0.177     9
```

8. Rのセッションから変数を取得する（RCallのREPLから抜けるには［BackSpace］をタイプする）。

```
julia> dfR = @rget dfR
4×3 DataFrame
│ Row │ x1        │ x2        │ x3       │
│     │ Float64   │ Float64   │ Float64  │
├─────┼───────────┼───────────┼──────────┤
│ 1   │ 1.0       │ 0.823648  │ 1.0      │
│ 2   │ 2.0       │ 0.910357  │ 1.0      │
│ 3   │ 3.0       │ 0.164566  │ 4.0      │
│ 4   │ missing   │ 0.177329  │ 9.0      │
```

Rは32ビット整数の列しかサポートしていないので、DataFrameのInt列はFloat64に変換されている。

```
julia> describe(dfR)[[1:3..., 5, 7, 8]]
3×6 DataFrame
```

```
| Row | variable | mean     | min      | max      | nmissing | eltype   |
|     | Symbol   | Float64  | Float64  | Float64  | Union... | DataType |
| --- | -------- | -------- | -------- | -------- | -------- | -------- |
| 1   | x1       | 2.0      | 1        | 3        | 1        | Float64  |
| 2   | x2       | 0.518975 | 0.164566 | 0.910357 |          | Float64  |
| 3   | x3       | 3.75     | 1        | 9        |          | Float64  |
```

Feather形式はPythonでもサポートされている。PyCallを使って確認してみよう。`Conda.jl`パッケージをインストールしておこう。

9. まずJuliaのPythonにFeatherをインストールする。

```
using Conda
Conda.runconda(`install feather-format -c conda-forge -y`)
```

Pythonの`feather`ライブラリがインストールできていることを`PyCall`モジュールで確認する。

```
using PyCall
feather = pyimport("feather")
```

10. これでインポートしたモジュールを用いてFeather形式のファイルをPythonオブジェクト(`PyObject`)として読み込むことができる。

```
julia> dat = feather.read_dataframe("df.dat")
PyObject       x1        x2   x3
0             1.0  0.823648    1
1             2.0  0.910357    1
2             3.0  0.164566    4
3             NaN  0.177329    9
```

説明しよう

Feather形式はもともとPythonとRの間のデータ交換のために開発されたものだ。

`Feather.jl`はFeatherの標準規格に書かれている形式に対応する、限られた数の列型のみをサポートしている。サポートされているデータ型は、`Feather.jl`のドキュメントによれば、整数型と`Float32`、`Float64`、`String`、`Date`、`DateTime`、`Time`および`CategoricalArray{T}`(`T`はサポートされている型)である。

もう少し解説しよう

多くの用途においては、`PyCall`モジュールや`RCall`モジュールはJuliaとPythonおよびRとの互換性を確保するためだけに用いられる。他のデータ交換方法としては、HDF5形式が考えられる。この形式は`HDF5.jl`パッケージで利用できる。

こちらも見てみよう

Feather.jlのドキュメントはhttps://juliadata.github.io/Feather.jl/stable/にある。Featherのデータ形式に関しては、https://github.com/wesm/featherを参照してほしい。Apache Arrowのドキュメントはhttps://arrow.apache.org/にある。

Featherデータ形式の開発者（Wes McKinneyとHadley Wickham）によるFeatherに関するブログ記事https://blog.cloudera.com/blog/2016/03/feather-a-fast-on-disk-format-for-data-f rames-for-r-and-python-powered-by-apache-arrow/は必読だ。

DataFrameに関しては「**7章 Juliaによるデータ分析**」で詳しく説明する。

レシピ3.11 CSVファイルとFWFファイルを読み込む

データ処理の際には、CSV（comma-separated value）ファイルやFWF（fixed-width files）の読み込みが必要になることがある。このレシピでは、Juliaでこれらの操作を行う方法を示す。

準備しよう

JuliaのREPLを開いて、2つのIOBufferオブジェクトを作っておく。これを用いて読み込み操作を行う。

```
julia> csv = """a,b,c
               11,2,3
               4,555,6
               7,8,9999"""
"a,b,c\n11,2,3\n4,555,6\n7,8,9999"

julia> iocsv = IOBuffer(csv)
IOBuffer(data=UInt8[...], readable=true, writable=false, seekable=true,
        append=false, size=29, maxsize=Inf, ptr=1, mark=-1)

julia> fwf = """a  b      c
               11 2      3
               4  555   66
               7  8   9999"""
"a  b      c\n11 2      3\n4  555   66\n7  8   9999"

julia> iofwf = IOBuffer(fwf)
IOBuffer(data=UInt8[...], readable=true, writable=false, seekable=true,
append=false, size=47, maxsize=Inf, ptr=1, mark=-1)
```

やってみよう

まず、CSVファイルを読み込んでみよう。これには、Juliaに付属しているDelimitedFiles.jlパッケージを用いる。

1. DelimitedFiles.jlを名前空間に読み込む。

```
julia> using DelimitedFiles
```

2. ファイルを読み込んでみよう。

```
julia> datacsv, headercsv = readdlm(iocsv, ',', header=true)
([11.0 2.0 3.0; 4.0 555.0 6.0; 7.0 8.0 9999.0], AbstractString["a" "b" "c"])

julia> headercsv
1×3 Array{AbstractString,2}:
 "a" "b" "c"

julia> datacsv
3×3 Array{Float64,2}:
 11.0   2.0    3.0
  4.0 555.0    6.0
  7.0   8.0 9999.0
```

3. FWFの読み込みに関しては、組み込みの機能はない。したがって、文字列からデータを取り出すための補助関数を書く必要がある。

```
julia> function getsubstring(s::AbstractString, charfrom::Int, charto::Int)
           SubString(s, nextind.(s, 0, (charfrom, charto))...)
       end
getsubstring (generic function with 1 method)
```

4. この補助関数を使って、FWFファイルの簡単なパーサを書いてみよう。

```
julia> function readfwf(io, ranges::AbstractVector{<:Pair})
           datafwf = []
           starts = first.(ranges)
           ends = last.(ranges)
           while !eof(io)
               line = readline(io)
               push!(datafwf, getsubstring.(line, starts, ends))
           end
           [datafwf[i][j] for i in 1:length(datafwf), j in 1:length(ranges)]
       end
readfwf (generic function with 1 method)
```

これでファイルからデータを読み込むことができる。

```
julia> datafwf = readfwf(iofwf, [1=>2, 4=>6, 8=>11])
4×3 Array{SubString{String},2}:
 "a " "b  " "   c"
 "11" "2  " "   3"
```

```
"4 " "555" " 66"
"7 " "8 " "9999"
```

こうして得たものから、データを抽出してより適切な形式にしよう。

```
julia> parse.(Int, datafwf[2:end,:])
3×3 Array{Int64,2}:
 11   2    3
  4 555   66
  7   8 9999
```

説明しよう

まず、**「レシピ3.2　IOBufferを使って効率的なインメモリストリームを作る」**で説明した方法を用いて、IOBufferを用いてメモリ上にストリームを作っている。こうするとI/O関数に対するテストコードを書きやすくなる。

CSVファイルの読み込みは簡単だ。DelimitedFiles.jlのreaddlm関数を2つのオプションを指定して呼び出すだけだ。オプションは区切り文字（この場合は','）と、ファイルにヘッダがあるかどうかを示すフラグの2つだ。この場合は、readdlmは出力として、読み込んだデータとヘッダラインのタプルを返す。

FWFファイルを読むには、独自のパーサを作らなければならない。ここでは最低限の例で方法を示した。コードにはいくつか注意すべき点がある。

1. nextind.(s, 0, (charfrom, charto))...は、nextind関数を(charfrom, charto)に対してブロードキャストし、その結果を...を用いてSubStringの位置引数として展開している。
2. readfwf関数のシグネチャの引数pairsの型として指定されているAbstractVector{<:Pairs}は、AbstractVectorの要素としてPairs型の任意の具象型を利用できるようにするためだ。こうしているのは、Juliaの型は非変（invariant）だからだ。これについては5章の**「レシピ5.1　Juliaのサブタイプを理解する」**で説明する。
3. すべてのデータをIOBufferオブジェクトから読み出すと、オブジェクトは空になる。例えば、レシピ中のreaddlm(iocsv, ',', header=true)を2回実行するとエラーになる。これは、最初のreaddlm呼び出しの時点でiocsvが空になるからだ。
4. readfwf関数の最後の行は、配列の配列を簡単に多次元配列に変換できることを示している。各配列を行とした2次元の配列を内包表記で作っている。

もう少し解説しよう

readdlm関数でデータの細かい読み込み方法を指定するためのオプションを知るには、JuliaのREPLのヘルプを使うといい。

こちらも見てみよう

「7章　Juliaによるデータ分析」で、DataFrameに対するデータの読み書きについてより高度な手法を紹介している。

4章 Juliaによる数値演算

本章で取り上げる内容

- 行列処理を高速化する
- 条件文のあるループの効率的な実行
- 完全実施要因計画の生成
- 級数の部分和による π の近似
- モンテカルロシミュレーションの実行
- 待ち行列の解析
- 複素数を用いた計算
- 単純な最適化を書いてみる
- 線形回帰で予測する
- Juliaのブロードキャストを理解する
- `@inbounds`を使って高速化する
- ベクトルの集合から行列を作る
- 配列ビューを使って使用メモリ量を減らす

はじめに

本章では、Juliaで数値計算を行うレシピを紹介する。読者が実装に集中できるように、個々のレシピは標準的なアルゴリズムをJuliaの特定の言語機能を用いて実装した比較的単純なものになっている。アルゴリズムの部分をより深く理解したい読者のためには、個々の問題について参考となるリンクも提供した。

レシピ4.1　行列処理を高速化する

行列計算はさまざまな数値計算で基本的な構成要素として使われる。このレシピでは、ループを使って行列計算を行う例を紹介する。ここで重要なのは、行列の要素を順に処理する際に、Juliaでは列方向に処理したほうが効率がいいということだ。これは、内部のメモリ配置が列方向になっているからだ。

このようなメモリ配置を列優先(column-major)という。Fortran、MATLAB、Rなどでも同様に列優先となっている。

準備しよう

本レシピではパッケージBenchmarkTools.jlを使うので、**「レシピ1.10 パッケージの管理」**に従ってインストールしておこう。

Github上のこのレシピのレポジトリには、いつものcommand.txtの他に、このレシピで用いるsums.jlが用意されている。

やってみよう

まず、すべての行列要素の和を求める関数を2つの方法で定義する。それができたら性能を比較する。

1. JuliaのREPLからinclude("sums.jl")として、sums.jlファイルの内容を実行して、次の2つの関数を定義する。

```
function sum_by_col(x)
    s = zero(eltype(x))
    for j in 1:size(x, 2)
        for i in 1:size(x, 1)
            s += x[i, j]
        end
    end
    s
end

function sum_by_row(x)
    s = zero(eltype(x))
    for i in 1:size(x, 1)
        for j in 1:size(x, 2)
            s += x[i, j]
        end
    end
    s
end
```

2. JuliaのREPLから次のようにコマンドを入力してテストする。

```
julia> using BenchmarkTools
julia> x = rand(10^4, 10^4);
julia> @btime sum_by_row(x)
```

```
 1.072 s (1 allocation: 16 bytes)
5.000042698338314e7

julia> @btime sum_by_col(x)
 113.323 ms (1 allocation: 16 bytes)
5.000042698340571e7

julia> @btime sum(x)
 55.591 ms (1 allocation: 16 bytes)
5.0000426983395495e7
```

列方向に処理するコードのほうが、行方向に処理するコードよりもずっと速いことがわかるだろう。また、浮動小数点数演算の精度は限定されているため、3つの関数の結果は完全に同じにはならないこともわかる。これは、加算する順番が違うからだ。

説明しよう

計算ルーチンを書く際には、Juliaがデータを列（カラム）方向に並べている（これは列優先順と呼ばれる）ことに注意しよう。近代的なプロセッサではキャッシュが使われているため、列方向に処理したほうが、行方向に処理するよりもはるかに速くなる。このケースでは、10倍近く性能が異なる。

Julia組み込みの`sum`関数は`sum_by_col`関数よりもさらに速い。これは、`sum`関数が、SIMD命令を使っているからだ（インテルCPUで利用できるSIMD命令については、https://www.intel.com/content/www/us/en/support/articles/000005779/processors.htmlを参照）。

また、数値を足し合わせる場合にも、結果に順番が影響することもわかる。`sum_by_row`と`sum_by_col`と`sum`が返す値は微妙に異なる。

また、Pythonでは行優先順（row-major）にデータを格納する。このため、JuliaとPythonとでは、最も効率的なアルゴリズムの実行方法が異なる場合がある。

このレシピでは、`s`をゼロに初期化する際に`eltype(x)`型を用いている。こうすることで、生成されるコードが型安定になるようにしている。

こちらも見てみよう

`@simd`マクロの使い方については、**「レシピ4.2　条件文のあるループの効率的な実行」**を参照。

型安定性については6章の**「レシピ6.8　型安定性を保証する」**を参照。

レシピ4.2　条件文のあるループの効率的な実行

このレシピでは、大規模な配列から正の要素だけを抜き出してその和を効率的に求める。

準備しよう

本レシピではパッケージ`BenchmarkTools.jl`を使うので、**「レシピ1.10　パッケージの管理」**に従ってインストールしておこう。

始める前に、必要なパッケージをロードし、合計を求める配列を作成しておく。

```
julia> using Random, BenchmarkTools
julia> Random.seed!(1);
julia> x = randn(10^6);
```

行末に;を書くことで、式の評価結果が表示されないようにしていることに注意しよう。

やってみよう

以下に示すステップで、いくつかの配列中の正の値の和を求める方法を示し、性能を比較する。

1. 単純に考えると下のようなコードになる。

```
julia> @btime sum(v for v in x if v > 0)
  5.446 ms (3 allocations: 48 bytes)
398244.60749279766
```

この実装は、簡潔で読みやすいので、性能が問題にならない場合にはこれでいいだろう。

2. 次に、ほぼ同じように動作するのだが、少し回りくどい実装を見てみよう。こちらでは明示的にループを使っている。

```
julia> function possum1(x)
           s = zero(eltype(x))
           for v in x
               if v > 0
                   s += v
               end
            end
            s
       end
possum1 (generic function with 1 method)

julia> @btime possum1(x)
 2.198 ms (1 allocation: 16 bytes)
398244.60749279766
```

すでにずいぶん速くなっている。しかし、分岐文をループの中に書くと性能が低下する場合がある。もう1つ別の実装を試してみよう。

3. ifelseを用いて和を計算する関数を考えてみよう。

```
julia> function possum2a(x)
           s = zero(eltype(x))
           for v in x
               s += ifelse(v > 0, v, zero(s))
           end
```

```
            s
        end
possum2a (generic function with 1 method)

julia> @btime possum2a(x)
  1.487 ms (1 allocation: 16 bytes)
398244.60749279766
```

さらに高速化することもできる。というのは、同じ種類の演算を何度もしているからだ。しかし、これ以上変更すると計算の結果が微妙に変わってしまう。

4. 今度は@simdマクロアノテーションをループに付けてみよう。

```
julia> function possum2b(x)
        s = zero(eltype(x))
        @simd for v in x
            s += ifelse(v > 0, v, zero(s))
        end
        s
    end
possum2b (generic function with 1 method)

julia> @btime possum2b(x)
  459.094 μs (1 allocation: 16 bytes)
398244.6074928036
```

説明しよう

あまり考えずに書くと下のようなコードになるが、このコードの性能は良くない。

```
julia> function possum2c(x)
            s = 0
            for v in x
                s += ifelse(v > 0, v, 0)
            end
            s
        end
possum2c (generic function with 1 method)

julia> @btime possum2c(x)
  14.670 ms (1000001 allocations: 15.26 MiB)
398244.60749279766
```

このコードと、144ページの**「やってみよう」**で示したコードの違いは、変数sをゼロに初期化する際にIntの0にしていることと、ifelse(v > 0, v, 0)が、typeof(v)型か、0の型であるInt型のどちらかを返すことだ。問題は、このような場合にはJuliaコンパイラが、sの型を1つに決定できなくなってしまうことだ（このような場合を「sが型安定でない」と言う）。実行結果からもわかるように、型安定でないとコードの性能が大きく低下する。コードが型安定かどうかを判定する方法に関しては**「6章　メタプログラミングと高度な型」**の**「レシピ6.8　型安定性を保証する」**のレシピで詳しく説明する。

この問題を解決するために上に示したコードでは、zero(eltype(x))とzero(s)を用いて、適切な型のゼロ値を使うようにしている。

あと2点特筆すべき点がある。

- ifelse関数を用いると、Juliaが出力するアセンブリコードで分岐命令が使われなくなる。こうすると、条件式が真の場合と偽の場合の両方の値を計算することになるのだが、両方の計算が（この例の場合のように）軽い場合には、分岐命令を使わないほうがループ実行のスピードがはるかに速くなる。
- もう一点は、@simdを使っていることだ。このマクロは、JuliaにSIMD命令を使うように指示している（http://www.tech-faq.com/simd.htmlもしくはhttps://ja.wikipedia.org/wiki/SIMDを参照）。SIMDを用いると性能が向上する場合がある。どんなループでも速くなるわけではない。どのような場合に使用するべきかについては、https://docs.julialang.org/en/v1.2/manual/performance-tips/に書かれている。

もう少し解説しよう

例で示した関数は次のように書くこともできる。

```
julia> function possum2d(x::AbstractArray{T}) where T
           s = zero(T)
           @simd for v in x
               s += ifelse(v > 0, v, zero(T))
           end
           s
       end
possum2d (generic function with 1 method)

julia> @btime possum2d(x)
  465.990 μs (1 allocation: 16 bytes)
398244.6074928036
```

このコードでは、型安定性を確保するために、直接型Tを参照している。where T節はwhere T<:Anyの短縮形で、ここでは、配列xの型パラメータを取り出すためにだけ用いられている。

ifelseに類似した便利な関数としてclampがある。この関数は3つの引数x,lo,hiを取り、基本的にはxを返すのだが、loより小さかったりhiより大きい場合には、この範囲に入るように補正した値を返す。この関数も分岐を用いない。

こちらも見てみよう

コードのベンチマークに関しては8章の**「レシピ8.2　コードのベンチマーク」**を参照。

レシピ4.3　完全実施要因計画の生成

科学技術計算分野で計算実験を行う場合、さまざまなパラメータに対するすべての組み合わせである、完全実施要因計画（Full Factorial Design、https://www.socialresearchmethods.net/kb/expfact.php もしくは https://en.wikipedia.org/wiki/Factorial_experiment を参照）に従って実験したいことがある。例えば、機械学習モデルのハイパーパラメータをグリッドサーチする場合などだ（https://cloud.google.com/ml-engine/docs/tensorflow/hyperparameter-tuning-overview、https://en.wikipedia.org/wiki/Hyperparameter_optimization#Grid_search を参照）。

配列のリストに対して、配列の値のすべての組み合わせを作ることを考えてみよう。例えば、`x=[1,2]`と`y=['a','b']`が与えられたときに、考えられる4つの組み合わせすべて、すなわち`(1,'a')`、`(2,'a')`、`(1,'b')`、`(2,'b')`を生成するわけだ。一般に、k個のベクトルがあり、ベクトルiの要素数がn_iの場合、$\prod_{i=1}^{k} n_i$個の組み合わせがある。このレシピでは、Juliaが用意している行列演算の関数を用いて、与えられた配列のリストから完全実施要因計画を作る方法を紹介する。

ここで作成する関数は、GNU Rの`expand.grid`に類似したものだ。

Github上のこのレシピのレポジトリには、いつもの`command.txt`の他に、このレシピで用いる`expand.jl`が用意されている。

やってみよう

このレシピではまず、完全実施要因計画を生成する関数を定義し、次にサンプルデータでテストする。以下のステップでやってみよう。

1. JuliaのREPLから`include("expand.jl")`として、`expand.jl`ファイルの中身を実行して、以下の関数を定義する。

```
function expandgrid(levels...)
    lengths = length.(levels)
    inner = 1
    outer = prod(lengths)
    grid = []
    for i in 1:length(levels)
        outer = div(outer, lengths[i])
        push!(grid, repeat(levels[i], inner=inner, outer=outer))
        inner *= lengths[i]
```

```
    end
    Tuple(grid)
end
```

この関数は、配列のリストを引数として取り、完全実施要因計画を表すタプルを返す。

2. JuliaのREPLで下記のようにタイプして上の関数をテストしてみよう。

```
julia> expandgrid(1:2, 'a':'b')
([1, 2, 1, 2], ['a', 'a', 'b', 'b'])

julia> hcat(expandgrid(1:3, [true, false], 'a':'b')...)
12×3 Array{Any,2}:
 1   true  'a'
 2   true  'a'
 3   true  'a'
 1  false  'a'
 2  false  'a'
 3  false  'a'
 1   true  'b'
 2   true  'b'
 3   true  'b'
 1  false  'b'
 2  false  'b'
 3  false  'b'
```

最後の操作は、`reduce(hcat, expandgrid(1:3, [true, false], 'a':'b'))`のように書いてもいい。

説明しよう

`expandgrid`関数は、引数`levels...`を取る。関数定義内で`...`と書くと、この関数に任意個の位置引数を渡すことができるようになる。引数は、関数内ではタプルとしてアクセスできる。引数の数が変化する関数を書くには便利な方法だ。

次に`length.(levels)`とすることで、`levels`タプルのすべての要素に対して`length`関数を適用している。これは、関数名の最後に`.`が付いていることに注意しよう。`length(levels)`と書くと、`levels`タプルの長さが返ってくる。

この関数の実装のポイントは、組み込み関数`repeat`にある。この関数は配列`v`と、`inner`と`outer`の2つの引数を取る。まず、配列のそれぞれの要素が、`inner`回だけ繰り返され、それが`outer`回繰り返される。次の例を見てみよう。

```
julia> repeat([1,2], inner=2, outer=3)
12-element Array{Int64,1}:
 1
 1
```

```
2
2
1
1
2
2
1
1
2
2
```

この関数を使うと、比較的容易に完全実施要因計画を実装できる。ここで重要なのは、levelsの各要素に対して長さprod(lengths)の配列を生成するようにすることだ。これを実現するために、i番目の要素に対するinnerが1番目からi-1番目までの要素の長さの積に、outerがi+1番目からlength(levels)番目までの要素の長さの積になるようにしている。

これらの結果を配列gridに集めておき、最後にタプルに変換している。

hcat(expandgrid(1:3, [true, false], 'a':'b')...)で、引数のところで...としているのはタプルの要素を引き出してhcat関数の位置引数にするためだ。

こちらも見てみよう

hcatなどの配列を結合する関数については、**「レシピ4.12　ベクトルの集合から行列を作る」**でいくつか例を挙げて説明する。

作成した完全実施要因計画をデータフレームに格納したいこともあるだろう。**「7章　Juliaによるデータ分析」**で、DataFrame型の使い方を説明する。

レシピ4.4　級数の部分和による π の近似

Juliaの強力な点の1つは、型システムを柔軟に適用できることにある。このレシピでは、π の近似を例にとって、指定された型に応じて柔軟に適応することのできるコードの書き方を見てみよう。

準備しよう

π の近似は、数学における長年の課題で、http://mathworld.wolfram.com/PiFormulas.htmlを見ればさまざまな近似法があることがわかる。

最も興味深いものの1つは、$n!/(2n+1)!!$ を $n=0$ から無限大まで加算する方法だ。各項の分母が二重階乗になっている点に注意しよう（http://mathworld.wolfram.com/DoubleFactorial.htmlおよびhttps://ja.wikipedia.org/wiki/二重階乗を参照）。式で書くと次のようになる。

$$\pi = 2\sum_{n=0}^{+\infty} \frac{n!}{(2n+1)!!}$$

このレシピでは、さまざまな数値型を使って、この式を計算してみる。

やってみよう

まず、π を近似する関数を実装する。そしてこの関数をさまざまな数値型に対して実行する。

1. JuliaのREPLで次のように関数を定義する。

```
julia> function our_pi(n, T)
           s = one(T)
           f = one(T)
           for i::T in 1:n
               f *= i / (2i+1)
               s += f
           end
           2s
       end
our_pi (generic function with 1 method)
```

2. 次のようにして、さまざまな数値型に対してこの関数を実行してみよう。

```
julia> for T in [Float16, Float64, BigFloat]
           display([our_pi(2^n, T) for n in 1:10] .- big(π))
       end
10-element Array{BigFloat,1}:
 -2.07998903589793238462643383279502884197169399375105820974944592307816e-01
 -4.39364035897932384626433832795028841971693993751058209749445923078164e-02
 -2.92077858979323846264338327950288419716939937510582097494459230781640e-03
 -9.67653589793238462643383279502884197169399375105820974944592307816406e-04
 -9.67653589793238462643383279502884197169399375105820974944592307816406e-04
 -9.67653589793238462643383279502884197169399375105820974944592307816406e-04
 -9.67653589793238462643383279502884197169399375105820974944592307816406e-04
 -9.67653589793238462643383279502884197169399375105820974944592307816406e-04
 -9.67653589793238462643383279502884197169399375105820974944592307816406e-04
 -9.67653589793238462643383279502884197169399375105820974944592307816406e-04
10-element Array{BigFloat,1}:
 -2.08259320256460112370941313308723763275080776328230820974944592307816e-01
 -4.31799551770951753963705033288006937979994775001058209749445923078164e-02
 -2.12297294364262068719613863999445800774679195323082097494459230781640e-03
 -6.25755273299145195738503156651620858297359385582097494459230781640628e-06
 -7.00472017127499913089578307151137353126058209749445923078164062861980e-11
 -1.01064309961486055006151192770015635582097494459230781640628619802940e-15
 -1.01064309961486055006151192770015635582097494459230781640628619802940e-15
 -1.01064309961486055006151192770015635582097494459230781640628619802940e-15
 -1.01064309961486055006151192770015635582097494459230781640628619802940e-15
 -1.01064309961486055006151192770015635582097494459230781640628619802940e-15
10-element Array{BigFloat,1}:
 -2.08259320256459905129310049946169550863836066041772487641611258974480e-01
```

```
-4.317995517709482576423068486680447149875670096240740827653189389 5117e-02
```

3. BigFloat型に関しては、setprecision関数を用いることで精度をさらに上げることができる。

```
julia> our_pi(1000, BigFloat) - pi
1.036340226611333355046362223536047948533920043732353766202844416420231e-76

julia> setprecision(1000) do
           our_pi(1000, BigFloat)-pi
       end
3.733054474012875515960358178895268678468365785486832098486857359183867643903102537817761308391524409438379959721296970496861950085416129579366083268815723024937642664553300601095980303943607326044401963185060452472962050059183735163220713084501660415242793515417705924477879256914643836888070651641771 19e-301
```

4. 今度は、有理数に対して計算してみよう。

```
julia> [our_pi(n, Rational) for n in 1:10]
10-element Array{Rational{Int64},1}:
        8//3
       44//15
       64//21
      976//315
    10816//3465
   141088//45045
    47104//15015
  2404096//765765
 45693952//14549535
 45701632//14549535
```

5. 同じコードをn=23で実行してみると、次のようなエラーが出る。

```
julia> our_pi(23, Rational)
ERROR: OverflowError: 462382939977023488 * 47 overflowed for type
Int64
Stacktrace:
 [1] throw_overflowerr_binaryop(::Symbol, ::Int64, ::Int64) at .\checked.jl:158
```

```
[2] checked_mul at .\checked.jl:292 [inlined]
[3] +(::Rational{Int64}, ::Rational{Int64}) at .\rational.jl:249
[4] our_pi(::Int64, ::Type) at .\REPL[1]:6
[5] top-level scope at none:0
```

6. オーバーフローエラーが出たが、Rational{BigInt}型を用いれば、適切な結果が得られる。

```
julia> our_pi(23, Rational{BigInt})
67386041794822144//21449643578668305
```

説明しよう

このレシピでは、Juliaの重要な機能をいくつも使っている。まず、our_pi関数では、型を引数として与えられることを紹介した。この関数の2つ目の引数は計算で用いられる型を指定している。

計算が指定した型Tで行われるように、変数sとtが型Tになるように指定している。さらにi::Tと書くことで、この変数iに束縛される値がTに変換されるようにしている。この結果として、i/(2i+1)が型Tとして評価されることになる。これは、型TはRationalもしくはAbstractFloat、もしくはこれらの型のサブタイプなので、整数と掛けても、整数と足しても、これらの型同士で割り算を行っても、結果が同じ型Tになることがわかっているからだ（このルールには例外があるがあとで述べる）。また、関数oneを使って、型Tの値1を得ていることに注意しよう。

このレシピで紹介したもう1つ重要な機能は、BigFloatで行われる計算の精度をsetprecision関数で変更できることだ。ここでは、πの評価も（setprecisionのdoブロックの中で）同様に高い精度で行われるようにすることが非常に重要だ。こうしないと結果は次のようになる。

```
julia> setprecision(() -> our_pi(1000, BigFloat), 1000) - pi
1.096917440979352076742130626395698021050758236508687951179005716992142688513354e-77
```

こうなるのは、πがデフォルトの256ビット精度で計算されるからだ。

最後にRational型も使えることを示した。また、この型ではオーバーフローのチェックが行われることを確認した。Intなどの通常の整数型ではこのチェックは行われないことを覚えておこう。

もう少し解説しよう

関数our_piの引数として受け付ける型を次のように制約することもできる。

```
function our_pi(n::Integer, T::Type{<:Union{AbstractFloat, Rational}})
```

Type{...}型を用いて指定する。ここで重要な条件は、AbstractFloatもしくはRational型のみを受け付けることなので、Unionを用いて両方とも受け付けるようにしている。また、Juliaの型システムは非変なので、サブタイプを表す<:を用いて、AbstractFloatもしくはRational型のサブタイプすべてを受け付けることを示している（非変などの変位についてはhttps://docs.microsoft.com/en-us/dotnet/standard/genericscovariance-and-contravariance、https://ja.wikipedia.org/wiki/共変性と反

変性_(計算機科学)、5章の「**レシピ5.1　Juliaのサブタイプを理解する**」および「**0.5　パラメータ化型**」を参照)。

上に書いたようなシグネチャにすると、抽象型をTとしてour_piを呼び出すことができる。6章の「**レシピ6.5　イントロスペクションを使ってJuliaの数値型の構成を調べる**」で説明するが、この場合に許される抽象型は、AbstractFloatとRational、さらに抽象型をパラメータとして用いたRational{Integer}、Rational{Signed}、Rational{Unsigned}となる。最初の2つの場合（抽象型を指定した場合）には、変数tとsの値は何か別の型になる。この型は下のようにすれば簡単に調べることができる（ここでは関数合成を表す演算子∘を用いている。この演算子は\circとタイプしてから[Tab]キーをタイプすることで表示させることができる）。

```
julia> (typeof∘one).([AbstractFloat, Rational])
2-element Array{DataType,1}:
 Float64
 Rational{Int64}
```

一方、抽象型をパラメータとするRational型のサブタイプである具象型に対して数値演算した結果の型は明らかではない。しかし、これも簡単に確認できる。

```
julia> typeof(2*one(Rational{Integer}))
Rational{Int64}

julia> typeof(2*one(Rational{Signed}))
Rational{Int64}

julia> typeof(2*one(Rational{Unsigned}))
Rational{UInt64}
```

こちらも見てみよう

6章の「**レシピ6.5　イントロスペクションを使ってJuliaの数値型の構成を調べる**」で、Juliaの数値型の木構造を詳細に示す。また、Juliaの具象型と抽象型の相違についても説明する。

レシピ4.5　モンテカルロシミュレーションの実行

モンテカルロシミュレーション（https://news.mit.edu/2010/exp-monte-carlo-0517 およびhttps://ja.wikipedia.org/wiki/モンテカルロ法参照）は、基本的な計算技術の1つだ。このレシピでは、Juliaでモンテカルロシミュレーションを効率的に実装する方法について説明する。

準備しよう

次のような問題を考えてみよう。パイプからランダムな量の水が漏れてコンテナに溜まっていく。1日あたりに漏れる量はゼロ以上だが1よりは小さい。コンテナの容量が1であり、パイプから漏れる水の量がゼロと1の間の一様分布であるとすると、コンテナいっぱいの水が溜まるには何日が必要だろうか。

形式化してみよう。[0, 1)区間の一様分布から独立な乱数を生成して合計していく。乱数の合計が1以上になるのは平均して何回目だろうか。$X_i \sim U([0, 1))$を独立した乱数の列とすると、われわれが求めているのは下記となる。

$$E\left(\min\left\{k: \sum_{i=1}^{k} X_i \geqq 1\right\}\right)$$

ここでは、この過程を何度もシミュレーションして平均値を取ることで、この値を近似する。

本レシピではパッケージOnlineStats.jlを使うので、**「レシピ1.10　パッケージの管理」**に従ってインストールしておこう。

Github上のこのレシピのレポジトリには、いつものcommand.txtの他に、このレシピで用いるsimwalk.jlが用意されている。

やってみよう

このレシピでは、まずシミュレーション関数を定義する。次にいくつかの実行方法で実行してみる。最後に、シミュレーションで得られた答えが解析的な方法で予想された答えと一致していることを確認する。

1. include("simwalk.jl")として、simwalk.jlに収められている以下のコードを実行しよう。

```
using OnlineStats, Random

function simwalk()
    jumps = 0
    distance = 0.0
    while true
        jumps += 1
        distance += rand()
        distance ≥ 1.0 && return jumps
    end
end

function incremental(n)
    s = Mean()
    for i in 1:n
        fit!(s, simwalk())
    end
    value(s)
end
```

2. 4つの方法でモンテカルロシミュレーションを行って、simwalkをテストしよう。JuliaのREPLから下記のようにする。

```
julia> n = 10^6
julia> Random.seed!(1)
julia> res1 = mean([simwalk() for i in 1:n])
2.718453

julia> res2 = mean(map(x -> simwalk(), 1:n))
2.717532

julia> res3 = mean(simwalk() for i in 1:n)
2.718537

julia> res4 = incremental(n)
2.717549999999901
```

3. nを10^8に増やして、4つの方法それぞれの性能を計測する。

```
julia> n = 10^8

julia> @time mean([simwalk() for i in 1:n])
  3.391541 seconds (53.10 k allocations: 765.577 MiB, 0.67% gc time)

julia> @time mean(map(x -> simwalk(), 1:n))
 3.607314 seconds (62.64 k allocations: 766.063 MiB, 5.02% gc time)

julia> @time mean(simwalk() for i in 1:n)
  2.811260 seconds (276.21 k allocations: 13.419 MiB)

julia> @time incremental(n);
  2.867631 seconds (5 allocations: 176 bytes)
```

4. サンプル数を増やすと真の値であるネイピア数(自然対数の底)に近づいていることがわかる。

```
julia> MathConstants.e - incremental(10^9)
-6.026543315051924e-6
```

incremental(10^9)の結果は、Base.MathConstantsモジュールで提供されている値と非常に近くなっている。**「レシピ4.6　待ち行列の解析」**で、このような近似の精度を検討する方法に付いて説明する。

説明しよう

この過程が定数eに収束するということの数学的な証明は、http://mathworld.wolfram.com/UniformSumDistribution.htmlを参照してほしい。プログラミングの観点で重要なのは、4通りの方法でシミュレーションを実行したことだ。

- 最初の方法では、内包表記[simwalk() for i in 1:n]で得たデータから平均値を計算している。この書き方はシミュレーションを多数回行う際に最も簡単な書き方だ。この方法の利点は、シミュレーションの結果をすべて保持しているので、他の解析にも使えることだ。欠点は、平均値だけに興味がある場合には結果をすべて保持する分だけ遅いことだ。
- 2つ目のmap(x -> simwalk(), 1:n)を使う方法も1つ目の方法とほぼ同様で、シミュレーションの結果をすべて保持する。書き方が関数型プログラミング的になっているだけだ。
- 3つ目のmean(simwalk() for i in 1:n)を用いる方法は、最初の2つとは大きく異なる。この場合は、ジェネレータが生成され、それがmean変数に渡されている。中間結果はどこにも保持されない。mean(x -> simwalk(), 1:n)と書いても同じように計算が行われる。
- 最後の方法のincremental関数はOnlineStats.jlパッケージの関数を使っている。このパッケージは、逐次的に得られるデータに対して効率的に計算するように設計されている。

また、@timeマクロで、コードの性能を計測していることにも注意しよう。これは、Juliaで性能を計測する際の最も基本的な方法だ。ここで重要なのは、それぞれのコードを@timeマクロで計測する前に一度呼び出していることだ。こうすることで、それぞれのコードを事前にコンパイルしているのだ。コンパイルと性能計測に関しては、8章の「**レシピ8.2　コードのベンチマーク**」で詳細に説明する。

もう少し解説しよう

Juliaではよくあることだが、コードが煩雑になってもいいなら、もう少し性能を上げることもできる。ここで示すのは、モンテカルロシミュレーションを、simwalk関数の中に埋め込んでしまう方法だ。

```
julia> function simwalk(n)
           jumps = 0
           for i in 1:n
               distance = 0.0
               while true
                   jumps += 1
                   distance += rand()
                   distance ≥ 1.0 && break
               end
           end
           jumps / n
       end
simwalk (generic function with 1 method)
```

実行すると、以下のような結果が得られる。

```
julia> simwalk(10^6)
2.717539
```

```
julia> @time simwalk(10^8)
 1.953019 seconds (6 allocations: 192 bytes)
2.71824124
```

性能が大幅に向上したことがわかる。MATLABやRやPythonと異なり、whileループを使っても性能が低下しないことは、Juliaの利点の1つだ。

このコードに関しては注意点するべき点がある。それは、64ビットのコンピュータでしか、正常に動作しないということだ。この理由は、64ビットのコンピュータでは変数jumpがInt64型になるので、値をどんどん足しこんでいってもオーバーフローしないからだ。32ビットの計算機では、変数jumpがInt32型になる。この型の保持できる値の最大値は2147483647なので（この値はtypemax(Int32)とすれば確認できる）、simwalk(10^9)を実行するとオーバーフローしてしまうのだ。この挙動を64ビットマシンで確認したければ、下のコードのように明示的に変数jumpの型を32ビットにしてみよう。

```
julia> function simwalk(n)
           jumps = Int32(0)
           for i in 1:n
               distance = 0.0
               while true
                   jumps += Int32(1)
                   distance += rand()
                   distance ≥ 1.0 && break
               end
           end
           jumps / n
       end
simwalk (generic function with 1 method)
```

この例から学ぶべきことは、整数のオーバーフローが起きる可能性は常にあるということだ。幸い、Int64型の最大値は、typemax(Int64)とすればわかる通り、9223372036854775807と非常に大きいのでほとんどの場合には問題にはならない。オーバーフローの心配がある場合には、2つの解決方法が考えられる。BigIntを使う方法と、オーバーフローチェックを行う整数演算を用いる方法の2つだ。後者として、Juliaはchecked_neg、checked_abs、checked_add、checked_sub、checked_mul、checked_div、checked_rem、checked_fld、checked_mod、checked_cldを提供している。これらは、Baseモジュールに含まれているが、エクスポートはされていないので、Base.checked_add(1, 2)のようにBase.を先頭につけないと使用できない。もしくは明示的にインポートしてもよい。オーバーフローチェック付きの演算は通常の演算よりも遅いこと、オーバーフローが起きた際にはOverflowError例外が投げられることに注意しよう。

こちらも見てみよう

OnlineStatsパッケージの機能については、https://github.com/joshday/OnlineStats.jlを参照。より高度なベンチマーク方法については、8章の「**レシピ8.2　コードのベンチマーク**」で説明する。

レシピ4.6 待ち行列の解析

「レシピ4.5 モンテカルロシミュレーションの実行」で、モンテカルロシミュレーションの基本的な実行方法を説明した。このレシピでは、シミュレーション出力の信頼区間をブートストラップ法で計算する方法を紹介する。

準備しよう

まず、M/M/1待ち行列の動作について理解しておこう。https://www.britannica.com/science/queuing-theoryやhttps://ja.wikipedia.org/wiki/M/M/1_待ち行列に初歩的な入門が紹介されているので参照してほしい。このレシピに関して言えば、この待ち行列モデルでは顧客の到着間隔が指数分布に従うことだけ理解してくれればいい（指数分布についてはhttp://mathworld.wolfram.com/ExponentialDistribution.htmlやhttps://ja.wikipedia.org/wiki/指数分布を参照）。顧客に対するサービスは、最初に来たものが最初にサービスを受けるFIFO型でスケジューリングされる。サービスにかかる時間も同様に指数分布に従うものとする。

サーバが1つだけの待ち行列を**図4-1**に示す。

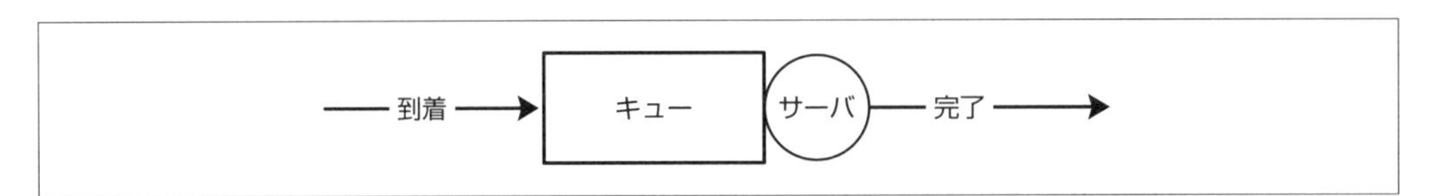

図4-1 単一サーバ待ち行列

われわれが知りたいのは、長い期間の間に、顧客が待ち行列システムに滞留する時間（待ち行列に入ってから、サービスが終了するまでの時間）の平均値だ。参考までに書いておくと、上のような条件の場合には、顧客の平均到着間隔がa、顧客に対するサービス時間の平均がsである場合、理論的な平均滞留時間は$1/(1/s-1/a)$になることが知られている。

ここでは、M/M/1 待ち行列に対して何度もシミュレーションを実行する。そして、得られた平均値の信頼区間をブートストラップ法で計算する（http://mathworld.wolfram.com/BootstrapMethods.html、https://ja.wikipedia.org/wiki/ブートストラップ法を参照）。具体的には、パーセンタイルブートストラップ法を用いる（https://www.sciencedirect.com/science/article/pii/0167715289901211、https://en.wikipedia.org/wiki/Bootstrapping_(statistics)#Deriving_confidence_intervals_from_the_bootstrap_distribution参照）。この方法の背後にある考え方は、比較的単純だ。データが長さ`l`の配列`X`として与えられ、この`X`の何らかの統計量（ここでは平均値）を使いたいとしよう。シミュレーションを実行する回数を`r`として、この回数だけ`l`個の標本を`X`から復元抽出して統計量（平均）を計算する。最終的には`r`個の統計量（平均値）が得られる。信頼水準Cの信頼区間は、$(1-C)/2$パーセンタイルと$(1+C)/2$パーセンタイルとなる。例えば、95％信頼区間を得るには、92.5％パーセンタイルと97.5％パーセンタイルが下限と上限になる。

このレシピでは、Distributions.jlパッケージとOnlineStats.jlパッケージを用いる。**「レシピ1.10　パッケージの管理」**に従ってインストールしておこう。

Github上のこのレシピのレポジトリには、いつものcommand.txtの他に、このレシピで用いるmm1.jlが用意されている。

やってみよう

このレシピでは、まずシミュレーションコードを定義し、次にサンプルデータに対して実行する。

1. まず、mm1.jlファイルの内容を確認しよう。

```
using Distributions, OnlineStats

function queue1(until::Real, burnin::Real,
                ad::Distribution, sd::Distribution)
    now, nextArrival, nextDeparture = 0.0, rand(ad), Inf
    queue, waits = Float64[], Mean()
    while now < until
        if nextArrival < nextDeparture
            now = nextArrival
            if isempty(queue)
                nextDeparture = nextArrival + rand(sd)
            end
            push!(queue, nextArrival)
            nextArrival += rand(ad)
        else
            now = nextDeparture
            insystem = nextDeparture - popfirst!(queue)
            burnin < now < until && fit!(waits, insystem)
            nextDeparture += isempty(queue) ? Inf : rand(sd)
        end
    end
    value(waits)
end

mm1_exact(ad::Exponential, sd::Exponential) =
    1/(1/mean(sd)-1/mean(ad))

function bootCI(data, stat::Function, CI::Float64, reps::Integer)
    boot = [stat(rand(data, length(data))) for i in 1:reps]
    low, high = quantile(boot, [(1-CI)/2, (1+CI)/2])
    (value=stat(data), low=low, high=high)
end
```

2. JuliaのREPLを、mm1.jlファイルをロードしつつ起動する。

```
$ julia -i mm1.jl
```

3. シミュレーションを実行して、性能を測定する。

```
julia> ad = Exponential(1.3)
Exponential{Float64}(θ=1.3)

julia> sd = Exponential(0.95)
Exponential{Float64}(θ=0.95)

julia> @time res = [queue1(2^14, 2^12, ad, sd) for i in 1:2^12];
  3.318662 seconds (148.73 k allocations: 11.630 MiB)

julia> exact = mm1_exact(ad, sd)
3.5285714285714285

julia> @time println(bootCI(res .- exact, mean, 0.99, 2^14))
(value = -0.003943780433664523, low = -0.013200074798619505, high = 0.005321844047221419)
  1.146994 seconds (32.84 k allocations: 513.533 MiB, 12.15% gc time)
```

説明しよう

待ち行列システムのシミュレータであるqueue1関数は4つの引数を取る。

until
: シミュレーションの回数を指定する

burnin
: 性能データを集め始める前に実行する時間を指定する

ad
: 到着間隔の分布を指定する

sd
: サービス時間の分布を指定する

adやsdは指数分布である必要はない（ここではテストのために指数分布を使っているが）。これは、シミュレーションが解析的に解く方法よりも優れている点の1つだ。分布を作成するライブラリとして、Distributions.jlパッケージを使っている。

シミュレータは、上で説明したイベント処理のロジックに従って動作する。4つの重要な変数がある。

now
: シミュレーションの現在時刻を管理する。シミュレータの開始時刻は0だ。

nextArrival
: 次の顧客が到着する時刻を保持する。

nextDeparture

現在サービスを受けている顧客のサービス完了時刻を保持する。ここで注意するべき点として、誰もサービスを受けていない場合の扱いがある。このような場合には、次のサービス完了時刻というものがないので「無限に遠い未来」であると考え、この変数にはInfを代入しておく。

queue

現在システムの中に滞在している顧客の到着時刻を保持する。顧客には現在サービスを受けている顧客と、サービスを受けるのを待っている顧客の双方が含まれる。初期状態では空だ。

シミュレータのメイン部となるwhileループは、時刻nowを次のイベントが発生する時刻に動かしていく。次のイベント時刻が顧客の到着なら（つまりnextArrival < nextDepartureなら）次の動作を行う。

- システムに他に顧客がいるかを確認する。誰もいなければ、この顧客に対してすぐにサービスを開始し、nextDeparture時刻を設定する。
- 顧客をキューに加える。
- 次の顧客が到着する時刻を設定する。

次のイベントが、顧客サービスの終了である場合には、次のことを行う。

- 顧客を1名キューから削除
- 顧客の滞在時間を記録する。ただし、現在時刻が、burnin時刻より遅く、until時刻よりも早い場合のみ。
- キューにいる次の顧客に対してサービス提供を開始する。サービスする対象の顧客がいない場合には、nextDapartureをInfに設定する。

OnlineStats.jlパッケージを用いて、平均滞在時間を随時計算している。このパッケージについては、**「レシピ4.5　モンテカルロシミュレーションの実行」**でも紹介している。見ての通り、Juliaで単純な単一サーバの待ち行列を実装するのはとても簡単だ。たった20行ほどで書ける。

また、mm1_exact関数のシグネチャでは、引数をExponentialに制約していることに注意しよう。一方、queue1は任意のDistributionを受け付ける。このようにJuliaでは、場合に応じて引数として受け付ける型を制御できる。queue1は汎用に設計されているが、mm1_exactはM/M/1待ち行列しか処理できないからだ。

bootCI関数では、rand(data, length(data))で、復元抽出を行っている。quantile関数で、パーセンタイルブートストラップ法を用いて信頼区間の両端を計算している。この関数は、結果をNamedTupleとして返す。

このコードを実行する際に、@timeマクロを用いて実行時間を計測している（計測結果にコンパイル時間も含まれていることに注意しよう）。計算で得られた信頼区間が理論値と一致することを確認するために、シミュレーション結果と解析的に得た結果との差を解析した。ここでは、信頼区間を99％に設定した。これは、100回シミュレーションを行うと、そのうち99回は、シミュレーション結果の平均値がこの信頼区間の中に含まれるということを意味する。

さらに、bootCI関数を余分なメモリ確保をしないようにして効率化することもできる。改良版の関数は次のようになる。

```
function bootCI(data, stat::Function, CI::Float64, reps::Integer)
    tmp = similar(data)
    boot = [stat(rand!(tmp, data)) for i in 1:reps]
    low, high = quantile(boot, [(1-CI)/2, (1+CI)/2])
    (value=stat(data), low=low, high=high)
end
```

rand!関数を用いて、メモリの再確保を避けることで、およそ10％の実行時間削減が実現できるはずだ。

もう少し解説しよう

Juliaでは、標準の頻度論的なブートストラップではない、ベイズ論的なブートストラップ法（https://projecteuclid.org/euclid.aos/1176345338）を実装することも簡単にできる。コードは下のようになる。

```
using StatsBase, Distributions
function bayesbootCI(data, stat, CI::Float64, reps::Integer)
    d = Dirichlet(length(data), 1)
    boot = [stat(data, weights(rand(d))) for i in 1:reps]
    low, high = quantile(boot, [(1-CI)/2, (1+CI)/2])
    (value=stat(data), low=low, high=high)
end
```

この場合のstat関数は2つの引数を取るものでなければならない。データベクトルと、重みのベクトルだ。2つ引数を取るバージョンのmeanメソッドは、SatsBase.jlパッケージに実装されている（このサンプルを実行するにはStatsBase.jlパッケージをインストールしなければならない。インストールされていなければ、using Pkg; Pkg.add("Staと、tsBase")とすればインストールできる）。

同じシミュレーション結果に対してrun関数を実行すると、結果はかなり似たものになる。

```
(value = 0.0013208713432, low = -0.007849598425, high = 0.010608716624)
```

ただし、ベイジアンと頻度論者では、結果として得られたインターバルの解釈が異なる。

こちらも見てみよう

OnlineStats.jlパッケージの使い方は、**「レシピ4.5　モンテカルロシミュレーションの実行」**で説明した。

レシピ4.7 複素数を用いた計算

Juliaは複素数計算を組み込み機能としてサポートしている。この機能と、強力な内包表記機能を組み合わせることで、簡単に複素数計算を記述することができる。このレシピではジュリア集合をプロットする方法を示す。

準備しよう

このレシピではパッケージPyPlot.jlを使うので、**「レシピ1.10 パッケージの管理」**に従ってインストールしておこう。

ここで求めたいのは、あるxに対して、$f(x) = x^2 - 0.4 + 0.6i$を繰り返して適用したときに、原点からの距離が2よりも大きくなるまでにかかる繰り返し回数だ。この回数は開始した点に依存するので、開始点と回数の関係をヒートマップとして表示する。ジュリア集合に関する詳細については、http://mathworld.wolfram.com/JuliaSet.htmlやhttps://ja.wikipedia.org/wiki/ジュリア集合を参照してほしい。

やってみよう

このレシピでは、Juliaセットを表示するためのコードを書く。

1. まずjuliapoint関数を次のように定義する。

```
julia> function juliapoint(z, c)
           for n in 1:255
               z = z^2 + c
               abs2(z) > 4 && return n
           end
           return 256
       end
juliapoint (generic function with 1 method)
```

2. 次にjuliapoint関数を、適当に選んだ入力データに対してテストしてみよう。

```
julia> using PyPlot
julia> xs = -1.4:0.002:1.4;
julia> ys = -1.05:0.002:1.05;
julia> c = -0.4+0.6im;
julia> res = [juliapoint(complex(x, y), c) for y in ys, x in xs];
julia> imshow(res, extent=[extrema(xs)..., extrema(ys)...], cmap="gray_r")
PyObject <matplotlib.image.AxesImage object at 0x00000000014448D0>
```

このように実行すると、**図4-2**のようなプロットが表示されるだろう。

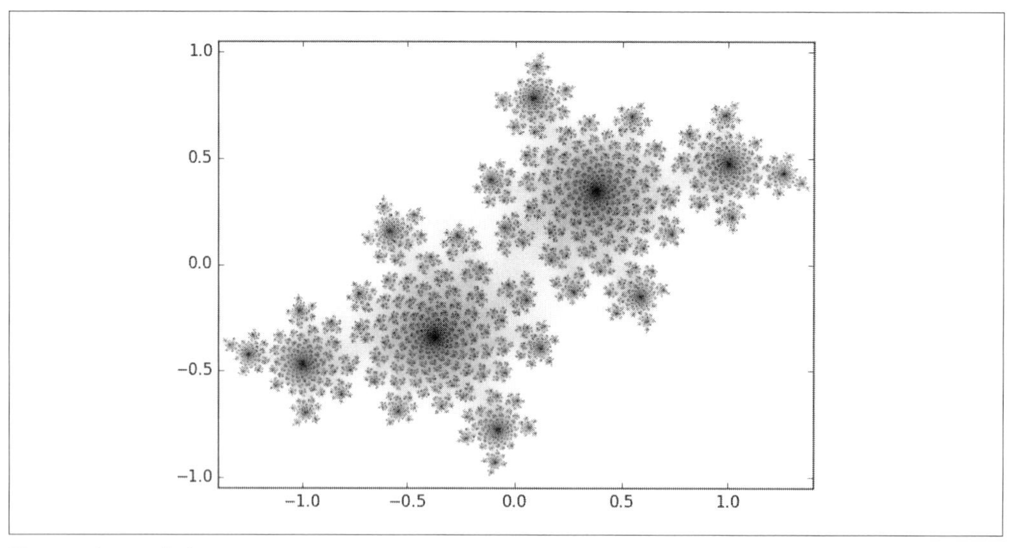

図4-2 ジュリア集合

説明しよう

この例では、Juliaの重要な機能をいくつも使った。

まず、juliapoint関数の実行が非常に高速であることを確認しておこう。多くのスクリプト言語と違って、Juliaのループには性能的なペナルティがない。もう1つ注目すべきなのは、複素数を扱うコードだからといって、特別な書き方をしていないことだ。すべての演算子（ここでは特に加算）が、複素数用のメソッドを持っているからだ。

また、abs2関数を使っていることにも注意しよう。こうしているのは、abs2は平方根を計算しない分だけabsよりも高速だからだ。

ステップを指定して範囲を定義するには、-1.4:0.002:1.4のように書くことができる（この場合は0.002がステップ）。

res配列は内包表記で作られている。内包表記の一般形は[式 for i in コレクション]だ。ここでは、2つの変数ysとxsに対してループしているので、結果は行列になる。行列であることを確認するにはsize関数を実行してみればいい。Jupyter Notebookのセルで実行してみよう。

```
julia> size(res)
```

以下のような結果になるはずだ。

```
(1051, 1401)
```

このサンプルでは、PyPlot.jlパッケージのimshow関数を使って、行列resをヒートマップとして表示した。結果のプロットは正しくJupyter Notebookに表示される。

ここでは、matplotlibのimshow関数を呼び出しているのだが、呼び出し方はごく自然だ。Juliaを

Pythonと組み合わせて使うことが容易であることがわかるだろう。

`[extrema(xs)..., extrema(ys)...]`という書き方にも注意しよう。この書き方は2つの動作を1行で書いている。関数`extrema`は、コレクション中の最小値と最大値を抜き出す。一方、`imshow`関数はx軸方向とy軸方向の範囲を1つの配列の形で与えることを要求する。このため、ここでは`extrema`の結果を`...`演算子を用いて分割した上で、配列生成リテラルに与えている。

この動作を確認してみよう。

```
julia> [extrema(xs)..., extrema(ys)...]
4-element Array{Float64,1}:
 -1.4
  1.4
 -1.05
  1.05
```

もう少し解説しよう

Juliaの複素数サポートの詳細についてはhttps://docs.julialang.org/en/v1.2/manual/complex-and-rational-numbers/を参照。

こちらも見てみよう

`PyPlot.jl`の使い方については、https://github.com/JuliaPy/PyPlot.jlにある`PyPlot.jl`パッケージのドキュメントを参照。

レシピ4.8　単純な最適化を書いてみる

データサイエンスでは、頻繁に最適化を行う。このレシピでは、Marquardtアルゴリズムを用いた単純な最適化ルーチンを実装する。このアルゴリズムについては、http://mathworld.wolfram.com/Levenberg-MarquardtMethod.htmlやhttps://en.wikipedia.org/wiki/Levenberg-Marquardt_algorithmを参照してほしい。この実装を通じて、Juliaでの線形代数や数値微分の実装方法を紹介する。

このアルゴリズムの基本的な考え方を説明しておこう。2階微分可能な関数 $f\colon R^n \to R$ と、1点 $x \in R^n$ に対して、$f(x') < f(x)$を満たす $x' \in R^n$ を見つけたい。この過程を繰り返すことで、関数fの局所最小値を見出したいのだ。x'は次のようにして見つける。

$$x' = x - \left(\nabla^2 f(x) + \lambda I\right)^{-1} \nabla f(x)$$

この方法は、2つの標準的なアルゴリズムを混ぜたものだ。ステップ $\left(\nabla^2 f(x)\right)^{-1} \nabla f(x)$ のニュートン法と、ステップ $\lambda^{-1} \nabla f(x)$ の勾配降下法だ。ここでλはパラメータだ。ここで得られたx'でfが減少するなら、そのx'を受け入れる。

もう1つルールがある。関数が減少する方向を見つけられた場合には、λをαで割る。こうすると勾配降下法の重みが小さくなる（ニュートン法のほうが高速だと思われるため）。逆に関数が減少しなかった場合には、λにαを掛ける（探索している方向が正しくなかったので、勾配降下法の重みを増す）。

準備しよう

このレシピではパッケージForwardDiff.jlを使うので、**「レシピ1.10 パッケージの管理」**に従ってインストールしておこう。

Github上のこのレシピのレポジトリには、いつものcommand.txtの他に、このレシピで用いるmarquardt.jlが用意されている。

やってみよう

このレシピでは、まず独自の最適化ルーチンを定義する。次に、最適化の対象となる関数を定義する。そして、最適化関数が動作することを確認する。

1. JuliaのREPLからinclude("marquardt.jl")を実行して、marquardt.jlに書かれた下に示すコードを実行しよう。

```
using ForwardDiff
using LinearAlgebra

function marquardt(f, x₀; ε=1e-6, maxiter=1000, λ=10.0^4, α=2)
    x = x₀
    fx = f(x)
    for i in 1:maxiter
        g = ForwardDiff.gradient(f, x)
        norm(g) ≤ ε && return (x=x, converged=true, iters=i)
        x′ = x .- (ForwardDiff.hessian(f, x) + λ*I) \ g
        fx′ = f(x′)
        if fx′ < fx
            λ *= 0.5
            fx = fx′
            x = x′
        else
            λ *= 2.0
        end
    end
    (x=x, converged=false, iters=maxiter)
end
```

2. 最適化の対象になる関数をJuliaのREPLから定義する。

```
julia> rosenbrock(x) = sum([(1-x[i])^2 + 100(x[i+1]-x[i]^2)^2 for i in 1:length(x)-1])
rosenbrock (generic function with 1 method)
```

3. 最適化を試してみる。

```
julia> marquardt(rosenbrock, rand(20))
(x = [1.0, 1.0, 1.0, 1.0, 1.0, 1.0, 1.0, 1.0, 1.0, 1.0, 1.0, 1.0,
1.0, 1.0, 1.0, 1.0, 1.0, 1.0, 1.0, 1.0], converged = true, iters = 38)
```

説明しよう

ForwardDiffは、正確で高速な導関数の計算を行う強力なパッケージだ。ここではこのパッケージを使って対象となる関数の勾配とヘッセ行列[*1]を計算した。

εは計算の停止を決めるパラメータで、勾配のノルムがこの値よりも小さくなったらアルゴリズムが収束したと判断する。

一般に、Marquardtアルゴリズムは収束することが保証されていない。したがって、`maxiter`回を上限として実行している。

このコードで最も重要なのは、`x′ = x .- (ForwardDiff.hessian(f, x) + λ*I) \ g`の部分だ。これは、$x' = x - \left(\nabla^2 f(x) + \lambda I\right)^{-1} \nabla f(x)$ に相当する。ここで`A\B`は、方程式`A*X = B`の解を意味する。

もう一点注意すべき点がある。ここでは`x′`や`fx′`を識別子として使っているが、Juliaではこれはまったく問題ない。これらを用いることで数式とコードの関係が把握しやすくなっている[*2]。JuliaのREPLで「′」を入力するには、`\prime`とタイプしてから[Tab]をタイプする。同様に関数の仮引数として使っている`x₀`をタイプするには`x\_0`とタイプしてから[Tab]をタイプすればいい。

もう少し解説しよう

このレシピでは、メソッドのシグネチャは次のようになっている。

```
function marquardt(f, x₀; ε=1e-6, maxiter=1000, λ=10.0^4, α=2)
```

実用上はこれで問題ないが、パッケージとして提供するのであれば、関数の引数で利用できる型を明示的に制約したほうがいい。次のようにするといいだろう。

```
function marquardt(f::Function, x₀::AbstractVector{<:Real};
                   ε::Real=1e-6, maxiter::Real=1000, λ::Real=10.0^4,
                   α::Real=2)
```

`x₀::AbstractVector{<:Real}`としたので、引数`x₀`として`Vector{Int}`や`Vector{Float64}`を受け取れることに注意しよう。`x₀::AbstractVector{Real}`としていたら、これらの配列を受け取ることはできない。これは、Juliaの型システムが非変(invariant)だからだ。この点については、5章の**「レシピ5.1 Juliaのサブタイプを理解する」**を参照してほしい。

---

*1　訳注：多変数関数の2階偏導関数からなる正方行列。

*2　訳注：`x′`の右肩についているものはプライムシンボルと呼ばれるもので、シングルクォート(')と非常によく似ているが、別物なので注意しよう。Juliaではシングルクォートは文字リテラルを書くために使うので、識別子にシングルクォートを使うことはできない。

こちらも見てみよう

最適化パッケージとレシピについては、**「9章　データサイエンス」**にある。コードの型安定性については、6章の**「レシピ6.8　型安定性を保証する」**で説明する。

レシピ4.9　線形回帰で予測する

線形回帰は、予測モデルの中でも基本的なものの1つだ。このレシピでは、完全に機能する線形回帰モデルの実装方法を示す。このレシピで行うことは主に配列の操作だが、Juliaの標準的な機能を組み合わせた比較的複雑なコードの典型的な例となっている。

準備しよう

このレシピではパッケージ`DataFrames.jl`と`CSV.jl`を使うので、**「レシピ1.10　パッケージの管理」**に従ってインストールしておこう。

線形回帰は、

$$y = \alpha_0 + \sum_{i=1}^{k} \alpha_i x_i + \varepsilon$$

でモデル化する。ベクトルYを目的変数の観測値とし、行列$X = [1, X_1, X_2, ..., X_k]$を説明変数とすると、$\alpha$の最小二乗予測は$(X^{\mathrm{T}}X)^{-1} X^{\mathrm{T}}Y$で与えられることが知られている。

この式から、説明変数も目的変数も数値でなければならないことがわかる。しかし、実用的には説明変数が名義変数であることが多いこのような場合には、その変数をワンホットエンコードする（https://scikit-learn.org/stable/modules/generated/sklearn.preprocessing.OneHotEncoder.htmlまたはhttps://ja.wikipedia.org/wiki/One-hot）のが一般的だ。ここでもこの方針でやってみる。

Github上のこのレシピのレポジトリには、いつもの`command.txt`の他に、このレシピで用いる関数を定義した`lm.jl`と、予測に用いるデータを収めた`wages.csv`も用意されている。

やってみよう

このレシピでは、まず線形回帰予測を行う関数を定義し、次にそれを簡単な例で実行する。

1. JuliaのREPLから`include("lm.jl")`を実行し、`lm.jl`に書かれた下に示すコードを実行する。

```
using DataFrames

function df2mm(df::DataFrame)
    n = size(df, 1)
    mm_raw = [fill(1.0, n, 1)]
```

```
    mm_name = ["const"]
    for (name, value) in eachcol(df, true)
        if eltype(value) <: Real
            push!(mm_raw, hcat(Float64.(value)))
            push!(mm_name, string(name))
        else
            uvalue = unique(value)
            length(uvalue) == 1 && continue
            dvalue = Dict(v=>i for (i, v) in enumerate(uvalue))
            mvalue = zeros(n, length(uvalue))
            for i in 1:n
                mvalue[i, dvalue[value[i]]] = 1.0
            end
            push!(mm_raw, mvalue[:, 2:end])
            append!(mm_name, string.(name, "_", uvalue[2:end]))
        end
    end
    (data=hcat(mm_raw...), names=mm_name)
end

function lm(df, y, xs)
    yv = Float64.(df[!, y])
    xv, xn = df2mm(df[:, [xs;]])
    params = (transpose(xv)*xv)\(transpose(xv)*yv)
    DataFrame(name = xn, estimate=params)
end
```

2. サンプルデータに対して実行してみよう。

```
julia> using CSV
julia> wages = CSV.read("wages.csv", categorical=true);
julia> lm(wages, :LWage, setdiff(names(wages), [:LWage]))

12×2 DataFrame
| Row   | name          | estimate     |
|       | String        | Float64      |
| ----- | ------------- | ------------ |
| 1     | const         | 5.45403      |
| 2     | Exp           | 0.0103709    |
| 3     | Wks           | 0.00494447   |
| 4     | BlueCol_yes   | -0.148634    |
| 5     | Ind           | 0.0530578    |
| 6     | South_no      | 0.0532101    |
| 7     | SMSA_yes      | 0.145304     |
| 8     | Married_no    | -0.0660799   |
| 9     | Sex_female    | -0.353302    |
| 10    | Union_yes     | 0.102076     |
```

```
| 11    | Ed          | 0.0571539   |
| 12    | Black_yes   | -0.167123   |
```

説明しよう

このレシピでは、df2mmとlmの2つの関数を定義している。df2mmは説明変数のDataFrameを行列に変換し、必要ならワンホットエンコードを行う。lm後者はモデル予測を行う。

行列を用意する関数df2mmのほうが複雑だ。この関数は、データフレームdfの列を1つずつ処理する。その列に実数値が入っていれば単にモデルの行列に追加する。実数でなければ、ワンホットエンコードを行う。具体的には、その列に対応するサブ行列mvalueを作って、これをモデルの行列に追加する。値を番号（サブ行列の列）に対応付けるためにdvalue辞書を用いている。サブ行列を追加する際に最初の列を削除していることに注意しよう。これは、ワンホットエンコードを行うと列間に線形依存が生じるからだ。

この関数は、これと平行して作成する行列の列名も生成する。

lm関数のほうは簡単で、データフレームdfと、目的変数の列名yと、説明変数の列名リストxsを引数として受け取る。[xs;]という書き方をしているが、これは説明しておいたほうがいいだろう。xsが配列であれば、結果は同じ配列となる。しかし、xsがスカラ値であった場合には、xsが格納された1要素の配列になる。こう書いてあるので、説明変数として1列だけ指定したい場合には、配列でラップせずにシンボルだけ渡せばいいことになる。こうしているのは、DataFrameオブジェクトにシンボルを1つだけ指定してgetindexを呼び出すとDataFrameでなく配列が返ってきてしまうからだ。

このレシピでは、CSV.jlパッケージを用いて、wages.csvファイルをDataFrame型の値に読み込んでいる。データフレームの取り扱いについては、**「7章　Juliaによるデータ分析」**で詳しく説明する。

もう少し解説しよう

最小二乗法を実装するのは、Juliaの勉強としてはいい練習問題だ。しかし、実用的に使うのであればこのコードを使わないほうがいい（問題が極端に単純で、余分なパッケージを使いたくない場合でもない限り）。Juliaのエコシステムには、回帰予測を行う高度なパッケージがいくつも存在する。最もよく使われているのが、GLM.jl（https://github.com/JuliaStats/GLM.jl）だ。このパッケージには、高度な回帰予測機能や統計推論を行う機能が用意されている。

df2mm関数には2つの重要な特殊ケースがあることに注意しよう。

1つは、数値しか入っていない配列でも、配列の型としてはもっと一般的な型になっている場合があるということだ。例えば、Any[1, 2, 3]のような配列は、実際には数値しか入っていないが、この関数ではカテゴリ変数として扱われ、ワンホットエンコードされてしまう。この挙動が望ましい場合もあるので、このままでもよいのかもしれない。数値を渡す際には数値の配列型で渡すのを忘れないようにしよう。

もう1つは、欠損値の取り扱いだ。線形回帰では欠損値をうまく扱うことができない。幸い、DataFrameから欠損値のある行を取り除くのは簡単だ。これを実装したコードを見てみよう。

```
function lm(df, y, xs)
    df = disallowmissing!(dropmissing!(df[:, [y; xs]]))
    yv = Float64.(df[!, y])
    xv, xn = df2mm(df[:, [xs;]])
    params = (transpose(xv)*xv)\(transpose(xv)*yv)
    DataFrame(name = xn, estimate=params)
end
```

欠損値がある行を次の2段階で削除している。

1. dropmissing!関数で、説明変数と目的変数のどちらかに欠損値がある行をすべて削除する。
2. disallowmissing!関数で、結果の配列にmissing値が許されないようにしている（これが重要なのは、df2mmではAbstractVector{<:Real}型だけを数値型として扱っているからだ）。

こちらも見てみよう

DataFrame型や欠損値の取り扱いに関しては**「7章　Juliaによるデータ分析」**でもう少し詳しく説明する。

レシピ4.10　Juliaのブロードキャストを理解する

Juliaには演算のベクトル化を実現するための強力な機能が組み込まれている。使い方は簡単で、関数名の後ろに.を付けるか、式全体に@.を付けるだけでベクトル化することができる。このレシピでは、この機能について詳しく説明する。

データサイエンスでは、あるデータセットのサブセットを取得する操作をよく行う。このレシピでは、配列を作りその奇数番の行のうち50％をランダムに選択する操作を例として考える。

やってみよう

データの配列にブロードキャストを適用するいくつかの方法を見てみよう。

1. まず、JuliaのREPLで、操作対象の配列を作る。

```
julia> x = [1:10;]
10-element Array{Int64,1}:
 1
 2
 3
 4
 5
 6
 7
 8
 9
 10
```

10要素の列ベクトルを作った。このうち奇数番号の列のうち50％をランダムに選択する。まず真偽値からなる列セレクタを作る。

2. 列セレクタを作る方法には2つの方法がある。JuliaのREPLで以下のようにしてみよう。

```
julia> s = isodd.(x) .& (rand(length(x)) .< 0.5)
10-element BitArray{1}:
 true
 false
 false
 false
 false
 false
 false
 false
 true
 false

julia> s = @. isodd(x) & ($rand($length(x)) < 0.5)
10-element BitArray{1}:
 true
 false
 false
 false
 false
 false
 false
 false
 true
 false
```

1つ目の方法では、`.`をブロードキャストしたいすべての関数に付けている。2つ目の方法では、`@.`を使っているので、ブロードキャストしたくない関数に`$`を付けている。`$`を付けると、その関数はブロードキャストされない。

もう1つ些細ではあるが注意すべき点がある。演算子の優先順位だ。ここでは`rand(length(x)) .< 0.5`を括弧の中に入れているが、そうしないと`.&`が先に実行されてしまう。この場合にこれが重要なのは、`&&`や`||`などの制御フロー演算子は、`<`などの比較演算子よりも優先順位が低いが、`&`や`|`は乗算と同じ優先順位だからだ。

説明しよう

ドット演算子（`.`）の挙動を理解するために、上の例に出てきた`rand(length(x))`のあちこちにこの演算子を付けて動作を見てみよう。

Case 1

どこにもつけないrand(length(x))——この場合、結果は10要素のArray{Float64,1}となる。

Case 2

外側のrandにだけ.を付けて、rand.(length(x))——この場合、結果はやはり10要素のArray{Float64,1}となる。これは、rand.(length(x))がJuliaによってbroadcast(v -> rand(v), length(x))のように書き換えられるからだ。ブロードキャストの対象がlength(x)という1要素だけなので、結果は変わらない。

Case 3

内側のlengthにだけ.を付けて、rand(length.(x))——この場合は結果が1になる。意外ではないだろうか？これはrand(length.(x))がrand(broadcast(v -> length(v), x))のように書き換えられるからだ。xの要素はスカラ値なので、broadcast(v -> length(v), x)は、値がすべて1で長さが10の配列となる。randは、引数に配列を渡されると、その中から1つをランダムに抽出して返す。この場合には、引数の配列の中身はすべて1なので、必ず1が返されるというわけだ。

Case 4

外側のrandと内側のlengthの両方に.を付けて、rand.(length.(x))——この場合、下に示すような、ランダムな値1つで構成される長さ1の配列が、10個入った配列、が結果となる（乱数を使っているので値は実行のたびに異なるだろう）。

```
10-element Array{Array{Float64,1},1}:
 [0.391009]
 [0.0199535]
 [0.606183]
 [0.3963]
 [0.239723]
 [0.320903]
 [0.699059]
 [0.026546]
 [0.3563]
 [0.86077]
```

どうしてこんな結果になるのだろうか？すでに説明したように、rand.(length.(x))は、broadcast(v -> rand(length(v)), x)のように書き換えられる。したがって、randとlength関数を合成したものをxの各要素に対して実行することになる。xの要素はスカラ値なので、lengthは常に1になる。つまりrand(1)を呼び出していることになる。この結果は乱数値の入った1要素配列となる。

簡単なルールとして、`@.`を使うのは、式の中にブロードキャストがたくさん登場し、しかもブロードキャストしてはいけない関数すべてを`$`でエスケープし忘れることがない、と確信できるときだけにしたほうがいい。想像できると思うが、エスケープはとても忘れやすいので、ブロードキャストする関数を明示的に指定したほうがいい。特に配列を引数として受け付ける関数(ここでの`rand`や`length`が該当する)に対しては間違えやすい。

もう少し解説しよう

これまでに示した通り、ブロードキャスト関数の連鎖は、Juliaコンパイラによって各引数に対する1パスの処理に書き換えられる。例えば次の例を見てみよう。

```
exp.(sin.(cos.(log.(1:100))))
```

これは、次のように融合した処理に書き換えられる。

```
broadcast(v -> exp(sin(cos(log(v)))), 1:100)
```

このため、最終的な処理の結果を作り出すために、1度しかメモリ確保する必要がない。通常のスクリプト言語であれば、計算の各ステップで新たなメモリ領域を消費してしまうだろう。こうなると計算量的にも効率が悪いしメモリの浪費にもなる。このような一見些細に見える点が、Juliaを数値演算アプリケーションの分野で輝かせるのだ。

こちらも見てみよう

ブロードキャストについては、Juliaのマニュアルの下記セクションを参照。

- https://docs.julialang.org/en/v1.2/manual/mathematical-operations/#man-dot-operators-1
- https://docs.julialang.org/en/v1.2/manual/functions/#man-vectorized-1
- https://docs.julialang.org/en/v1.2/manual/arrays/#Broadcasting-1
- https://docs.julialang.org/en/v1.2/base/arrays/#Broadcast-and-vectorization-1

レシピ4.11 @inboundsを使って高速化する

性能が重要なコードでは、Juliaの性能を極限まで引き出すことが必要だ。配列を使っているなら、`@inbounds`マクロを用いることで、配列要素のアクセス時間を大幅に小さくできる。その代わり、配列外にアクセスしないことをプログラマが保証しなければならない。

準備しよう

`inbounds.jl`ファイルを見てみよう。

```
using BenchmarkTools
mode = ["normal", "@inbounds"]
```

```
i= 0
for inbounds in ["", "@inbounds"]
       global i += 1
       eval(Meta.parse("""function f$i(x::AbstractArray{<:Real})
                              y= 0
                              $inbounds for i in eachindex(x)
                                  y += x[i] > 0.5
                              end
                              y
                          end"""))
end

x = rand(10^7)
for (idx, f) in enumerate([f1, f2])
    println("\n", mode[idx])
    @btime $f($x)
end
```

Github上のこのレシピのレポジトリには、いつものcommand.txtの他に、このレシピで用いるinbounds.jlが用意されている。

やってみよう

シェルから次の3通りのコマンドを実行してみよう。

```
$ julia inbounds.jl
normali
 11.705 ms (0 allocations: 0 bytes)
@inbounds
 5.488 ms (0 allocations: 0 bytes)

$ julia --check-bounds=yes inbounds.jl
normal
 11.778 ms (0 allocations: 0 bytes)
@inbounds
 11.772 ms (0 allocations: 0 bytes)

$ julia --check-bounds=no inbounds.jl
normal
 5.519 ms (0 allocations: 0 bytes)
@inbounds
 5.485 ms (0 allocations: 0 bytes)
```

説明しよう

通常の場合、Juliaの配列要素にアクセスしようとすると、そのインデックスが有効かどうかのチェックが行われる。次の例を見てみよう。

```
julia> x = [1, 2, 3]
3-element Array{Int64,1}:
 1
 2
 3

julia> x[4]
ERROR: BoundsError: attempt to access 3-element Array{Int64,1} at index [4]
```

@inboundsマクロを用いると、この境界チェックを外すことができる。上の例では、実行時間を半分にすることができた。Juliaが出力するアセンブラコードを見れば、このマクロによる動作の違いを確認できる（@code_nativeマクロは、メソッド呼び出しに対して生成されるアセンブラ命令を表示する）。

```
julia> f(x) = @inbounds x[1]
f (generic function with 1 method)

julia> g(x) = x[1]
g (generic function with 1 method)

julia> @code_native f([1])
	.section	__TEXT,__text,regular,pure_instructions
; ┌ @ In[7]:1 within `f'
; │┌ @ In[7]:1 within `getindex'
	movq	(%rdi), %rax
	movq	(%rax), %rax
; │└
	retq
	nopw	(%rax,%rax)
;

julia> @code_native g([1])
	.section	__TEXT,__text,regular,pure_instructions
; ┌ @ In[8]:1 within `g'
; │┌ @ In[8]:1 within `getindex'
	cmpq	$0, 8(%rdi)
	je	L14
	movq	(%rdi), %rax
	movq	(%rax), %rax
; │└
	retq
L14:
	pushq	%rbp
```

```
    movq    %rsp, %rbp
; │ @ In[8]:1 within `g'
; │┌ @ array.jl:728 within `getindex'
    movq    %rsp, %rax
    leaq    -16(%rax), %rsi
    movq    %rsi, %rsp
    movq    $1, -16(%rax)
    movabsq $jl_bounds_error_ints, %rax
    movl    $1, %edx
    callq   *%rax
    nopw    %cs:(%rax,%rax)
; └└
```

上の例からもわかるように、`--check-bounds`スイッチを付けると、`@inbounds`の有無にかかわらず、プログラム全体で境界チェックのオンオフを切り替えることができる。

このコードでは、Juliaの重要な3つの要素を、最も簡単な形で確認できる。

- `eachindex`関数を用いると、配列のすべてのインデックスを取り出すことができる。この方法は汎用で、標準的でないインデックスを用いる特殊な配列に対しても利用することができる。
- `Meta.parse`関数と`eval`関数を用いて、動的にコードを生成している。ここではほとんど同じ2つのコードを生成している。相違点は、`@inbounds`マクロを呼び出しているかどうかだけだ。ここでは、Juliaコードの入った文字列を用意しておいて、文字列中の`$inbounds`の部分に、変数`inbounds`の値を挿入してJuliaのコードとして解釈する。
- コードの性能を計測するには、`BenchmarkTools.jl`パッケージの`@btime`マクロを用いる。

もう少し解説しよう

ユーザが境界チェックを無効化できる関数を定義したければ、`@boundscheck`マクロを用いる。下に示すコードは、`base/bitarray.jl`から抜き出したものだ。

```
@inline function getindex(B::BitArray, i::Int)
    @boundscheck checkbounds(B, i)
    unsafe_bitgetindex(B.chunks, i)
end
```

このアノテーションは、その関数（この場合は`getindex`）が呼び出し元にインライン展開されないと効果を発揮しない。したがって、この関数定義の先頭に`@inline`マクロを付けてある。

性能を改善するためのアノテーションについては、https://docs.julialang.org/en/v1.2/manual/performance-tips/#man-performance-annotations-1を参照してほしい。

こちらも見てみよう

Juliaコードのベンチマークについては、8章の「**レシピ8.2　コードのベンチマーク**」で紹介している。

文字列をパースして評価する方法は理解しやすいが、間違いも起こりやすい。Juliaでコードを操作するならもっといい方法がある。Juliaのメタプログラミング機能については、**「6章　メタプログラミングと高度な型」**で説明している。

レシピ4.12　ベクトルの集合から行列を作る

Juliaには、強力な行列操作機能が用意されている。しかし、よく使う配列は1次元で、行列は2次元配列なので、これらの間を行き来する方法が必要になる。このレシピでは、行の配列や列の配列から行列を作る方法を紹介する。

準備しよう

次のような入力データセットがあるとしよう。

```
julia> input = [[10i+1:10i+5;] for i in 1:3]
3-element Array{Array{Int64,1},1}:
 [11, 12, 13, 14, 15]
 [21, 22, 23, 24, 25]
 [31, 32, 33, 34, 35]
```

これから、次のような行列を作りたい。

```
julia> output = [10i+j for i in 1:3, j in 1:5]
3×5 Array{Int64,2}:
 11 12 13 14 15
 21 22 23 24 25
 31 32 33 34 35
```

レシピの結果が同じになるように、inputとoutputを上のように準備しておこう。

やってみよう

望んだ結果が得られるように、いくつか試行を行い、比較する。

1. まず、hcatやvcatを試してみるのが自然だろう。

```
julia> hcat(input...)
5×3 Array{Int64,2}:
 11 21 31
 12 22 32
 13 23 33
 14 24 34
 15 25 35

julia> vcat(input...)
15-element Array{Int64,1}:
 11
```

```
12
13
14
15
21
22
23
24
25
31
32
33
34
35
```

残念ながら、いずれの結果も望んでいたものとは違う。これは、inputの各要素が行ベクトルではなく列ベクトルとして扱われてしまっているからだ。

2. ということは、inputの要素を転置してからvcatすればいいのではないだろうか（今度は...で引数を展開せず、reduceをvcatに適用している）。

```
julia> reduce(vcat, transpose.(input))
3×5 Array{Int64,2}:
 11  12  13  14  15
 21  22  23  24  25
 31  32  33  34  35
```

これはうまくいった。

3. すべての組み合わせを試すという意味で、inputの要素を転置してからhcatしてみよう。結果はご覧の通りだ。

```
julia> hcat(transpose.(input)...)
1×15 LinearAlgebra.Transpose{Int64,Array{Int64,1}}:
 11  12  13  14  15  21  22  23  24  25  31  32  33  34  35
```

まあ、わかっていたことだが。

4. 元の配列をhcatしたものを転置するという方法も考えられる。

```
julia> transpose(hcat(input...))
3×5 LinearAlgebra.Transpose{Int64,Array{Int64,2}}:
11  12  13  14  15
21  22  23  24  25
31  32  33  34  35
```

5. 転置を用いない方法としてreshape関数を使う方法もある。

```
julia> vcat(reshape.(input, 1, :)...)
3×5 Array{Int64,2}:
11 12 13 14 15
21 22 23 24 25
31 32 33 34 35
```

この方法でも欲しかったものができた。

説明しよう

以下を試してみよう。

```
julia> hcat(input[1])
5×1 Array{Int64,2}:
 11
 12
 13
 14
 15
```

こうすると、1次元の列ベクトルを2次元の列行列に変換することができる。

transpose関数は、元の行列に一皮かぶせたオブジェクトを作るだけだということを覚えておこう。つまり転置された行列を変更すると、元の行列も変更されてしまう。試してみよう。

```
julia> x = [1 2; 3 4]
2×2 Array{Int64,2}:
 1 2
 3 4

julia> y = transpose(x)
2×2 LinearAlgebra.Transpose{Int64,Array{Int64,2}}:
 1 3
 2 4

julia> y[1] = 100
100

julia> x
2×2 Array{Int64,2}:
 100 2
 3 4
```

もう少し解説しよう

transposeは線形代数での利用を念頭に設計されているので再帰的に動作する。再帰的な動作が望ましくないのであれば、permutedims関数を使うといい*1。

```
julia> hcat(permutedims.(input)...)
1×15 Array{Int64,2}:
 11 12 13 14 15 21 22 23 24 25 31 32 33 34 35

julia> vcat(permutedims.(input)...)
3×5 Array{Int64,2}:
 11 12 13 14 15
 21 22 23 24 25
 31 32 33 34 35

julia> permutedims(hcat(input...))
3×5 Array{Int64,2}:
 11 12 13 14 15
 21 22 23 24 25
 31 32 33 34 35
```

permutedimsは新規に配列をメモリ上に作り直すことに注意しよう。

最後に、ここで示した操作の逆、つまりoutputからinputを作る方法を紹介しよう。これは、内包表記を使うと簡単に書ける。

```
julia> [output[i,:] for i in 1:size(output, 1)]
3-element Array{Array{Int64,1},1}:
 [11, 12, 13, 14, 15]
 [21, 22, 23, 24, 25]
 [31, 32, 33, 34, 35]
```

inputからoutputを作る場合にも、同様に内包表記で書くこともできる。

```
julia> [input[i][j] for i in 1:length(input), j in 1:length(input[1])]
3×5 Array{Int64,2}:
 11 12 13 14 15
 21 22 23 24 25
 31 32 33 34 35
```

この方法の問題点は、inputのすべての要素が同じ長さの配列であることをチェックせずに仮定していることと、inputに少なくとも1つは配列が入っていることを仮定していることだ。

Juliaの配列に関する詳細については、公式ドキュメントhttps://docs.julialang.org/en/v1.2/base/arrays/を見てほしい。

*1　訳注：行列の各要素に対してもtransposeが呼び出される。行列を要素に持つ行列（ブロック行列）で使用するため。

レシピ4.13 配列ビューを使って使用メモリ量を減らす

数独（Sudoku）は、人気の数学パズルだ。やったことがなければ、https://www.kristanix.com/sudokuepic/sudoku-rules.phpやhttps://ja.wikipedia.org/wiki/数独に説明があるので読んでみよう。

このレシピではこのパズルをバックトラックを使って解く方法を紹介する。このアルゴリズムは、候補となる解を徐々に作っていき、条件を満たさなければ一歩下がって（バックトラック）やり直す、というものだ。このアルゴリズムについては、https://www.geeksforgeeks.org/backtracking-introduction/やhttps://ja.wikipedia.org/wiki/バックトラッキングを参考にしてほしい。

数独のようなバックトラックで解くのは、基本的な計算技術だ。このレシピでは、この方法を紹介するとともに、配列ビューを用いて性能を改善する方法を説明する。

準備しよう

ここでは、プロジェクトオイラーの問題96（https://projecteuler.net/problem=96）を解いてみよう。このタスクは、`p096_sudoku.txt`で与えられる50個の数独パズルの左上の3つ数字の和を求めるというものだ。このファイルの冒頭を見てみよう。

```
Grid 01
003020600
900305001
001806400
008102900
700000008
006708200
002609500
800203009
005010300
Grid 02
200080300
060070084
030500209
000105408
000000000
402706000
301007040
720040060
004010003
```

このファイルでは、それぞれの問題が9個の数字からなる9行で表されている。1から9は値が決まっている場所を、0は決まっていない場所を示している。次に`sudoku.jl`を見て見よう。このファイルには、このレシピで実行するコードが収められている。このレシピでは、このコードを改良する。

```
blockvalid(x, v) = count(isequal(v), x) ≤ 1
function backtrack!(x)
    pos = findfirst(isequal(0), x)
```

```
    isa(pos, Nothing) && return true
    iloc = 3div(pos[1]-1, 3) .+ (1:3)
    jloc = 3div(pos[2]-1, 3) .+ (1:3)
    for k in 1:9
        x[pos] = k
        blockvalid(view(x, pos[1], :), k) || continue
        blockvalid(view(x, :, pos[2]), k) || continue
        blockvalid(view(x, iloc, jloc), k) || continue
        backtrack!(x) && return true
    end
    x[pos] = 0
    return false
end

function ssolve(lines, i)
    t = [lines[10i-j][k] - '0' for j in 8:-1:0, k in 1:9]
    backtrack!(t)
    sum([100, 10, 1] .* t[1, 1:3])
end

lines = readlines("p096_sudoku.txt")
@time sum(ssolve(lines, i) for i in 1:50)
@time sum(ssolve(lines, i) for i in 1:50)
```

Github上のこのレシピのレポジトリには、いつものcommand.txtの他に、このレシピで用いるコードsudoku.jlと、数独パズルの入力データを収めたp096_sudoku.txtが用意されている。

やってみよう

ここでは、view関数を用いることで性能が向上していることを確認する。まず、viewを用いたバージョンを実行してから、viewを用いず新しい配列を作るように変更して実行してみよう。

1. シェルから次のように実行してみよう。

```
$ julia sudoku.jl
 1.033830 seconds (1.09 M allocations: 61.133 MiB, 0.72% gc time)
 0.264584 seconds (26.52 k allocations: 1.545 MiB)
```

2. sudoku.jlの10行目から12行目までを下のように変更して、標準のgetindex関数ではなく行列をコピーするようにしてみよう。

```
blockvalid(x[pos[1], :], k) || continue
blockvalid(x[:, pos[2]], k) || continue
blockvalid(x[iloc, jloc], k) || continue
```

3. もう一度実行してみよう。

```
$ julia sudoku.jl
 1.555036 seconds (10.94 M allocations: 1.544 GiB, 2.87% gc time)
 0.844457 seconds (10.05 M allocations: 1.496 GiB, 3.86% gc time)
```

この結果からわかるように、実行時間もメモリ使用量も大幅に増えている（1回目の実行時間とメモリ使用量にはコンパイルに用いられたものも含まれているので、2回目の実行のほうに着目してほしい）。

説明しよう

このコードには、3つの関数が定義されている。

`blockvalid`
: 与えられたデータブロックxに値vが2つ以上ないことをテストするヘルパ関数

`backtrack!`
: これが、このレシピのコアになる関数だ。引数として行列xを取り、xが有効な数独問題であればtrueを、そうでなければfalseを返す。この関数は、xを直接書き換える（したがって、trueが返された場合には、xは問題の解となっている）。引数を書き換えるので（Juliaの標準的な習慣に従って）関数名の最後を！としている。

`ssolve`
: データを用意する関数。p096_sudoku.txtファイルから読み込んだlinesを行列に変換し、backtrack!を呼び出したあと、タスクの回答を作るために左上の3つの数字を読み出す。前処理の結果は、9×9の行列となる。この行列には、埋めなければならない場所には0が、問題で数字が与えられている場所には1から9の値が書き込まれている。

このレシピで重要なのは、backtrack!関数を理解することだ。この関数は以下のように動作する。

1. まず、行列の中で0になっている最初の要素を見つける。
2. posがnothing（型Nothingの値）の場合は、0が見つからなかったことを意味する。したがって、パズルが解けたことになるのでtrueを返す。
3. posがnothingでなければ、posは最初の0に位置を指している。この値の型はCartesianIndexで、1次元目と2次元目の値にそれぞれpos[1]、pos[2]でアクセスできる。
4. iloc、jlocは、posが含まれる数独の3×3の領域を指す。
5. 次に、posの場所に1から9の値を試しに置いてみる。置いてみた結果、行にも列にも、3×3のマスにも重複がなければ、posを埋めた状態で再帰的にbacktrack!を呼び出す。この呼び出しでtrueが返ってきたら、パズルは解けたということなのでtrueを返す。

6. 1-9を置いてみても解けなかった場合には、そこに至る前にどこかで間違っていたということなので、バックトラックしなければならない。x[pos]に0を置き直してクリアし、falseを返す。

この関数で最も時間がかかるのは、blockvalid関数の呼び出しの部分だ。この部分で行列の一部を別の行列として作り直さずに、xのビューを利用するとはるかに効率的に実行できることを、このレシピでは確認した。

もう少し解説しよう

もう少し最適化するとさらに速くすることができる。

```
function backtrack!(x, z, idx)
    idx > length(z) && return true
    pos = z[idx]
    iloc = 3div(pos[1]-1, 3)
    jloc = 3div(pos[2]-1, 3)
    filled = 0
    @inbounds for k in 1:9
        filled |= x[pos[1], k] | x[k, pos[2]]
    end
    @inbounds for k1 in 1:3, k2 in 1:3
        filled |= x[iloc+k1, jloc+k2]
    end
    @inbounds for i in 1:9
        k = 1<<i
        if k & filled == 0
            x[pos] = k
            backtrack!(x, z, idx+1) && return true
        end
    end
    x[pos] = 1
    return false
end

function ssolve(lines, i)
    t = [1 << (lines[10i-j][k] - '0') for j in 8:-1:0, k in 1:9]
    z = findall(isequal(1), t)
    backtrack!(t, z, 1)
    sum([100, 10, 1] .* trailing_zeros.(t[1, 1:3]))
end
```

アルゴリズムのコア部分は変わっていない。最適化をしたのは以下の点だ。

- 0のある場所を毎回探さなくても済むように記録しておく。
- あるセルに入れられる値を検索する際に、行と列と3×3の領域を一度だけスキャンして存在する値を記録している。これで毎回スキャンする必要がなくなる。また、値のチェックはbacktrack!

関数の中に展開してある。

- 値が重複していることを効率的に検出するために、変数`filled`に2進表現を使っている。つまり、0から9までの数を入れる代わりに、2^0から2^9までの値を使う。

このコードを`sudoku.jl`に置いて実行してみると以下のようになる。

```
$ julia sudoku.jl
 0.733585 seconds (867.89 k allocations: 49.576 MiB, 1.05% gc time)
 0.068187 seconds (27.02 k allocations: 1.676 MiB)
```

ほぼ4倍も高速化できていることがわかる。もっといい探索戦略を使えば、さらに速くすることもできるだろう。https://www.kristanix.com/sudokuepic/sudoku-solving-techniques.phpやhttps://en.wikipedia.org/wiki/Sudoku_solving_algorithmsを見てほしい。

こちらも見てみよう

6章の「**レシピ6.8　型安定性を保証する**」で説明する静的配列を使えばさらに高速化できるだろう。

5章 変数、型、関数

本章で取り上げる内容

- Juliaのサブタイプを理解する
- 多重ディスパッチで動作を切り替える
- 関数を値として使う
- 関数型でプログラミングする
- 変数のスコープを理解する
- 例外処理
- 名前付きタプルの使い方

はじめに

本章では，変数とそのスコープ、Juliaの型システムと関数、そして例外に関係したいくつかの話題について説明する。

まず、Juliaのサブタイプ機構と多重ディスパッチの使い方を説明する。次に、関数と関数型プログラミングについて、続いて変数のスコープ、特にグローバルなスコープとローカルなスコープについて説明する。さらに、例外の扱う方法と例外オブジェクトを定義する方法について紹介する。最後に、名前付きタプルを使った効率的なデータ構造作成方法について説明する。

レシピ5.1　Juliaのサブタイプを理解する

このレシピでは、Juliaのサブタイプの機能と、サブタイプを適切に扱うためのメソッドシグネチャの書き方について説明する。

準備しよう

このレシピでは、ガウス整数にメタデータを追加した型を定義する。

ガウス整数とは、実部と虚部が整数の複素数のことだ。

やってみよう

まずPoint型を定義して、それを配列に格納する方法を見ていこう。

1. まず、使用する型を定義する。

```
julia> struct Point{T<:Integer, S<:AbstractString}
           pos::Complex{T}
           label::S
       end
julia> Point(x::T, y::T, label::S) where {T<:Integer, S<:AbstractString} =
           Point{T,S}(Complex(x,y), label)
Point

julia> Point(x, y, label) = Point(promote(Integer.((x,y))...)..., label)
Point
```

2. 次に、この型のインスタンスをいくつか作ってみよう。

```
julia> p1 = Point(1, 0, "1")
Point{Int64,String}(1 + 0im, "1")

julia> p2 = Point(1, 0, SubString("1", 1))
Point{Int64,SubString{String}}(1 + 0im, "1")

julia> p3 = Point(true, false, "1")
Point{Bool,String}(Complex(true,false), "1")

julia> p4 = Point(2, 0, "2")
Point{Int64,String}(2 + 0im, "2")
```

3. 今度は、配列を作ってみよう。

```
julia> [p1, p2, p3, p4]
4-element Array{Point,1}:
 Point{Int64,String}(1 + 1im, "1")
 Point{Int64,SubString{String}}(1 + 1im, "1")
 Point{Bool,String}(Complex(true,false), "1")
 Point{Int64,String}(2 + 0im, "2")

julia> [p1, p2]
2-element Array{Point{Int64,S} where S<:AbstractString,1}:
 Point{Int64,String}(1 + 1im, "1")
 Point{Int64,SubString{String}}(1 + 1im, "1")

julia> [p1, p3]
2-element Array{Point{T,String} where T<:Integer,1}:
 Point{Int64,String}(1 + 1im, "1")
```

```
 Point{Bool,String}(Complex(true,false), "1")

julia> [p1, p4]
2-element Array{Point{Int64,String},1}:
 Point{Int64,String}(1 + 1im, "1")
 Point{Int64,String}(2 + 0im, "2")
```

4. このPoint型の配列を受け取り、配列中のPointの合計に空文字列のラベルを付けたインスタンスを返すメソッドを書きたいとしよう。

```
julia> sumpoint1(v::AbstractVector{Point}) = Point(sum(p.pos for p in v), "")
sumpoint1 (generic function with 1 method)
```

この定義では次のようなエラーが出る。

```
julia> sumpoint1([p1, p2])
ERROR: MethodError: no method matching
sumpoint1(::Array{Point{Int64,S} where S<:AbstractString,1})
Closest candidates are:
 sumpoint1(::AbstractArray{Point,1}) at REPL[22]:1
Stacktrace:
 [1] top-level scope at none:0
```

5. 少し書き換えてみよう。

```
julia> sumpoint2(v::AbstractVector{<:Point}) = Point(sum(p.pos for p in v), "")
sumpoint2 (generic function with 1 method)
```

これで、次のように書いたコードが動くようになる。

```
julia> sumpoint2([p1, p2])
Point{Int64,String}(2 + 2im, "")
```

6. 別の関数を定義してみよう。こちらはPointのインスタンスを1つだけ引数として取る。

```
julia> foo(p::Point) = "一般的な定義"
foo (generic function with 1 method)

julia> foo(p::Point{Int, <:AbstractString}) = "Intが渡された際のデフォルト"
foo (generic function with 2 methods)

julia> foo(p::Point{<:Integer, String}) = "Stringが渡された際のデフォルト"
foo (generic function with 3 methods)
```

7. この関数をいろいろなインスタンスで試してみよう[*1]。

```
julia> foo(Point(true, true, s"12"))
"一般的な定義"

julia> foo(Point(1, 1, s"12"))
"Intが渡された際のデフォルト"

julia> foo(Point(true, true, "12"))
"Stringが渡された際のデフォルト"

julia> foo(Point(1, 1, "12"))
ERROR: MethodError: foo(::Point{Int64,String}) is ambiguous.
Candidates:
  foo(p::Point{#s1,String} where #s1<:Integer) in Main at
REPL[13]:1
   foo(p::Point{Int64,#s1} where #s1<:AbstractString) in Main at
REPL[12]:1
Possible fix, define
  foo(::Point{Int64,String})
Stacktrace:
  [1] top-level scope at none:0
```

8. 型の組み合わせに対してそれぞれ別にメソッドを定義する必要があることがわかる。

```
julia> foo(p::Point{Int, String}) = "厳密に型を指定したメソッド"
foo (generic function with 4 methods)

julia> foo(Point(1, 1, "12"))
"厳密に型を指定したメソッド"
```

説明しよう

このレシピでは、2つのパラメータTとSを持つPoint型を作った。型を定義しただけでは1つしかコンストラクタができないので、2つのカスタムコンストラクタを追加した。ここで注意してほしいのは、Point(x, y, label)コンストラクタでは、2つの引数xとyをとり、それらをまず整数型に変換し、変換ができたら共通の型にpromoteしていることだ。これは、次に呼び出すもう1つのコンストラクタの第1引数と第2引数が同じ型でなければならないからだ[*2]。

＊1　訳注：s"文字列"は型SubstituionStringを作る文字列マクロで、一般には正規表現で置換する対象の文字列を作成するために用いる。ここでは、SubstituionStringは、AbstructStringのサブタイプだがStringではない型の例として使われている。

＊2　訳注：JuliaにおけるIntegerは整数全体を表す抽象型なので、Integer(x)とした場合、特定の整数型に変換されるわけではない。例えば8ビット整数を表すInt8型はもともと整数型なので、Integer(x)してもInt8のままだ。promote関数は、さまざまな型の引数に対して、すべての引数が元の値を保持できる共通の型に変換する。例えば引数がInt64とInt32であればInt64が共通の型になる。

パラメータ化型（Parametric type）のコレクションにはもう1つ注意すべき点がある。このレシピからわかるように通常のコンストラクタは、渡されたデータを保持できる範囲で最も狭いデータ型を見つけようとする。したがって、コレクションに異なるデータ型が混ざることがありうるのなら、コレクションを作る時点で適切な型を指定しておく必要がある。下に示す例では、最初の例は失敗するが2つ目の例は成功している。

```
julia> push!([p1], p2)
ERROR: MethodError: Cannot `convert` an object of type
Point{Int64,SubString{String}} to an object of type Point{Int64,String}
Closest candidates are:
  convert(::Type{T}, ::T) where T at essentials.jl:123
  Point{Int64,String}(::Any, ::Any) where {T<:Integer, S<:AbstractString}
at REPL[1]:2
Stacktrace:
 [1] push!(::Array{Point{Int64,String},1},
::Point{Int64,SubString{String}}) at .\array.jl:830
 [2] top-level scope at none:0

julia> push!(Point[p1], p2)
2-element Array{Point,1}:
 Point{Int64,String}(1 + 0im, "1")
 Point{Int64,SubString{String}}(1 + 0im, "1")
```

パラメータ化型に関して最後に残った理解の難しい点は、Juliaのサブタイプアルゴリズムだ。これは、メソッドディスパッチにおいて重要な役割を果たす。Juliaではほとんどのパラメータ化型が非変（invariant）だ。つまり、型パラメータをサブタイプにしても、その型パラメータでパラメータ化された型の方はサブタイプにならない。下の例で考えてみよう。

```
julia> Int <: Integer
true

julia> Point{Int, String} <: Point{Integer, String}
false
```

関数シグネチャ内の型でサブタイプを許すようにするには`<:`演算子を使う。例を示す。

```
julia> Point{Int, String} <: Point{<:Integer, String}
true

julia> Point{Int, String} <: Point{T, String} where T<:Integer
true
```

上の2つの書き方は等価だ。

もう1つ重要な点がある。それは、2つ以上の型パラメータでパラメータ化された型は、型パラメータごとにサブタイプに制約できることだ。例を見てみよう。

```
julia> Point{Int}
Point{Int64,S} where S<:AbstractString

julia> Point{<:Signed, String}
Point{#s2,String} where #s2<:Signed

julia> Point{Int}{String}
Point{Int64,String}

julia> Point{Int, String}
Point{Int64,String}
```

最後の2つの式は等価で、2つのパラメータを1つの型に適用している。

型が非変だということが重要なのは、sumpoint1関数からもわかる。この関数はAbstractVector{Point}しか受け付けないように書かれている。[p1, p2]はVector{Point{Int}}を作るが、これはAbstractVector{Point}のサブタイプではないので、この値に対してsumpoint1を呼び出すことはできない。しかし次のように書けば呼び出せる。

```
julia> sumpoint1(Point[p1, p2])
Point{Int64,String}(2 + 0im, "")
```

ここでは、p1とp2を保持する配列の型を明示的に指定している。これはJuliaにおけるよくある落とし穴の1つだ。幸い、sumpoint2に示した通り、この問題は<:演算子で簡単に解決できる。

最後の重要なポイントは、パラメータ化型に対するメソッドを定義する際には、メソッドディスパッチに曖昧さがないように、メソッドを定義しなければならないということだ。fooメソッドの定義でこれを示した。Point{Int, String}は、Point{Int, <:AbstractString}とPoint{<:Integer, String}の双方のサブタイプとなる。さらに、Point{Int, <:AbstractString}とPoint{<:Integer, String}の間にはサブタイプの関係はない。この場合、Point{Int, String}でこの関数を呼び出すと、パラメータが曖昧であるというエラーが出た。なので、曖昧性がなくなるようにより厳密なメソッドを追加した。

もう少し解説しよう

ある関数に指定されているメソッドをチェックするにはmethod関数を用いる。関数fooを確認してみよう。

```
julia> methods(foo)
# 4 methods for generic function "foo":
[1] foo(p::Point{Int64,String}) in Main at REPL[24]:1
[2] foo(p::Point{Int64,#s1} where #s1<:AbstractString) in Main at REPL[12]:1
[3] foo(p::Point{#s1,String} where #s1<:Integer) in Main at REPL[13]:1
[4] foo(p::Point) in Main at REPL[11]:1
```

もう1つ重要な点がある。Juliaの型は非変（invariant）だと説明したが、タプルは共変（covariant）だ。

つまり、タプルのサブタイプは<:演算子がタプル定義のすべての変数についているかのように扱われる。次の例を見てみよう（この例はタプルのすべてのエントリに対してサブタイプするように意図的に複雑にしてある）。

```
julia> Tuple{Point{Int, String}, Point{Bool, SubString{String}}} <: Tuple{Point{Int}, Point}
true
```

タプルは共変なので、タプルを使う場合には<:を付けなくても動作する。

```
julia> sumpoint_tuple(v::Tuple{Vararg{Point}}) = Point(sum(p.pos for p in v), "")
sumpoint_tuple (generic function with 2 methods)

julia> sumpoint_tuple((p1, p2, p3))
Point{Int64,String}(3 + 0im, "")
```

こちらも見てみよう

パラメータ化型に関しては、Juliaマニュアルのhttps://docs.julialang.org/en/v1.2/manual/types/#Parametric-Types-1で説明されている。

レシピ5.2　多重ディスパッチで動作を切り替える

いくつかの異なるコンテント型を持つDataFrameがあったとしよう。このレシピでは、多重ディスパッチを用いてこのようなデータを効率的に扱う方法を紹介する。

準備しよう

DataFrame型では、カラム（列）ごとに異なる型を保持することができる。このため、DataFrameの個々のカラムに対して、その型に応じて動的に行う操作を決定しなければならないことがよくある。このレシピでは、describe関数を簡潔にしたバージョンを実装する。この関数は与えられたカラムの型に応じて動作が変わる。

このレシピではパッケージDataFrames.jlを使うので、**「レシピ1.10　パッケージの管理」**に従ってインストールしておこう。

やってみよう

まずデータフレームを作り、次に独自の表示関数を定義して、その動作を検証する。

まず、サンプルとなるDataFrameオブジェクトを作る。

```
julia> using DataFrames
julia> df = DataFrame(s = categorical(["a", "b", "c"]),
                      n = 1.0:3.0,
                      f = [sin, cos, missing])
3×3 DataFrame
```

```
| Row | s              | n        | f         |
|     | Categorical…   | Float64  | Function  |
|-----|----------------|----------|-----------|
| 1   | a              | 1.0      | sin       |
| 2   | b              | 2.0      | cos       |
| 3   | c              | 3.0      | missing   |
```

個々の型はそれぞれ次のように表示したい。

```
julia> simpledescribe(v) = "unknown type"
simpledescribe (generic function with 1 method)

julia> simpledescribe(v::Vector{<:Number}) = "numeric"
simpledescribe (generic function with 2 methods)

julia> simpledescribe(v::CategoricalArray) = "categorical"
simpledescribe (generic function with 3 methods)
```

次に、データフレームを読み取って表示する関数を定義しよう。

```
julia> simpledisplay(df) =
           foreach(x -> println(x[1], ": ", simpledescribe(x[2])),
                   eachcol(df, true))
simpledisplay (generic function with 1 method)
```

最後に、定義したsimpledisplay関数をテストしてみよう。

```
julia> simpledisplay(df)
s: categorical
n: numeric
f: unknown type
```

説明しよう

このレシピでは、基本的なJuliaの多重ディスパッチ機構を紹介した。simpledisplay関数がsimpledescribe関数を呼び出すと、引数の型に応じて適切なメソッドが呼び出される。

Juliaでの用語定義は以下のようになっている。**関数**は、引数の組を返り値にマップするオブジェクトだ関数には、引数として渡された値の型に応じて複数の挙動を定義することができる。関数に対して定義された、それぞれの挙動を**メソッド**と呼ぶ。関数を特定の引数で呼び出すと、引数に対して最も限定的な定義を持つメソッドが適用される。

method関数を用いると、simpledescribeに定義されているメソッドを見ることができる。

```
julia> methods(simpledescribe)
# 3 methods for generic function "simpledescribe":
```

```
[1] simpledescribe(v::Array{#s1,1} where #s1<:Number) in Main at REPL[16]:1
[2] simpledescribe(v::CategoricalArray) in Main at REPL[19]:1
[3] simpledescribe(v) in Main at REPL[15]:1
```

もう少し解説しよう

このようにディスパッチする機構は、便利なだけでなく、計算の高速化にも役立つ。例えばこの場合には、`DataFrame`型はカラムの型に関する情報をコンパイラに提供してくれないので、このテクニックは特に有用だ。このような関数はバリア関数と呼ばれる。次の例を見てみよう（この例には`BenchmarkTools.jl`パッケージが必要だ。まだインストールされていなければJuliaのREPLから、`using Pkg; Pkg.add("BenchmarkTools")`としてインストールする）。

```
julia> df = DataFrame(x=1:10^6);

julia> function helper(x)
           s = zero(eltype(x))
           for v in x
               s += v
           end
           s
       end
helper (generic function with 1 method)

julia> function fun1(df)
           s = zero(eltype(df[!, 1]))
           for v in df[!, 1]
               s += v
           end
           s
       end
fun1 (generic function with 1 method)

julia> fun2(df) = helper(df[!, 1])
fun2 (generic function with 1 method)

julia> using BenchmarkTools

julia> @btime fun1(df)
  97.066 ms (3998948 allocations: 76.28 MiB)
500000500000

julia> @btime fun2(df)
  493.591 μs (1 allocation: 16 bytes)
500000500000
```

このように性能に大きな違いが出たのは、`fun1`は`df[!, 1]`の型に特化されていないのに対して、

fun2はxの型がわかっている状態でコンパイルされるヘルパ関数で実際の仕事をしているため、Juliaがその型に対して効率的に動作するコードを生成できるからだ。

こちらも見てみよう

Juliaの多重ディスパッチに関する詳細はhttps://docs.julialang.org/en/v1.2/manual/methods/を参照してほしい。また、DataFrames.jlパッケージの詳細に関しては**「7章 Juliaによるデータ分析」**を見てほしい。

レシピ5.3 関数を値として使う

Juliaでは、関数は第一級オブジェクトとして扱われ、他の関数へ引数として渡すことができる。これによって、さまざまなプログラムの書き方が可能となっている。

このレシピでは、Juliaの構造体オブジェクトコレクションを用いて、簡単なマルチエージェントシミュレーションモデルを実行する方法を紹介する。

準備しよう

このレシピでは、新たなパッケージは必要ない。まずJuliaのREPLを起動する。

このレシピは乱数を使う。もしこのレシピとまったく同じ結果を得たければ、乱数のシードを0にしておこう。

```
using Random
Random.seed!(0);
```

やってみよう

この例では、簡単なエージェントベースのシミュレーションモデルを考える。エージェントの集団は2次元空間をランダムに動き回る。さらに、各シミュレーションステップごとに、エージェントが出発点に近ければ近いほど、動く確率が下がるようにする。kをエージェントのランクとすると（原点から最も遠く離れているエージェントのランクが最も高い）、エージェントが位置を変更する確率は1/kとなる。下記のステップに従ってシミュレーションを実行してみよう。

1. まずエージェントを定義する。

```
mutable struct Agent
    id::Int
    x::Float64
    y::Float64
    times_moved::Int
end
```

2. 関数を定義して、エージェントの動きを記述する。

```
function move!(agent::Agent)
    angle = rand()*2π
    agent.x += cos(angle)
    agent.y += sin(angle)
    agent.times_moved += 1
end
```

3. 次にエージェントを30体生成する。ブロードキャスト演算子 . を使っていることに注意しよう。

```
pop = Agent.(1:30, 0, 0, 0)
```

4. 各シミュレーションステップでの動作を定義する。

```
function step!(pop::Array{Agent,1})
    sort!(pop, by = a -> √(a.x*a.x + a.y*a.y), rev=true)
    foreach(i -> (rand() < (1/i)) && move!(pop[i]), 1:length(pop))
end
```

5. これでシミュレーションを実行できる。

```
foreach(s -> step!(pop), 1:1000)
```

6. 最後に、原点から25単位以上離れているエージェントを見てみよう。

```
julia> filter(a -> √(a.x*a.x + a.y*a.y) >= 25, pop)
2-element Array{Agent,1}:
 Agent(12, -21.782926370813627, 24.238199368699437, 436)
 Agent(4, -22.711361031074716, 17.81154946976432, 322)
```

乱数シードを0にしてあれば、まったく同じ結果になるはずだ。

説明しよう

Juliaでは関数は第一級のオブジェクトだ。このレシピでは、まず構造体を定義した。次に、エージェントの状態を変更するmove!関数を定義した。map関数は、関数とコレクションの2つを引数として受け取る。引数として渡された関数は、コレクションの個々の要素に対して実行され、その結果が配列として返される。

step!関数では、sort!関数でソートする際に名前付き引数byを指定している。この引数の値は、配列の要素の重みを計算する無名関数となっている。foreach関数を用いて、個々のエージェントに対してmove!関数を実行している。ここでも、無名関数をforeach関数への引数としている。

最後に、再びforeach関数を用いて実際のシミュレーションを実行している。filter関数を用いて望ましい値を持った配列の要素だけを抜き出している。

もう少し解説しよう

エージェントの集合を作るような場合には、fill関数を使ってはいけないことに注意しよう。もし使うと、配列のすべての要素が同じオブジェクトインスタンスを指すことになるからだ。試してみよう。

```
julia> pop = fill(Agent(1, 0.0, 0.0, 0), 3)
3-element Array{Agent,1}:
 Agent(1, 0.0, 0.0, 0)
 Agent(1, 0.0, 0.0, 0)
 Agent(1, 0.0, 0.0, 0)

julia> pop[2].id = 2
2

julia> pop
3-element Array{Agent,1}:
 Agent(2, 0.0, 0.0, 0)
 Agent(2, 0.0, 0.0, 0)
 Agent(2, 0.0, 0.0, 0)
```

このような場合、ここで用いたようにAgent.()の形で呼び出せばいい。また、他の方法としては内包表記を使う方法もある。

```
julia> pop = [Agent(i, 0.0, 0.0 ,0) for i in 1:3]
3-element Array{Agent,1}:
 Agent(1, 0.0, 0.0, 0)
 Agent(2, 0.0, 0.0, 0)
 Agent(3, 0.0, 0.0, 0)
```

こちらも見てみよう

Juliaの関数の挙動についてはJuliaのマニュアルhttps://docs.julialang.org/en/v1.2/manual/functions/index.htmlに詳細に記述されている。

レシピ5.4　関数型でプログラミングする

このレシピではJuliaで関数型プログラミングを行う方法を紹介する。ここでは関数を引数として受け取り、関数を返す関数を定義する。このようなプログラミングスタイルは、複雑な計算をする場合に役に立つ。

準備しよう

このレシピのメインの部分に関してはパッケージのインストールは必要ない。しかし、処理された関数のプロットを表示するのにUnicodePlots.jlパッケージを用いる。**「レシピ1.10　パッケージの管理」**に従ってインストールしておこう。

やってみよう

以下のステップでJuliaで関数型プログラミングを行う方法を説明する。

1. このレシピでは、まず引数として受け取った関数の導関数を返す関数を定義する。

```
function deriv(f::Function)::Function
    h = √eps()
    f1(x) = (f(x+h)-f(x))/h
    return f1
end
```

2. deriv関数をテストしてみよう。これにはUnicodePlots.jlパッケージを使って、関数2x*x+5x-4とその導関数を表示する。

```
using UnicodePlots
f(x) = 2x*x + 5x - 4;
x = -5:3;
```

3. JuliaのREPLからプロットしてみよう。

```
plot = lineplot(x, f.(x), width=45, height=15, canvas=DotCanvas, name="f(x)");
plot = lineplot!(plot, x, deriv(f).(x), name="f'(x)")
```

結果は次のようになる。

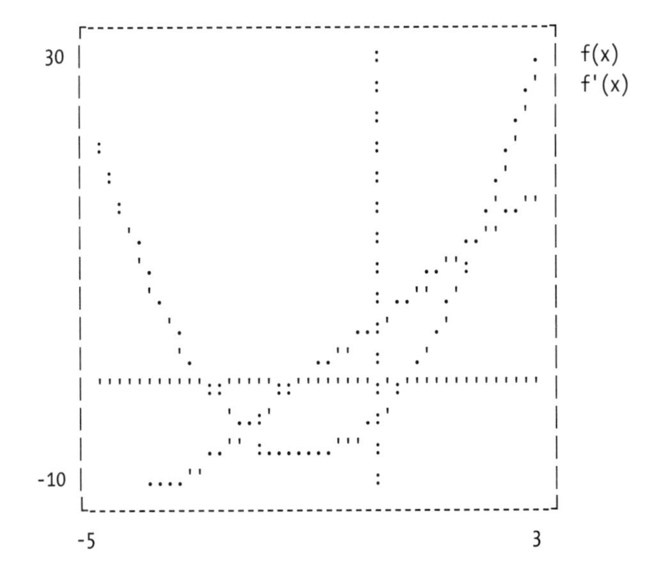

4. 次に、Juliaの関数として与えられた任意の2次方程式（$ax^2 + bx + c = 0$の形をした式）を解く関数を作ってみよう。

```
function q_solve(f)
    c = f(0)
    f1 = deriv(f)
    b = f1(0)
    a = f(1) - b - c
    d = √(b*b - 4*a*c)
    return ((-b - d)/(2*a),(-b + d)/(2*a))
end
```

5. この関数をテストしてみよう。

```
julia> q_solve(x -> (x - 1)*(x + 7))
(-7.0, 1.0)

julia> q_solve(x -> x*x + 1)
ERROR: DomainError with -3.9999999403953552:
```

6. 関数の定義では利用できる数値の型を限定していないので、複素数を含む式でも解ける。

```
julia> q_solve(x -> x*x + 1 + 0im)
(-7.450580707946132e-9 - 1.0000000074505806im, -7.450580707946132e-9 + 1.0000000074505806im)
```

説明しよう

このレシピでは、Juliaで関数を引数として受け取り別の関数を返す`deriv`関数を定義した。この関数は、引数で与えられた関数の微分を数値的に計算する。

次に、2次方程式を解くソルバ関数を定義した。この関数は任意の2次方程式を引数として受け取る。引数となる関数は、`f(x) = a*x*x + b*x + c`のような形で書く。まず、`f(0)`を計算することで`c`の値を算出する。次に`deriv(f)(0)`を計算する。この値は`(2*a*x + b)(0)`に相当するので、これで`b`の近似値が得られる。最後に`a`を計算する。これで、*f*関数の解が得られる。

この関数は型を指定していないので、実数でなく複素数値に対しても動作する。`q_solve(x -> x*x + 1)`の結果と`q_solve(x -> x*x + 1 + 0im)`の結果を比べてみよう。前者は、`x*x + 1`の解が実数領域にはないので失敗する。一方後者は、複素数を使っているので、複素数領域で答えを出す。

もう少し解説しよう

`lineplot`関数の`canvas`パラメータに別の値を試してみるといいだろう。ほかのキャンバスとしては、`BrailleCanvas`（Brailleシンボルを用いる。見た目がきれい）、`AsciiCanvas`（ASCII文字のみを用いる。Unicodeフォントをサポートしないターミナルにはこれがよい）、`BlockCanvas`（四角ブロックを用いる）、`DensityCanvas`（密度の異なる色ブロックを用いる）がある。

こちらも見てみよう

このレシピで示した例は、簡単な関数をJuliaで書く方法を示すために選んだものだ。実際に利用するコードでは、微分を行うJuliaパッケージを試してみるといいだろう（https://github.com/JuliaDiff/）。

レシピ5.5　変数のスコープを理解する

このレシピでは、Juliaのユーザにとってわかりにくい変数スコープに関する問題を説明する。変数は、ローカルスコープかグローバルスコープのどちらかとして宣言される。

やってみよう

以下のステップで、Juliaでの変数スコープの挙動をテストしてみよう。

1. 次のコードを実行して、Juliaの変数スコープを確認しよう。

```
julia> a, b = 1, 2;
julia> let a=30, b=40
           let b=500
               println("inner scope $a $b")
               end
           println("outer scope $a $b")
       end
inner scope 30 500
outer scope 30 40

julia> println("global scope $a $b")
global scope 1 2
```

let...endのブロックで作られるスコープレベルによって、変数が指すものが変わっていることがわかる。let文は、新しい変数スコープを作るのだ。

2. 次のコードを見てみよう。

```
julia> x=5;
julia> let
           println(x+1)
       end
6

julia> let
           x = x+1
       end
ERROR: UndefVarError: x not defined

julia> let
```

```
        global x = x+1
    end
6
```

このようになるのは、ある変数がローカルスコープになるかどうかをJuliaが決定するメカニズムによるものだ。すなわち、新たに書き込まれる変数は（globalキーワードが付いていない限り）常にローカルとして扱われるのだ（ただし、配列の要素への書き込みは変数への再束縛を引き起こさない）。

3. ループでの似たようなシナリオを見てみよう。与えた文字列のバイグラム（連続する2文字からなる部分文字列）の集合を作るコードだ。次のコードを試してみよう。

```
# この関数は実行に失敗する
function twogram(s::AbstractString)
    twograms = String[]
    for (i, c) in enumerate(s)
        if i == 1
            prev = c
        else
            push!(twograms, string(prev, c))
            prev = c
        end
    end
    twograms
end
```

4. 上に示した関数を実行すると次のようにエラーが出る。

```
julia> twogram("ABCD")
ERROR: UndefVarError: prev not defined
```

変数prevは、ループのスコープで宣言されている。したがって、その値はループごとに失われる。この挙動は下のように修正することができる（ループの前で、prevにlocalを付けて書いて、外側のローカルスコープ内で宣言している）

```
function twogram2(s::AbstractString)
    twograms = String[]
    local prev
    for (i, c) in enumerate(s)
        if i == 1
            prev = c
        else
            push!(twograms, string(prev, c))
            prev = c
        end
    end
```

```
    twograms
end
```

これで、コードは期待した通りに動作する。

```
julia> twogram2("ABCD")
3-element Array{String,1}:
 "AB"
 "BC"
 "CD"
```

関数twograms2の内容をJuliaのREPLに直接コピーしても期待した通りには動作しないことに注意しよう。

```
julia> s="ABCD"
julia> twograms = String[]
julia> local prev
julia> for (i, c) in enumerate(s)
           if i == 1
               prev = c
           else
               push!(twograms, string(prev, c))
               prev = c
           end
       end
ERROR: UndefVarError: prev not defined
```

5. このコードを実行できるようにするには、ローカルなスコープを作る必要がある。それには、例えばletを用いればいい。

```
julia> s="ABCD"
julia> twograms = String[]
julia> let
           local prev
           for (i, c) in enumerate(s)
               if i == 1
                   prev = c
               else
                   push!(twograms, string(prev, c))
                   prev = c
               end
           end
           twograms
       end

3-element Array{String,1}:
 "AB"
```

```
 "BC"
 "CD"
```

6. もう1つの解決法は、prevへの代入する際に、毎回globalキーワードを付けることだ。

```
julia> s="ABCD";
julia> twograms = String[];
julia> for (i, c) in enumerate(s)
           if i == 1
               global prev = c
           else
               push!(twograms, string(prev, c))
               global prev = c
           end
       end

julia> twograms
3-element Array{String,1}:
 "AB"
 "BC"
 "CD"
```

説明しよう

Juliaには、グローバルスコープとローカルスコープの2種類のスコープがある。JuliaのREPLでは変数はデフォルトでグローバルスコープに作られるが、関数ではローカルスコープに作られる。このため、(例えばテストのために) Juliaの関数ボディをそのままJuliaのREPLにコピペする場合には、let...endブロックで周りを囲まなければならない。さもないと、REPLでの変数解決と関数内部での変数解決の挙動が変わってしまう。

(forやwhileなどの) ローカルスコープの内部では、グローバル変数は読み出しにしか使えず、代入できないことに注意しよう (より正確に言うと、ローカルスコープ内でグローバル変数に代入しようとすると、その変数はローカル変数としてコンパイラに扱われるようになってしまう)。これを回避する方法は2つある。

- 代入の際にはglobalを頭に付ける。
- 全体をlet ... endブロックで囲む (こうすると、グローバル変数だったものがローカルスコープの変数になる)。

個々のモジュールは固有のグローバルスコープを持つことに注意しよう。Juliaのコマンドラインは、Mainモジュールのグローバルスコープで動作する。モジュール内にコードを定義すると、そのモジュール内グローバルスコープになる。これらのモジュールのスコープにも先程述べたのと同じルールが適用される。例を見てみよう。

```
module B
    x=1
    function getxplusone()
        return x+1
    end
    function increasex()
        return x+=1
    end
    function increasexglob()
        return global x+=1
    end
end
```

このサンプルの動作は、レシピで示したものとほとんど同じだということがわかるだろう。

```
julia> B.getxplusone()
2

julia> B.increasex()
ERROR: UndefVarError: x not defined

julia> B.increasexglob()
2
```

最後にもう1つ注意すべき点がある。関数は新しいローカルスコープを作る。関数内のスコープ（ローカルスコープ）とJuliaのREPL（グローバルスコープ）では挙動がまったく異なる。次のコードを見てみよう。

```
function f()
    x= 1
    for a in 1:10
        x +=1
    end
    x
end
```

この関数をJuliaのREPLで実行してみよう。

```
julia> f()
11
```

次に、この関数のボディ部のコードをJuliaのREPLでテストすることを考えてみよう。

```
julia> x=1;
julia> for a in 1:10
           x +=1
       end
ERROR: UndefVarError: x not defined
```

ここで問題となるのは、変数xが（この例の関数ボディのような）ローカルスコープにある場合には、内側のローカルスコープから書き込むことができる。しかし、このルールは、グローバルスコープで定義された変数には適用されない。

上のコードを実行する方法は2つある。1つは、letブロックで囲んでローカルスコープを作る方法、もう1つはxが参照されるところにglobalキーワードを付ける方法だ。

```
julia> let
           x= 1
           for a in 1:10
               x +=1
           end
           x
       end
11

julia> x = 1
1

julia> for a in 1:10
           global x += 1
       end
julia> x
11
```

もう少し解説しよう

Juliaのループや内包表記は新しいスコープを作る。したがって、同じような動作が内包表記でも確認できる。

```
julia> z = 5
julia> [(x=z+i;x) for i in 1:2]
2-element Array{Int64,1}:
 6
 7
```

しかし、zに対して値を代入しようとすると、うまく動かない（内包表現の中は新しいローカルスコープだからだ）。

```
julia> z = 5
julia> [(z=z+i;z) for i in 1:2]
ERROR: UndefVarError: z not defined
```

しかし、zがglobalだということを明示すると、今度は内包表現の中からアクセスできるようになる。

```
julia> z = 5
julia> [(global z=z+i;z) for i in 1:2]
```

```
2-element Array{Int64,1}:
 6
 8
```

let文で作った新しい環境は、let文のスコープから離れた後でも保存されている値を保持することができる。

```
julia> let state = 0
           global counter() = (state += 1)
       end;

julia> counter()
1

julia> counter()
2
```

state変数の値はletブロックのローカルスコープの中からしか参照できず、グローバルなスコープからは見えないことに注意しよう*1。

```
julia> state
ERROR: UndefVarError: state not defined
```

こちらも見てみよう

Juliaの変数スコープについてのドキュメントはhttps://docs.julialang.org/en/v1.2/manual/variables-and-scoping/にある。

レシピ5.6 例外処理

このレシピではJuliaの例外処理機構の利用方法を紹介する

準備しよう

このレシピではパッケージをインストールする必要はない。

やってみよう

コードを実行した際に、予期していなかったエラーが起きる場合がある。例えばファイルを扱っている場合だ。

---

*1 訳注：本稿翻訳時点では、このレシピのグローバル変数の挙動に関しては、JuliaのREPLとJupyter Notebookとで挙動がまったく違っている。Jupyterではグローバル変数とローカル変数の差をあまり意識せずに使うことができる。これは、Jupyter NotebookがSoftGlobalScope.jl（https://github.com/stevengj/SoftGlobalScope.jl）をデフォルトで利用しているからだ（https://github.com/JuliaLang/julia/issues/28750を参照）。将来的には同じような機構がJuliaのREPLにも導入される可能性がある。

1. JuliaのREPLを実行し、次のログを出力する関数を定義する。この関数はログをファイルに追記する。

```
function loglines(filename, lines...)
    f = open(filename, "a")
    foreach(line -> (println(f, line)), lines)
    sqrt(-2)
    close(f)
end
```

2. 次にこの関数をREPLから実行してみよう。

```
julia> loglines("mylog.txt", "Test log:")
ERROR: DomainError with -2.0:
sqrt will only return a complex result if called with a complex
argument. Try sqrt(Complex(x)).
```

try-catchブロックを用いると、エラーを抑制できる。

```
julia> try
           loglines("mylog.txt", "Test log:")
       catch e
           dump(e)
       end
DomainError
  val: Float64 -2.0
  msg: String "sqrt will only return a complex result if called
 with a complex argument. Try sqrt(Complex(x))."
```

3. このコマンドがログシステムのどこかでtry-catchブロックの中で用いられているとしよう。例えばこのように。

```
for i in 1:100_000
    try
        loglines("mylog2.txt", string(i))
    catch
    end
end
```

4. ファイルの中身を見てみよう。

```
julia> f = open("mylog2.txt")
ERROR: SystemError: opening file mylog2.txt: Too many open files
```

5. mylog2.txtを外部のエディタで見てみると、次のようになっているはずだ（空白行があり、番号が飛び飛びになっていることに注意しよう）。

```
1



7478
49786
```

6. これ以上ファイルがオープンできないので、このREPLは使えない。一度クローズしよう。

```
julia> exit()
```

7. 新しいJuliaのREPLを起動し、下の関数を定義する。

```
function loglines2(filename, lines...)
    f = open(filename, "a")
    try
        foreach(line -> println(f, line),lines)
        sqrt(-2)
    finally
        close(f)
    end
end
```

8. この関数を実行して、エラーが同じように出ることを確認しよう。

```
julia> loglines2("mylog3.txt", "Test log:")
ERROR: DomainError with -2.0:
sqrt will only return a complex result if called with a complex
argument. Try sqrt(Complex(x)).
```

9. 変更した関数を100_000回実行してみよう。

```
open("mylog3.txt", "w") do f end  #makes sure the file is empty
for i in 1:100_000
    try
        loglines2("mylog3.txt", string(i))
    catch e
        if !(e isa DomainError)
            rethrow(e)
        end
    end
end
```

10. ファイルの内容を読み出して、すべてのログが実際に書き込まれていることを確認しよう。

```
julia> lines = open("mylog3.txt") do f
           readlines(f)
       end;
```

```
julia> all([lines[i]==string(i) for i in 1:100_000])
true
```

説明しよう

このレシピでは、プログラミングでよく突き当たる問題の1つである、資源を開放しそこねたためにデータが壊れてしまうという問題を紹介した。まず、エラーを起こす関数を作った。エラーはtry-catchブロックで制御できる。しかし、プログラムが開放する必要のある何らかの資源を取得している場合には、finallyブロックが必要になる。finallyブロックは、catchブロックのコードが成功したかどうかにかかわらず、常に実行される。したがって、Juliaプログラムで資源を確保して開放する場合にはこのように書くのがおすすめだ。

finallyブロックにreturn文がある場合には、例外が発生しなくなる。下の例で確認してみよう。このコードにはcatchブロックがない。DomainErrorが投げらることはないからだ。関数はreturn文を実行し、そのまま実行を続ける。

```
julia> function ff(a)
           res = missing
           try
               res = sqrt(a)
           finally
               return res
           end
       end;

julia> ff(4)
2.0

julia> ff(-2)
missing
```

また、try-catchブロックを用いる際には、さまざまな例外の型に対して、個別に処理を記述したほうがよい。このレシピでは、e isa DomainErrorを用いて例外が予期した通りの型かどうかを確認している。

もう少し解説しよう

@warnマクロと@errorマクロを用いるとエラー報告をきれいにフォーマットできる。次の関数を見てみよう。

```
function divide(a,b)
    b == 0 && @warn "Division by zero"
    a/b
end
```

実行してみよう。

```
julia> divide(3, 5)
0.6

julia> divide(3, 0)
┌ Warning: Division by zero
└ @ Main REPL[25]:2
Inf
```

同様に、@errorマクロを使ってエラーメッセージを表示することもできる。

```
function divide2(a, b)
    b == zero(typeof(b)) && @error "Division by zero"
    a/b
end
```

@errorマクロを使っていてもdivide2は正常に実行されることに注意しよう（@errorマクロはエラーメッセージをフォーマットして表示するだけで、Exceptionを投げるわけではない）。

```
julia> divide2(3, 0)
┌ Error: Division by zero
└ @ Main REPL[28]:2
Inf
```

実際にゼロ除算を禁止したいのであれば、throw関数を呼ぶ必要がある。

```
function divide3(a, b)
    if b == zero(typeof(b))
        @error "Division by zero"
        throw(ErrorException("Division by zero"))
    end
    a/b
end
```

こうするとコードは、エラーを出すようになる。

```
julia> divide3(3, 0)
┌ Error: Division by zero
└ @ Main REPL[43]:3
ERROR: Division by zero
Stacktrace:
 [1] macro expansion at .\logging.jl:307 [inlined]
 [2] divide3(::Int64, ::Int64) at .\REPL[43]:3
 [3] top-level scope at none:0
```

throw(ErrorException("Division by zero"))と書く代わりに、error("Division by zero")と短く書くこともできる。これもErrorException型の例外を投げる。また、Juliaにはさまざまな組み込

みの例外型が用意されているので、場合に応じて選択するといい。subtypes(Exception)とすると、例外型のリストを見ることができる。

```
julia> subtypes(Exception)
55-element Array{Any,1}:
 ArgumentError
 AssertionError
 Base.CodePointError
 Base.IOError
 Base.InvalidCharError
 ⋮
 Test.TestSetException
 TypeError
 UndefKeywordError
 UndefRefError
 UndefVarError
```

もちろん、独自の例外型を定義してこのリストに追加することもできる。

```
julia> struct MyException <: Exception
           msg::String
       end
julia> throw(MyException("something went wrong"))
ERROR: MyException("something went wrong")
Stacktrace:
 [1] top-level scope at none:0
```

また、このレシピではthrow関数とrethrow関数を使って例外を投げた。rethrow関数のほうは現在の例外バックトレースを変更しない。catchブロックで捕捉した例外を再度投げる場合にはこちらを使おう。

こちらも見てみよう

Juliaの例外処理に関しては、https://docs.julialang.org/en/v1.2/manual/control-flow/#Exception-Handling-1を参照してほしい。Juliaのログ機構（@errorや@warn）に関しては、8章の「**レシピ8.4 コードのログを取る**」でより広く説明する。

レシピ5.7 名前付きタプルの使い方

名前付きタプルを表す抽象型NamedTupleは、便利な変更不能データ構造で、格納された要素に対して名前やインデックスでアクセスできる。基本的には、データスロットに省略可能な名前情報が追加されたタプルだと思えばいい。しかし、この2つの型には重要な相違点がある。タプルは共変（covariant）であるのに対して、名前付きタプルは非変（invariant）なのだ。言い換えると、名前付きタプルは、サブタイプという観点からは、通常の構造体と同じように振る舞うということだ。これによってメソッドディスパッチの挙動が大きく違ってくる。

やってみよう

まず、2つのタプルと2つの名前付きタプルを作る。

```
julia> t1 = (1, 2)
(1, 2)

julia> t2 = (1.0, 2)
(1.0, 2)

julia> nt1 = (a=1, b=2)
(a = 1, b = 2)

julia> nt2 = (a=1.0, b=2)
(a = 1.0, b = 2)
```

タプルは共変なので、t1とt2はいずれもTuple{Real, Int}のサブタイプとなる。

```
julia> t1 isa Tuple{Real, Int}
true

julia> t2 isa Tuple{Real, Int}
true
```

しかし、名前付きタプルは非変なので、同じルールは適用されない。

```
julia> nt1 isa NamedTuple{(:a, :b), Tuple{Real, Int64}}
false

julia> nt2 isa NamedTuple{(:a, :b), Tuple{Real, Int64}}
false
```

共通のスーパータイプを指定するには、where節を用いる。

```
julia> nt1 isa NamedTuple{(:a, :b), Tuple{T, Int64}} where T<:Real
true

julia> nt2 isa NamedTuple{(:a, :b), Tuple{T, Int64}} where T<:Real
true
```

説明しよう

通常のタプルと名前付きタプルのサブタイプに関する挙動の相違は、これらの型から派生する複数の異なる型を持つオブジェクトを1つのコレクションに入れた場合に明らかになる。以下の例を見てみよう。

```
julia> [t1, t2]
2-element Array{Tuple{Real,Int64},1}:
 (1, 2)
```

```
(1.0, 2)

julia> [nt1, nt2]
2-element Array{NamedTuple{(:a, :b),T} where T<:Tuple,1}:
 (a = 1, b = 2)
 (a = 1.0, b = 2)
```

Juliaは、Tupleの場合にはNamedTupleの場合よりも、より制約の強い共通のスーパータイプを見つけることができている。Tupleの場合にはTuple{Real,Int64}のサブタイプしか受け付けない型となっているが、NamedTupleの場合には、aとbというフィールド名を持つNamedTupleであれば、何でも受け付ける配列になっている。

もう少し解説しよう

Juliaは、キーワード引数を関数に渡す際に名前付きタプルを用いる。このおかげで、渡されるキーワード引数の型に特化されたコードをコンパイラが生成できる（キーワード引数の型だけが異なる複数のメソッドを定義することはできないのだが）。

JuliaがNamedTupleオブジェクトの変位問題を回避する方法を理解するために、次の例を見てみよう。

```
julia> foo(x; y::Integer) = (x, y)
foo (generic function with 1 method)

julia> @code_lowered foo(1, y=1)
CodeInfo(
1 ── %1  = Base.haskey(@_2, :y)
└───          goto #6 if not %1
2 ── %3  = Base.getindex(@_2, :y)
│    %4  = %3 isa Main.Integer
└───          goto #4 if not %4
3 ──         goto #5
4 ── %7  = %new(Core.TypeError, Symbol("keyword argument"), :y, Main.Integer, %3)
└───          Core.throw(%7)
5 ┄─         @_6 = %3
└───          goto #7
6 ── %11 = Core.UndefKeywordError(:y)
└───          @_6 = Core.throw(%11)
7 ┄─         y = @_6
│    %14 = (:y,)
│    %15 = Core.apply_type(Core.NamedTuple, %14)
│    %16 = Base.structdiff(@_2, %15)
│    %17 = Base.pairs(%16)
│    %18 = Base.isempty(%17)
└───          goto #9 if not %18
8 ──         goto #10
```

```
9 ──        Base.kwerr(@_2, @_3, x)
10 ── %22 = Main.:(#foo#3)(y, @_3, x)
└───          return %22
)
```

Juliaは、渡されたNamedTupleの型に対するマッチングを行っていないことがわかる。NamedTuple{(:y,),Tuple{Int64}}はNamedTuple{(:y,),Tuple{Integer}}のサブタイプではないからだ。与えられたキーワード引数の名前を直接チェックし、型が正しいかどうかを%3 isa Main.Integerとして確認している。

こちらも見てみよう

通常の型に対しては非変になり、タプルに対しては共変になることについては本章の**「レシピ5.1 Juliaのサブタイプを理解する」**で説明した。

6章 メタプログラミングと高度な型

本章で取り上げる内容

- メタプログラミングを理解する
- マクロと関数生成を理解する
- ユーザ定義型を作ってみる―連結リスト
- 基本型を定義する
- イントロスペクションを使ってJuliaの数値型の構成を調べる
- 静的配列を利用する
- 変更可能型と変更不能型の性能差を確認する
- 型安定性を保証する

はじめに

本章では、少し進んだJuliaプログラミングに関するトピックを取り上げる。まず、Juliaのコードをパースした AST（Abstract Syntax Tree：抽象構文木）を操作するメタプログラミングと呼ばれる手法と、それを用いてマクロを定義する方法を説明する。次に、ユーザ定義型（複雑なものもあれば、単純なものもある）を定義する方法を紹介する。最後に、コードの実行速度に影響する重要な言語機能に焦点を当てる。関数生成を利用することで配列操作を大幅に高速化することのできる静的配列を紹介する。さらに、変更可能データ型と変更不能データ型とで性能が違うことや、データ型安定性が性能に影響することを説明する。

レシピ6.1 メタプログラミングを理解する

メタプログラミングとは、プログラムが自分自身のコードを参照変更することだ。メタプログラミングを行うには、コード自身をその言語のデータ構造で表現しなければならない。Juliaではこの強力な機能がさまざまなレベルで提供されている。このレシピでは、入力データにマッチするようにJuliaの構造体データ型を自動的に生成する方法を通じて、メタプログラミングの考え方を紹介する。この例は、事前には構造のわからないデータを処理し、Juliaのデータ構造に格納したい場合に役立つ。

準備しよう

このレシピでは外部パッケージは使わない。

やってみよう

カンマで区切られたデータがあるとしよう。

```
data="""
id,val,class
1,4,A
2,39,B
3,44,C
"""
```

このデータはファイルに入っていてもいいのだが、この例では話を簡単にするために、文字列変数に入っていることにする。このようなデータセットをパースして、このデータの構造に合致した構造体オブジェクトを収めた配列を生成する（NamedTupleを使ってもいいのだが、ここでは構造体を使う）。

このレシピでは次の2つの方法を紹介する。

- Juliaのコードを表した文字列を作ってeval関数で扱う方法
- ASTを用いるより進んだ方法

eval関数によるメタプログラミング

次の手順に従ってやってみよう。

1. 次の関数を考える。

```
function new_struct(fields::Vector{Tuple{String,DataType}})
    name =  "A" * string(hash(fields), base=16)
    code = "begin\nstruct $name\n"
    for field in fields
        code *= field[1] * "::" * string(field[2]) * "\n"
    end
    eval(Meta.parse(code * "end\n$name\nend"))
end
```

この関数は、構造体の名前を（構造体のフィールド名を評価して）生成し構造体を定義するJuliaのコードを文字列として組み上げる。

2. この関数をJuliaのREPLで試してみよう。

```
julia> MyS = new_struct([("a", Int), ("b", String), ("c", Int)])
julia> dump(MyS)
```

```
A5cc33285fde10b33 <: Any
  a::Int64
  b::String
  c::Int64
```

3. 次にテキストデータから、カラム名と型を解析する関数を定義する。

```
function parse_data(data::AbstractString)
    lines = filter(x->length(x)>0, strip.(split(data, ('\n', '\r'))))
    colnames = string.(split(lines[1], ','))
    row1 = split(lines[2], ',')
    coltypes = [occursin(r"^-?\d+$", val) ? Int64 : String for val in row1]

    (lines[2:end], new_struct(collect(zip(colnames, coltypes))))
end
```

4. テストしてみよう。ここでは、コードを簡潔にするために、StringとInt64データ型のみをサポートしている（Float64のデータはStringとして扱われる）。

```
julia> dump(parse_data("col1,col2,col3\nabc,123,123.5")[2])
A39a03927131d3fa0 <: Any
    col1::String
    col2::Int64
    col3::String
```

5. テキストデータを解析して、構造体のVectorに格納する関数parse_textを定義する（ただしIntとStringの2つの型しかサポートしていない）。

```
function parse_text(data::AbstractString)
    lines, MyStruct = parse_data(data)
    res = MyStruct[]
    for line in lines
        colvals = split(line, ',')
        f = (t, v)->t<:Int ? parse(Int, v) : string(v)
        vals = f.(MyStruct.types, colvals)
        push!(res, Base.invokelatest(MyStruct, vals...))
    end
    return res
end
```

6. この関数を使ってdataオブジェクトをパースしてみよう。

```
julia> parse_text(data)
3-element Array{A56d02402a5387976,1}:
 A56d02402a5387976(1, 4, "A")
 A56d02402a5387976(2, 39, "B")
 A56d02402a5387976(3, 44, "C")
```

AST(Abstract Syntax Tree:抽象構文木)を用いたメタプログラミング

parse関数を使わずに、実行するコードを表したAST構造を直接生成する方法でもコードを生成することができる。これにはExpr型を用いる。これを用いると、コードブロックをJuliaのデータ構造として動的に生成することができる。

1. new_struct2関数を見てみよう。上のレシピで示したnew_struct関数と同じことを行う。

```
function new_struct2(fields::Vector{Tuple{String,DataType}})
    name =  "A" * string(hash(fields), base=16)
    c = Expr(:block,
            Expr(:struct,false,Symbol(name),
                Expr(:block, [Expr(:(::), Symbol(f[1]),
                                f[2]) for f in fields]...)),
            Symbol(name))
    eval(c)
end
```

Expr()の代わりに:()を用いることでさらに短くすることができる。:()を用いると、例えばExpr(:(::),Symbol(f[1]), f[2])は、:($(Symbol(f[1]))::$(f[2]))と書くことができる。ここで$は補間演算子だ。

```
function new_struct3(fields::Vector{Tuple{String,DataType}})
    name =  "A" * string(hash(fields), base=16)
    c = :(begin
            struct $(Symbol(name))
               $([:($(Symbol(f[1]))::$(f[2])) for f in fields]...)
            end
            $(Symbol(name))
        end)
    eval(c)
end
```

2. この関数をテストしてみよう。

```
julia> MyS2 = new_struct2([("a", Int), ("b", String), ("c", Int)])
julia> dump(MyS2)
A5cc33285fde10b33 <: Any
  a::Int64
  b::String
  c::Int64
```

3. 新しい関数は、以前作ったnew_structとまったく同じように動作する。MySがまだREPLから参照できるのであれば、次のようにして結果が同じであることを確認してみよう。

```
julia> MyS == MyS2
true
```

説明しよう

このレシピでは、Juliaのコードをプログラムで構成してそれを実行する方法を紹介した。新しいデータ型を作るには、それに名前を与えなければならない。ここでは、パラメータ列のハッシュコードに基づいて型名を与えている。この方法だと、生成される構造体の名前が構造によって決まるので、同じフィールド名と型を持つ構造体は常に同じ構造体名になる。新しく作った構造体型のMySオブジェクトを作り、dump関数で表示した。この関数を使うと、任意のJuliaオブジェクトの中身を見ることができる。この機能を用いてJuliaのバージョン情報がどのように格納されているかを見てみよう。

```
julia> dump(VERSION)
VersionNumber
  major: UInt32 0x00000001
  minor: UInt32 0x00000000
  patch: UInt32 0x00000001
  prerelease: Tuple{} ()
  build: Tuple{} ()
```

任意の構造体を作成する関数があれば、ファイルのヘッダラインから得たフィールド名と、データの1行目から取得したデータ型で、構造体を作ることができる。Stringの値がIntに変換できるかどうかを確認するために、正規表現r"^-?\d+$"を用いている。この正規表現は次の構成要素を使っている。

記号	意味
^	文字列の先頭を表す
?	ある文字が0回もしくは1回だけ現れることを表す
\d	任意の数字を表す
+	ある文字が1回以上現れることを表す
$	文字列の末尾を表す

つまりこの正規表現は、省略可能なマイナス記号に続いて1つ以上の数字が付いた文字列にだけマッチする。

このレシピの鍵になる関数はevalだ。この関数は与えられた式を、evalが用いられたモジュール（この例ではJuliaのREPLで使われるMainモジュール）のグローバルスコープで評価する。

このレシピでは、eval関数に渡す式を作る方法を2つ紹介した。

- Juliaコードを書いた文字列を適切に作り、それに対してMeta.parse関数を呼び出す。関数new_structではこの方法を使った。
- :(...)もしくはExprを呼び出して式を構築する。関数new_struct2ではこの方法を使った。

複雑なことを行う場合には、文字列をparseするのではなく、式を構築したほうがいいだろう。

最後に、このレシピに関する高度なトピックを2つ説明しよう。

1つ目は、構造体の名前に関して。新しく構造体を作る際には、使われていない名前を生成する必要がある。このレシピでは"A" * string(hash(fields), base=16)という式で名前を作った。こうすると、new_struct関数を同じ引数で呼び出すと、同じ名前になる。この方法の問題点は、その名前がすでに使われている可能性が、非常に小さいとはいえ、存在することだ（可能性が小さいのはフィールドのハッシュ値を使っているからだ）。名前が衝突しないことが保証されている方法として、gensym関数を使う方法がある。こちらの方法の問題点は、呼びされるごとにユニークなシンボルを毎回作ってしまうことだ。同じ引数で2回呼び出しても、別の名前の構造体になってしまう。

2つ目のトピックは、なぜBase.invokelatestを使わなければならないか。これは、parse_text関数が呼び出しているMyStructが、parse_text関数が実行される時点では存在するが、parse_text関数がコンパイルされる時点では存在しないからだ。簡単な例で、Base.invokelatest関数がなぜ必要なのかを確認してみよう。

```
julia> function f1()
           eval(:(g1() = 10))
           g1()
       end

julia> function f2()
           eval(:(g2() = 10))
           Base.invokelatest(g2)
       end

julia> f1()
ERROR: MethodError: no method matching g1()
The applicable method may be too new: running in world age 25085, while
current world is 25086.

julia> f2()
10
```

もう少し解説しよう

new_struct2関数はマクロで実現することもできる。構造体の名前とフィールド名と型のリストを受け取って、適切なコードを生成するマクロだ。マクロについては次のレシピで説明する。

こちらも見てみよう

Juliaのメタプログラミングに関するドキュメントはhttps://docs.julialang.org/en/v1.2/manual/metaprogramming/にある。

Juliaパッケージの中には、メタプログラミング機構を用いた動的な型とメソッドの生成に深く依存しているものもある。代表的な例がJLD2.jlパッケージだ。より高度なJuliaの使い方を知りたければ、https://github.com/simonster/JLD2.jlにあるソースコードを読んでみるといいだろう。

レシピ6.2　マクロと関数生成を理解する

Juliaには非常に強力なマクロシステムが用意されており、これを用いると生成したコードをプログラムに埋め込むことができる。この埋め込みはコンパイル時に行われ、ソースコードのAST（抽象構文木）を操作することができる。

準備しよう

マクロや関数生成は、言語の機能なので、インストールは必要ない。しかしこのレシピでは、コードの性能評価も行い、そのためにBenchmarkTools.jlを用いる。「**レシピ1.10　パッケージの管理**」に従ってインストールしておこう。

やってみよう

このレシピは2つのパートに分かれる。最初のパートでは、Juliaを用いて関数の結果をキャッシュするマクロを構築する方法を示す。2つ目のパートでは、関数を生成してループアンローリングを行うことで計算を高速化する方法を紹介する。

マクロを使って関数の実行結果をキャッシュする

以下のステップにしたがって、関数の結果をキャッシュするようにしてみよう。

1. この例では、データをキャッシュするマクロを書く。このマクロを用いる対象のサンプルとして、まずフィボナッチ数列のn番目の要素を計算する関数を書いてみよう。

```
function fib(n)
    n <= 2 ? 1 : fib(n-1) + fib(n-2)
end
```

2. nが40のときに、この関数の実行にどれだけ時間がかかるかを確認してみよう（事前にコンパイルされるように、計測する前に一度実行しておく）。

```
julia> fib(4)
3

julia> @time fib(40)
 0.499755 seconds (5 allocations: 176 bytes)
102334155
```

この計算は再帰的に定義されているので、f(n)が同じnに対して何度も実行されるので、小さいnに対してすらかなり長い時間がかかることがわかるだろう。

3. 同じnに対して何度もf(n)を実行しなくても済むように、キャッシュ機構を実装しよう。次の関数を見てみよう。

```
function memoit(f::Function, p)
    if !isdefined(Main, :memoit_cache)
        global memoit_cache = Dict{Function,Dict{Any,Any}}()
    end
    c = haskey(memoit_cache, f) ? memoit_cache[f] : memoit_cache[f]=Dict()
    haskey(c, p) ? c[p] : c[p] = f(p)
end
```

4. この関数を使って、フィボナッチ関数を実装してみよう。

```
function fib2(n)
    n <= 2 ? 1 : memoit(fib2, n-1) + memoit(fib2, n-2)
end
```

5. 性能を確認する。

```
julia> fib2(4)
3

julia> @time fib2(40)
 0.000188 seconds (58 allocations: 2.328 KiB)
102334155
```

かなり高速化されたことがわかる。

6. しかし、このメモ化関数を用いたfib2は読みにくい。そこで、この問題を解決するためにマクロを導入する。

```
macro memo(e)
    println("macro @memo is run: ", e, " ", e.args)
    (!(typeof(e) <: Expr) || !(e.head == :call)) &&
        error("wrong @memo params")
    return quote                    # 1引数の関数だけを扱う
        memoit($(esc(e.args[1])), $(esc(e.args[2])))
    end
end
```

7. このマクロを用いてフィボナッチ関数を定義してみよう（今回は出力も表示する）。

```
julia> function fib3(n)
           n <= 2 ? 1 : (@memo fib3(n-1)) + (@memo fib3(n-2))
       end
macro @memo is run: fib3(n - 1) Any[:fib3, :(n - 1)]
macro @memo is run: fib3(n - 2) Any[:fib3, :(n - 2)]
fib3 (generic function with 1 method)
```

8. 新たに定義した@memoマクロを用いるfib3関数の性能を見てみよう。

```
julia> fib3(4)
3

julia> @time fib3(40)
  0.000191 seconds (58 allocations: 2.328 KiB)
102334155
```

実行速度はfib2の場合と同じだということがわかる。この例では、関数呼び出し結果をキャッシュするマクロを作ったが、関数の側にデコレータとしてメモ化マクロを付けることもできる。そのような機能はMemoize.jlパッケージで実装されている。

@generatedマクロを使ってループをアンローリングする

複数の異なるオブジェクトがあり、それらの同じフィールド値の合計を計算したいとしよう（例えば、いくつかの異なるstructオブジェクトからフィールド.xの値の総計を計算することを考える）。

1. 関数で普通に実装すると次のようになる。

```
function sumx1(objs...)
    isempty(objs) && return 0
    total = objs[1].x
    for i in 2:length(objs)
        total += objs[i].x
    end
    total
end
```

2. テスト用に2つの構造体を作っておく。

```
struct A x::Int end
struct B x::Float64 end
```

3. 先程定義した関数が適切に合計できることと、返り値の型が引数のxフィールドの値に依存することを確認しよう。

```
julia> sumx1(A(5), B(7))
12.0

julia> sumx1(A(5), A(17))
22
```

4. この関数は、引数として渡された、型の不明なオブジェクトの集合を処理するように書かれている。特定の型の引数に対して特化され、さらにループがアンロールされたコードを生成すればもっと性能を良くできるはずだ。次の関数を見てみよう。

```
@generated function sumx2(objs...)
    isempty(objs) && return 0          # 引数がなかった場合のデフォルト返り値
    total = :(objs[1].x)
    for i in 2:length(objs)
        total = :($total + objs[$i].x)
    end
    total
end
```

5. まず、この2つの実装が機能的には同じであることを確かめよう。

```
julia> sumx2(A(5), B(7)) == sumx1(A(5), B(7))
true

julia> sumx2(A(5), A(17)) == sumx1(A(5), A(17))
true
```

6. 性能はどうだろうか。

```
julia> using BenchmarkTools

julia> const valsx = ([A(i) for i=1:10]..., [B(i) for i=1:10]...)

julia> typeof(valsx)
Tuple{A,A,A,A,A,A,A,A,A,A,B,B,B,B,B,B,B,B,B,B}

julia> @btime sumx1(valsx...)
  638.725 ns (38 allocations: 3.56 KiB)
110.0

julia> @btime sumx2(valsx...)
  1.706 ns (0 allocations: 0 bytes)
110.0
```

@generatedで生成された関数はほとんど400倍高速で、使用メモリ量は1/4程度であることがわかる。したがって、引数の型によって性能が大きく変化する場合には@generatedマクロを使ったほうがいい。

説明しよう

memoit関数は、関数呼び出しの引数と結果を保持するグローバルなキャッシュストレージを生成する。フィボナッチ数の計算には同じnに対するfib(n)を何度も計算するので、これで計算が大幅に速くなる。

memoit関数を便利に使いやすくするために、@memo macroでラップした。Juliaのマクロは、任意のJulia式(Expr)、リテラル値、シンボルを引数としてとり、それらを変換し、Exprオブジェクトを返す。

マクロは、Expr型のオブジェクトを返すことになっているので、クォートブロックを用いてExprオブジェクトを作っている。クォートブロックの中では、文字列の中と同様に補間演算子$を使うことができる。マクロに渡される引数には、生成されるコードの中に引き継ぎたい式が含まれる。このような場合にはエスケープ関数escを用いて、パラメータが適切に引き継がれるようにする必要がある。より正確に言うと、esc関数でエスケープした式の中に含まれる変数は、マクロを使用したスコープ内で評価される。簡単な例で確認してみよう。

```
julia> macro example(v)
           :(($v, $(esc(v))))
       end
@example (macro with 2 methods)

julia> function f()
           x = 1
           @example x
       end
f (generic function with 1 method)

julia> x = 10
julia> f()
(10, 1)
```

マクロが返す式をチェックするには、@macroexpandマクロを用いればいい。exampleマクロをチェックしてみよう。

```
julia> @macroexpand @example x
:((Main.x, x))
```

マクロの挙動をわかりやすくするために、メモ化マクロにprintln文を入れてある。マクロは、新しい関数が実行された際に1度だけ（コンパイル時に）しか実行されないことに注意しよう。マクロは、与えられたコードを引数として実行される。Juliaのマクロはプログラムの実行時に実行されるわけではない。実行時には、fib3関数を構成するコードはすでにmemoit関数の中に展開されている。

macroexpand関数を使ってマクロが生成する式を見ることもできる。この場合には、マクロ呼び出しをパースして、JuliaのExprオブジェクトにする必要がある（ここでは:()演算子を使った）。

```
julia> n=5
5

julia> macroexpand(Main, :(@memo fib3(n-1)))
macro executes fib3(n - 1) Any[:fib3, :(n - 1)]
quote
    #= REPL[2]:5 =#
    (Main.memoit)(fib3, n - 1)
end
```

@memo fib3(4)を実行すると、パースして取得した値を引数として、事前に定義したmemoit関数を呼び出すコードが生成されている。

レシピの後半では、メタプログラミングを使って関数中のループをアンロールした。sumx2関数は、totalを計算するJuliaのExprを返すのであって、totalの値を返しているわけではないことに注意しよう。この関数は@generatedマクロで処理されている。この関数が呼び出されるたびに、この関数のボディ部が実行されExprが作られる。補間演算子$を使っていることに注意しよう。この表記方法はJuliaの文字列で使う補間と似ている。ここでは、生成されるコードの中にインデックス値を置くのと、式をつなげていくために補間演算子を使っている*1。

もう少し解説しよう

Juliaの@code_loweredマクロを用いると、コンパイラでのコード処理を理解できる。このマクロを用いて、関数sumx1とsumx2の実現方法の違いを見てみよう。

```
julia> @code_lowered sumx2(A(1), B(2))
CodeInfo(
    @ REPL[1]:3 within `sumx2'
    ┌ @ REPL[1]:3 within `macro expansion'
1 ─│ %1 = Base.getindex(objs, 1)
│  │ %2 = Base.getproperty(%1, :x)
│  │ %3 = Base.getindex(objs, 2)
│  │ %4 = Base.getproperty(%3, :x)
│  │ %5 = %2 + %4
└──│       return %5
    └
)
```

sumx2のコードはごく少数の命令にコンパイルされていることがわかる。@code_warntypeマクロでもう少し詳しく見てみよう。

```
julia> @code_warntype sumx2(A(1), B(2))
Variables
  #self#::Core.Compiler.Const(sumx2, false)
  objs::Tuple{A,B}

Body::Float64
1 ─ %1 = Base.getindex(objs, 1)::A
│   %2 = Base.getproperty(%1, :x)::Int64
│   %3 = Base.getindex(objs, 2)::B
│   %4 = Base.getproperty(%3, :x)::Float64
│   %5 = (%2 + %4)::Float64
└──       return %5
```

*1 訳注：とてもわかりにくいのだが、sumx2の中の変数totalはExpr型であって、sumx1の中の変数total（数値型）とは意味がまったく違う。sumx2のtotalは総計を計算するための構文木を保持している。

sumx2から生成されたコードを見ると、すべての引数の型がわかっていることを前提としていることがわかる。

sumx1のほうも見てみよう。引数の型がわからないため、大量のコードが生成されていることがわかる。

```
julia> @code_warntype sumx1(A(1), B(2))
Variables
  #self#::Core.Compiler.Const(sumx1, false)
  objs::Tuple{A,B}
  total::Union{Float64, Int64}
  @_4::Union{Nothing, Tuple{Int64,Int64}}
  i::Int64

Body::Float64
1 ─       Core.NewvarNode(:(total))
│         Core.NewvarNode(:(@_4))
│   %3  = Main.isempty(objs)::Core.Compiler.Const(false, false)
└──         goto #3 if not %3
[以下省略]
```

@code_warntypeマクロの出力の冒頭部で、totalの型がUnion{Float64, Int64}となっていることに注意しよう（下線部）。スクリーン上ではこの部分は赤字で表示されている。これは、この変数の値をコンパイラが確定できなかったということだ。また、sumx1は実行時にループする。sumx1とsumx2の性能がこれほど違う理由はこの2つだ。

こちらも見てみよう

ここで紹介した計算を高速化する技術は**メモ化**（memorization）と呼ばれる。実際にメモ化を使うには、https://github.com/simonster/Memoize.jlにある、JuliaのMemorize.jlパッケージを使うといいだろう。

Juliaのマクロと関数生成に関する詳細は、Juliaのメタプログラミングチュートリアルhttps://docs.julialang.org/en/v1.2/manual/metaprogramming/を参照。

レシピ6.3　ユーザ定義型を作ってみる―連結リスト

連結リスト（linked list）はプログラミングにおける基本的な構造の1つだ。このレシピでは、連結リストをJuliaで実装する方法を紹介する。

準備しよう

連結リストは、1つの要素が次の要素を指すようになっている要素の集合で、一連の要素でシーケンスを表すことができる。連結リストの要素の最も簡単な表現方法は2つのフィールドを使う方法だ。一方は、データを保持し、もう一方はシーケンスの次のノードへの参照（リンク）を保持する。

Github上のこのレシピのレポジトリには、いつもの`command.txt`の他に、このレシピで用いる`ll.jl`が用意されている。

やってみよう

連結リストを定義するには、まず適切なデータ構造を定義し、次にそれを操作する関数を定義する。これらの定義は、`ll.jl`に収められている。

まず、必要な型と追加の外部コンストラクタを定義する。

```
struct ListNode{T}
    value::T
    next::Union{ListNode{T}, Nothing}
end

mutable struct LinkedList{T}
    head::Union{ListNode{T}, Nothing}
end

LinkedList(T::Type) = LinkedList{T}(nothing)
```

`LinkedList`型でイテレーションができるようにしたいので、`iterate`関数を定義する。

```
Base.iterate(ll::LinkedList) =
    ll.head === nothing ? nothing : (ll.head.value, ll.head)
Base.iterate(ll::LinkedList{T}, state::ListNode{T}) where T =
    state.next === nothing ? nothing : (state.next.value, state.next)
```

最後に`LinkedList`型を操作する基本的な関数をいくつか定義しよう。

```
function Base.getindex(ll::LinkedList, idx::Integer)
    idx < 1 && throw(BoundsError("$idx is less than 1"))
    for v in ll
        idx -= 1
        idx == 0 && return v
    end
    throw(BoundsError("index beyond end of linked list"))
end

function Base.pushfirst!(ll::LinkedList{T}, items::T...) where T
    for item in reverse(items)
        ll.head = ListNode{T}(item, ll.head)
    end
    ll
end
```

```
Base.show(io::IO, ll::LinkedList{T}) where T =
    print(io, "LinkedList{$T}[" * join(ll, ", ") * "]")

Base.eltype(ll::LinkedList{T}) where T = T

Base.length(ll::LinkedList) = count(v -> true, ll)

Base.firstindex(ll::LinkedList) = 1
Base.lastindex(ll::LinkedList) = length(ll)
```

JuliaのREPLからinclude("ll.jl")とすると、ll.jlファイルの中身が実行される。新しく定義された型を試してみよう。

```
julia> charlist = LinkedList(Char)
LinkedList{Char}[]

julia> pushfirst!(charlist, collect("12345")...)
LinkedList{Char}[1, 2, 3, 4, 5]

julia> collect(charlist)
5-element Array{Char,1}:
 '1'
 '2'
 '3'
 '4'
 '5'

julia> charlist[1], charlist[5]
('1', '5')

julia> charlist[0]
ERROR: BoundsError: attempt to access "0 is less than 1"
Stacktrace:
 [1] getindex(::LinkedList{Char}, ::Int64)
 [2] top-level scope at none:0

julia> charlist[6]
ERROR: BoundsError: attempt to access "index beyond end of linked list"
Stacktrace:
 [1] getindex(::LinkedList{Char}, ::Int64)
 [2] top-level scope at none:0

julia> charlist[end]
'5': ASCII/Unicode U+0035 (category Nd: Number, decimal digit)
```

説明しよう

このレシピでは、ListNode{T}とLinkedList{T}の2つの型を定義した。いずれの型もジェネリック型で、連結リストに格納するデータの型を型パラメータTとして取る。したがって、デフォルトでは型Tを波括弧で渡すコンストラクタしか定義されない。すると、ListNode{Int}(12)やLinkedList{Float64}(nothing)のように書かなければならない。これは面倒なので、引数として格納する要素の型をとり、空のLinkedListを返す外部コンストラクタを追加で定義した。

いずれの型も、nextもしくはheadフィールドにListNode{T}型もしくはNothing型になる値を保持する。このような小さいUnion型は、Juliaでは効率よく実現される。

次に、LinkedList{T}でイテレーションプロトコルを実装するための関数を定義する。まず、iterate関数のメソッドを定義した。こうすると、LinkedList{T}をforループで使えるようになる。iterate関数の定義は2つのルールに従っていなければならない。

- 引数が1つだけのバージョンは、コレクションを引数として受け取り、アイテムと初期状態のタプルを返す。コレクションが空の場合にはNothingを返す。
- 2引数のバージョンは、コレクションと状態を引数として受け取り、次のアイテムと次の状態のタプルを返す。アイテムが残っていなければNothingを返す。

また、Baseモジュールの以下の標準関数がLinkedList{T}に対して動作するように、メソッドを定義した。

関数	説明
getindex	この関数を定義すると、ユーザ定義型に対して角括弧でインデックスを指定してアクセスできるようになる（ただしコストは$O(n)$であることに注意）。
pushfirst!	コレクションの先頭に要素を追加する。
show	この関数を定義して、LinkedList{T}型固有の表示方法を指定する。
eltype	LinkedListに収められている型を知ることができる。
length	コレクションの長さを返す。
firstindexとlastindex	それぞれ最初のインデックスと、有効な最後のインデックスを返す。lastindexメソッドを定義することでcharlist[end]が正しく動作するようになる。

例の最後に、簡単なLinkedList{Char}のインスタンスを作った。collect関数についてはLinkedListに対するメソッドを定義していないにもかかわらず動作していることに注意してほしい。

Baseモジュールの関数にメソッドを追加する際には、Base.を関数名の前に付けていることに注意しよう。これを省くと、Mainモジュールに新しい関数として定義されることになり、このレシピは動作しない（Baseモジュールの関数を事前にREPLで参照したり呼び出したりしていた場合には、定義自体が失敗する）。

もう少し解説しよう

完全に機能する連結リスト型にしたければ、AbstractArray型のサブクラスとして定義し、いくつかの関数を追加してインデックスプロトコルと配列プロトコルを実装するといいだろう。

インデックスプロトコル

setindex!（代入可能にするにはListNode型をmutable structにしなければならない）

抽象配列プロトコル

size（下に定義した）、setindex!、similar

イテレーションプロトコルを利用してsizeメソッドを実装する例を示す。

```
Base.size(ll::LinkedList) = (length(ll),)
Base.size(ll::LinkedList, dim::Int) =
    if dim == 1
        length(ll)
    elseif dim > 1
        1
    else
        throw(ArgumentError("negative dimension"))
    end
end
```

こちらも見てみよう

イテレーションプロトコルについては、https://docs.julialang.org/en/v1.2/manual/interfaces/#man-interface-iteration-1で定義されている。

インデックスプロトコルについてはhttps://docs.julialang.org/en/v1.2/manual/interfaces/#Indexing-1で定義されている。

抽象配列プロトコルについては、https://docs.julialang.org/en/v1.2/manual/interfaces/#man-interface-array-1で定義されている。

レシピ6.4　基本型を定義する

前レシピで見たように、Juliaではユーザが複合型を定義することができる。しかし実は、Float64やUInt32のようなバイト列に直接基づいた型も定義できる。

準備しよう

ARGB（https://en.wikipedia.org/wiki/RGBA_color_space#ARGB_(word-order)）は、画素の色をエンコードする方法の1つで、A(α)は透明度を、R（red）、G（green）、B（blue）はそれぞれ色の要素を表す。これらはそれぞれ8ビットで表されるので、合計で32ビットとなる。このレシピでは、ARGBをエンコードしたデータを格納するためのユーザ定義基本型を作成する。

Github上のこのレシピのレポジトリには、いつものcommand.txtの他に、このレシピで用いるargb.jlが用意されている。

やってみよう

まずはargb.jlファイルの内容を確認しよう。まず新しい型を定義する。

```
primitive type ARGB 32 end
```

次に基本的なコンストラクタを追加する。

```
ARGB(c::UInt32) = reinterpret(ARGB, c)
ARGB(c) = ARGB(UInt32(c))
ARGB(α::UInt8, red::UInt8, green::UInt8, blue::UInt8) =
    ARGB(UInt32(α) << 24 + UInt32(red) << 16 + UInt32(green) << 8 + UInt32(blue))
ARGB(α, red, green, blue) = ARGB(UInt8(α), UInt8(red), UInt8(green), UInt8(blue))
```

文字列からARGBオブジェクトを作るコンストラクタも定義する。

```
function ARGB(c::AbstractString)
    if !occursin(r"^#[0-9a-fA-F]{8}$", c)
        throw(DomainError("wrong color string: $c"))
    end
    ARGB(parse(UInt32, c[2:end], base=16))
end

macro ARGB_str(s) ARGB(s) end
```

ARGB型から各要素を抜き出す関数も定義しよう。

```
α(c::ARGB)::UInt8 = (UInt32(c) >> 24) & 0x000000FF
red(c::ARGB)::UInt8 = (UInt32(c) >> 16) & 0x000000FF
green(c::ARGB)::UInt8 = (UInt32(c) >> 8) & 0x000000FF
blue(c::ARGB)::UInt8 = UInt32(c) & 0x000000FF
```

さらに、ARGB型とUInt32型とString型の間で変換できるようにするためのメソッドを定義する。

```
Base.UInt32(c::ARGB) = reinterpret(UInt32, c)
convert(UInt32, c::ARGB) = UInt32(c)
convert(ARGB, c::UInt32) = ARGB(c)
Base.String(c::ARGB) = "#" * lpad(string(UInt32(c), base=16), 8, "0")
convert(String, c::ARGB) = String(c)
convert(ARGB, c::AbstractString) = ARGB(c)
```

新たに定義した型をテストしてみよう。まずJuliaのREPLでinclude("argb.jl")としてして、argb.jlファイルの中身を実行する。これでARGB型のインスタンスを作ってテストできるようになる。

```
julia> ARGB(10,11,12,13)
ARGB(0x0a0b0c0d)

julia> c = ARGB"#12345678"
ARGB(0x12345678)

julia> [f(c) for f in [α, red, green, blue]]
4-element Array{UInt8,1}:
 0x12
 0x34
 0x56
 0x78

julia> UInt32(c)
0x12345678

julia> String(c)
"#12345678"
```

説明しよう

基本型を定義するのは簡単で、名前と必要なビット数を指定するだけでいい。難しいのは、型に対する操作を定義する部分だ。鍵となる関数はreinterpretで、メモリブロックを受け取り、指定した型として解釈する。この関数を使うと、ARGB型とUInt32型の間で双方向のマッピングを作ることができる。

このレシピではARGB型に対してさまざまなコンストラクタを定義した。4つの引数を取るコンストラクタでは、引数を適切な型に変換するバージョンも用意していることに注意しよう。これは、構造体のデフォルトコンストラクタの挙動と類似している。

#XXXXXXXX（*X*は16進数）のような標準形の文字列を引数とするコンストラクタも定義した。さらに、簡単なマクロを定義して、ARGB"*#XXXXXXXX*"のような形でARGBオブジェクトを定義できるようにした。

最後に見ておいてほしいのはconvertメソッドの定義だ。これらのメソッドはコンストラクタを呼び出すように書かれているが、Juliaで新しい型を定義する際にはこのように書くことが推奨されている。

もう少し解説しよう

基本型を定義する際には、何らかの標準の基本型との間で簡単に双方向に変換できるようにしておこう。ARGB型の場合には、対応する標準型はUInt32になる。簡単に変換できるようにしておくことで、新しい型に簡単にメソッドを追加できるようになる。例えばARGB型のαチャンネルをゼロにする関数を書くことを考えてみよう。次のように書くことができる。

```
julia> zeroalpha(c::ARGB) = ARGB(UInt32(c) & 0x00FFFFFF)
```

ここでは、UInt32型に定義されている&演算子を使うために、ARGBをUInt32に変換し、またARGBに戻している。

Juliaのコンパイラは、このような変換を非常に効率よく実現してくれる。次の例を見てみよう。

```
julia> c = ARGB"#12345678"
ARGB(0x12345678)

julia> zeroalpha(c)
ARGB(0x00345678)

julia> @code_native zeroalpha(c)
        .text
; Function zeroalpha {
; Location: REPL[21]:1
        pushq %rbp
        movq %rsp, %rbp
; Function &; {
; Location: int.jl:297
        andl $16777215, %ecx # imm = 0xFFFFFF
;}
        movl %ecx, %eax
        popq %rbp
        retq
        nop
;}
```

ARGB型を用いることのオーバーヘッドがまったくないことがわかるだろう。

こちらも見てみよう

Juliaの基本型に関するドキュメントはhttps://docs.julialang. org/en/v1.2/manual/types/#Primitive-Types-1にある。

レシピ6.5 イントロスペクションを使ってJuliaの数値型の構成を調べる

Juliaにはさまざまな組み込み数値型が用意されている。これらを用いることで、時間的にも空間的にも最大の効率で計算を行うことができる。メソッドを書く際には、そのメソッドが適用できる最も一般的な数値型に対して書くようにしよう。このレシピでは、Juliaの基本的な数値型全体のツリーを見る方法を紹介する。さらに、Juliaでの型階層を扱う方法を説明する。

このレシピは一般的なもので、数値型以外の任意の型に対して適用できる。

準備しよう

数値型は、どのようなプログラムにとっても基本的な構成要素だ。Juliaはさまざまな整数型と浮動小数点数型をサポートしている。このレシピではこれらの型の階層を調べる方法を紹介する。

Github上のこのレシピのレポジトリには、いつものcommand.txtの他に、このレシピで用いるtypes.jlが用意されている。

やってみよう

まず、types.jlファイルの中身を見てみよう。

```
function printsubtypes(T, indent=0)
    sT = subtypes(T)
    println(" "^indent, T, isempty(sT) ? "" : ":")
    for S in sT
        printsubtypes(S, indent + 1)
    end
end

function supertypes(T)
    print(T)
    if T != Any
        print(" <: ")
        S = supertype(T)
        supertypes(S)
    end
end
```

1つ目の関数は、引数として与えた型のすべてのサブタイプを表示する。2つ目の関数は、スーパータイプを表示する。

Juliaにおけるすべての数値型のベースとなる型は、Numberだ。printsubtypesを、このNumberを引数として呼び出してみよう。まずJuliaのREPLからinclude("types.jl")を実行してtypes.jlを実行しておく。これで、関数をテストできるようになる。

```
julia> printsubtypes(Number)
Number:
 Complex
 Real:
  AbstractFloat:
   BigFloat
   Float16
   Float32
   Float64
```

```
    AbstractIrrational:
     Irrational
    Integer:
     Bool
     Signed:
      BigInt
      Int128
      Int16
      Int32
      Int64
      Int8
     Unsigned:
      UInt128
      UInt16
      UInt32
      UInt64
      UInt8
    Rational

julia> supertypes(Bool)
Bool <: Integer <: Real <: Number <: Any
```

説明しよう

この出力から、NumberにはComplexとRealの2つのサブタイプがあることがわかる。ほとんどの型の意味は、ある程度経験を積んだプログラマには自明だろう。無理数を表すIrrational型が、πやオイラー定数のために用意されている点は特筆に値する。また、BoolがIntegerのサブタイプとなっている点にも注意しよう。真偽値を数値演算中で用いるとtrueは1に、falseは0に変換される。さらに、任意精度の数値演算を行いたければ、BigInt型、BigFloat型を利用できるが、性能はそれなりに低下することに注意しよう。有理数を表すRationalを用いると、計算の精度を下げずに、分数を扱うことができる。

supertypes関数は、この逆を行う。引数で指定された型から始めて、ルートとなる型であるAnyにたどり着くまで型階層を登っていく。出力の形式として、ここでは<:を用いたが、それはこの演算子が、Juliaでサブタイプを表すために用いられているからだ。例えば、T <: Sは、型Tの値がすべて型Sの値であれば真となる。

printsubtypes関数は2つの引数を取る。サブタイプを表示させる対象となる型と、表示する際のインデントのレベルだ（デフォルトは0）。

まず、subtypes関数を呼ぶと、指定した型のサブタイプの配列が得られる。

println(" "^indent, T, isempty(sT) ? "" : ":")の行では、Juliaのさまざまな機能を用いている。

- " "^indentは、文字列" "をindent回繰り返すことを意味する。これで型の階層が見やすくなる。

- isempty(sT) ? "" : ":"で、sTが空でなければ（つまりTにサブタイプがあるなら）行末に:を表示している。
- println関数に複数の引数を書くと、連続して表示される。

sTの要素に対してforループを回して、再帰的にprintsubtypesを呼び出している。この際にインデントのレベルを1つ上げている。ただし、sTが空の場合（つまりその型にサブタイプがない場合）にはこの再帰呼び出しは行われない。

supertypes関数はもっと単純だ。与えられた型に対してsupertype関数を呼び出して、ルート型であるAnyにいたるまで型階層を再帰的にさかのぼっていく。

もう少し解説しよう

注意すべき点が1つある。Juliaでは、オブジェクトを持つことのできる型、すなわち具象型（concrete type）のサブタイプを作ることはできない。例えば、Integerはサブクラスを持つことができるが、したがって、この型のオブジェクトを作ることはできない。このような型を抽象型（abstract type）と呼ぶ。ある型が抽象型かどうかは、isabstracttype関数を用いて調べることができる。このような型は、先程も述べた通り、関数のシグネチャでその関数が受け取る型を制約するために使われる。例えば、Integerのサブタイプの具象型であれば何でも受け取ることができる関数、というように書く。

Intという名前の型をJuliaのコードでよく見かけるが、このリストには現れていないことに気がついただろうか。この型は、32ビットアーキテクチャではInt32の、64ビットアーキテクチャではInt64の別名だ。123のような整数リテラルは、デフォルトではInt型として解釈される。同様の型として符号なしのUIntがある。

もう一点注意すべき点がある。この階層に現れる型の一部はパラメータ化型で、パラメータとして型を指定することでさまざまな具象型を構成することができる。例えば複素数は、任意のReal型に対して定義できる。例を示す。

```
julia> typeof(1 + 1im)
Complex{Int64}

julia> typeof(1.0 + 1.0im)
Complex{Float64}
```

こちらも見てみよう

Juliaの数値型に関しては、本章の「**レシピ6.8　型安定性を保証する**」でも扱っている。

レシピ6.6　静的配列を利用する

StaticArrays.jlパッケージは、静的にサイズが決まった配列の生成と操作のためのインターフェイスとツールを提供する。通常の配列と違って、StaticArrayは配列のサイズが型定義の一部になっている。StaticArrays.jlは、変更可能な配列と、変更不能な配列の、双方をサポートしている。静的配列を使うと、コンパイラが配列のサイズを知ることができるので、さまざまな場合に性能が大幅に向上する。特に小さい配列（100要素程度まで）に効果がある。このレシピでは、StaticArrays.jlを用いてJuliaコードの性能をブーストする方法を見ていく。

準備しよう

このレシピにはStaticArrays.jlパッケージが必要になる。また、静的配列の性能を測定するためにBenchmarkTools.jlパッケージも用いる。**「レシピ1.10　パッケージの管理」**に従ってインストールしておこう。

やってみよう

ここでは、静的配列を標準の配列にそのまま置き換えただけで、実行速度が向上する例をいくつか見ていく。

1. まず、StaticArrays.jlパッケージをインポートする。同時にBenchmarkToolsとRandomもインポートする。

```
using StaticArrays
using BenchmarkTools
using Random
```

2. 非常に寿命の短い商品（花や生鮮食品のような）を売り買いする小さい会社の利益をシミュレートしてみよう。この会社は、朝s個のアイテムを仕入れ、その日のうちにmin(s,d)を売る。ここでdは需要を表す。ここで、sとdは0から100の間に一様分布しているとする。このような会社の利益は次の関数で示すことができる。

```
function profit(demand, prices_sale, purchases, prices_purchase)
    sales = min.(purchases,demand)
    sum(sales .* prices_sale .- purchases .* prices_purchase)
end
```

この関数は、指定した需要レベルに対する利益を計算する。

3. 計算に必要な値を定義する。

```
Random.seed!(0);
demand, prices_sale, purchases, prices_purchase =
    (rand(10).*100, 300:10:390, rand(10).*100, 100:10:190);
```

4. 同じ値をStaticArrays.jlパッケージで定義されているデータ型を用いて定義する（ここで利益を計算するのに用いる製品の数は、計算の間変わらないことを仮定する）。

```
Random.seed!(0);
```

```
demand_s, prices_sale_s, purchases_s, prices_purchase_s =
    ((@SVector rand(10)).*100, SVector{10}(300:10:390),
    (@SVector rand(10)).*100, SVector{10}(100:10:190))
```

5. 双方の引数に対して、profit関数の実行時間を比較してみよう。

```
julia> @btime profit($demand, $prices_sale, $purchases, $prices_purchase)
  135.780 ns (2 allocations: 320 bytes)
11056.395760776286

julia> @btime profit($demand_s, $prices_sale_s, $purchases_s, $prices_purchase_s)
  34.290 ns (0 allocations: 0 bytes)
11056.395760776286
```

同じ関数なのに、静的配列で置き換えるだけで、実行時間がおよそ4倍速くなったことがわかる。

説明しよう

StaticArrays.jlパッケージを使うと、配列サイズの情報が保持されるため、配列の要素を静的に順に処理をするような関数を@generatedで生成する際に、配列サイズの情報を使うことができる。コンパイル時に配列のサイズがわかっているので、Juliaのコンパイラはループアンローリング（ループを展開して、ループ内にあった文を並べることでループを表現する手法。https://ja.wikipedia.org/wiki/ループ展開を参照）などのさまざまな最適化を行うことができる。生成されたコード（@code_loweredマクロで見ることができる）をLLVMでコンパイルすれば、非常によく最適化されたコードになる。特に、通常の配列の場合よりも、IntelプロセッサのSIMD（Single Instruction Multiple Data）命令をうまく利用したコードが生成される。したがって、配列のサイズがわかっていて、それがあまり大きくないのであれば（次項参照）、数値演算をする際にStaticArrays.jlパッケージを用いるといいだろう。

もう少し解説しよう

上の例では、静的にサイズが決まった変更不能の配列であるSVector型を使った。同じように静的にサイズが決まった行列を使う例を見てみよう。

```
julia> a = rand(5, 5);
julia> b = rand(5, 5);
julia> @btime $a*$b;
  259.765 ns (1 allocation: 336 bytes)

julia> as = rand(SMatrix{5,5});
julia> bs = rand(SMatrix{5,5});
julia> @btime $as*$bs;
  36.020 ns (0 allocations: 0 bytes)
```

このシナリオでは、StaticArrays.jlを使うだけで、行列乗算が7倍早くなっている。

この速度向上は、個々の静的配列型に対して@generatedで関数が生成されることによって達成されている。したがって、この配列を使うのは100要素程度までにしたほうがいい。この例では、100要素の静的配列（下の例のSMatrix{1,100}）に対するコードを生成するには、2.34秒かかった。そして、この時間は100要素増えるたびに倍増する。

```
julia> @time m1 = rand(SMatrix{1,10});
  0.065490 seconds (129.97 k allocations: 5.778 MiB)

julia> @time m1 = rand(SMatrix{1,100});
  2.340947 seconds (304.61 k allocations: 15.495 MiB, 0.57% gc time)

julia> @time m1 = rand(SMatrix{1,200});
  7.003616 seconds (602.77 k allocations: 37.473 MiB, 0.87% gc time)

julia> @time m1 = rand(SMatrix{1,500});
  63.653265 seconds (1.50 M allocations: 147.813 MiB, 0.07% gc time)
```

とはいえ、一度静的型が生成されてしまえば、それ以降は非常に高速に動作する。下の例を見てみよう。

```
julia> @time m1 = rand(SMatrix{1,500});
  0.000069 seconds (36 allocations: 6.125 KiB)
```

上の例からもわかる通り、StaticArraysを使う場合には、実行時に得られる性能向上とコンパイル時間がトレードオフの関係となる。

こちらも見てみよう

StaticArrays.jlパッケージのドキュメントはhttps://github.com/JuliaArrays/StaticArrays.jlにある。

レシピ6.7 変更可能型と変更不能型の性能差を確認する

Juliaでは、変更可能な型と変更不能な型を定義することができる。このレシピでは、2次元ランダムウォークをシミュレーションするプログラムを使って、これら2つの性能を比較する。

準備しよう

初期点 $x_t = (x_{1,0}, x_{2,0}) = (0, 0)$ から始まり次のルールで更新される点を考える。

$$x_{t+1} = x_t + (r_{1,t}, r_{2,t})$$

ここで $r_{1,t}$ と $r_{2,t}$ は、独立な乱数で、1と−1のどちらかをそれぞれ確率1/2で取る。

目的は、次の2つの値を作ることだ。

- シミュレーション中に点が到達した原点から最も遠い位置の原点からの距離

$$\max_{t \in \{0,1,...,10^6\}} |x_{1,t}| + |x_{2,t}|$$

● ランダムウォークの軌跡を保持した配列

このランダムウォークの過程をモンテカルロ・シミュレーションでモデル化する。

Github上のこのレシピのレポジトリには、いつものcommand.txtの他に、このレシピで用いるwalk.jlとwork.jlが用意されている。

やってみよう

ここでは、シミュレーションを2つの方法で実現する。1つは変更不能型を用い、もう1つは変更可能型を用いる。

定義はすべてwalk.jlファイルに収められているので、内容を確認してみよう。まずは型の定義だ[*1]。

```
abstract type AbstractPoint end

struct PointI <: AbstractPoint
    x::Int
    y::Int
end

mutable struct PointM <: AbstractPoint
    x::Int
    y::Int
end

PointM(p::PointM) = PointM(p.x, p.y)
```

次に関数を2つ定義する。1つは、点の座標の絶対値の合計を計算する関数で、もう一方は、点を動かす関数だ。

```
d(p::AbstractPoint) = abs(p.x) + abs(p.y)
move(p::PointI, d::PointI) = PointI(p.x+d.x, p.y+d.y)
move(p::PointM, d::PointM) = (p.x += d.x; p.y += d.y; p)
```

これで、原点から出発した点が最も原点から離れる位置を求めるシミュレーションを定義できる。

```
function simI()
    maxd = 0
    x = PointI(0, 0)
    @inbounds for i in 1:10^6
        x = move(x, PointI(2rand(Bool)-1, 2rand(Bool)-1))
```

＊1　訳注：NTupleとntupleについては、「**0.8　その他の言語機能**」を参照。

```
        curd = d(x)
        maxd = max(maxd, curd)
    end
    maxd
end

function simM()
    maxd = 0
    x = PointM(0, 0)
    m = PointM(0, 0)
    @inbounds for i in 1:10^6
        m.x, m.y = 2rand(Bool)-1, 2rand(Bool)-1
        move(x, m)
        curd = d(x)
        maxd = max(maxd, curd)
    end
    maxd
end
```

双方のアプローチの性能をチェックしてみよう。まず、JuliaのREPLからinclude("walk.jl")とタイプしてwalk.jlファイルを実行する。

性能がほとんど同じであることを確認してみよう（BenchmarkTools.jlパッケージが必要なので、まだインストールしていないようであれば、JuliaのREPLから、using Pkg; Pkg.add("BenchmarkTools")としてインストールする）。

```
julia> using BenchmarkTools
julia> @benchmark simI()
BenchmarkTools.Trial:
  memory estimate: 0 bytes
  allocs estimate: 0
  --------------
  minimum time: 5.231 ms (0.00% GC)
  median time: 5.465 ms (0.00% GC)
  mean time: 6.254 ms (0.00% GC)
  maximum time: 37.677 ms (0.00% GC)
  --------------
  samples: 799
  evals/sample: 1

julia> @benchmark simM()
BenchmarkTools.Trial:
  memory estimate: 0 bytes
  allocs estimate: 0
 --------------
  minimum time: 5.291 ms (0.00% GC)
  median time: 5.527 ms (0.00% GC)
```

```
  mean time: 6.268 ms (0.00% GC)
  maximum time: 16.900 ms (0.00% GC)
  --------------
  samples: 797
  evals/sample: 1
```

次に、ランダムウォークの経路を集める関数を書いてみよう。このコードもwalk.jlに収められている。

```
function simI2()
    path = PointI[]
    x = PointI(0, 0)
    @inbounds for i in 1:10^6
        push!(path, x)
        x = move(x, PointI(2rand(Bool)-1, 2rand(Bool)-1))
    end
    path
end

function simM2()
    path = PointM[]
    x = PointM(0, 0)
    m = PointM(0, 0)
    @inbounds for i in 1:10^6
        push!(path, PointM(x))
        m.x, m.y = 2rand(Bool)-1, 2rand(Bool)-1
        move(x, m)
    end
    path
end
```

性能を測ってみよう。今度は大幅に違う。

```
julia> @benchmark simI2()
BenchmarkTools.Trial:
  memory estimate: 17.00 MiB
  allocs estimate: 20
  --------------
  minimum time: 32.483 ms (0.00% GC)
  median time: 33.773 ms (0.00% GC)
  mean time: 36.740 ms (7.84% GC)
  maximum time: 49.264 ms (32.69% GC)
  --------------
  samples: 127
  evals/sample: 1

julia> @benchmark simM2()
```

```
BenchmarkTools.Trial:
  memory estimate: 39.52 MiB
  allocs estimate: 1000020
  --------------
  minimum time: 43.856 ms (29.56% GC)
  median time: 57.796 ms (40.67% GC)
  mean time: 61.260 ms (44.41% GC)
  maximum time: 213.813 ms (73.62% GC)
  --------------
  samples: 82
  evals/sample: 1
```

説明しよう

共通の抽象型のサブタイプとして、変更不能な具象型と変更可能な具象型の2つを定義した。変更可能な方には、PointMを受け取り同じ座標のPointMを新しく作って返すアウターコンストラクタを定義した。一般に変更不能な型にはこのようなものを用意する必要はない。コンストラクタを使って新しく作らなくても、そのままそのインスタンスを使えばいいからだ。

次に原点からの距離を計算するd関数を、抽象型に対する関数として定義した。しかし、move関数のほうは、個別にメソッドが必要になる。変更不能なバージョンでは、新しい位置に移動するたびに新しいオブジェクトが必要だ。これに対して、変更可能なバージョンでは直接オブジェクトを更新できる(これは変更不能な型ではできない)。

ここで示したように、関数simIとsimMの性能はほとんど同じだ。これは、変更可能型であるPointM型のインスタンスは2つしか使われていないからだ。このような操作の場合には、変更不能型を用いる場合と速度はかわらない。

しかし、simI2とsimM2のようにランダムウォークのパス全体を保持する場合には状況はまったく異なり、変更可能なバージョンの効率は低くなる。これは、PointMオブジェクトのコピーが発生するため、大量のメモリ確保が必要になり、実行が遅くなるからだ。

もう少し解説しよう

変更可能な構造体を使ったほうが性能がいい場合もある。データ構造が大きく、その一部だけが変更される場合だ。次のコードを見てみよう(これもwork.jlに収められている)[*1]。

```
struct T1
    x::NTuple{1000, Int}
    y::Int
end

mutable struct T2
```

＊1　訳注：NTuple, ntupleについては「**0.8.1 タプル**」を参照。

```
    x::NTuple{1000, Int}
    y::Int
end

function worker1()
    p = T1(ntuple(x->1, 1000), 0)
    for i in 1:10^6
        p = T1(p.x, p.y+1)
    end
    p
end

function worker2()
    p = T2(ntuple(x->1, 1000), 0)
    for i in 1:10^6
        p.y += 1
    end
    p
end
```

ベンチマークの結果は以下のようになる（このテストを実行するには、JuliaのREPLで事前に`include("walk.jl")`として`walk.jl`を読み込んでおく必要がある）。

```
julia> @benchmark worker1()
BenchmarkTools.Trial:
  memory estimate: 31.75 KiB
  allocs estimate: 6
  --------------
  minimum time: 404.016 μs (0.00% GC)
  median time: 435.274 μs (0.00% GC)
  mean time: 455.677 μs (1.88% GC)
  maximum time: 69.270 ms (99.34% GC)
  --------------
  samples: 10000
  evals/sample: 1

julia> @benchmark worker2()
BenchmarkTools.Trial:
  memory estimate: 39.69 KiB
  allocs estimate: 7
  --------------
  minimum time: 32.190 μs (0.00% GC)
  median time: 33.124 μs (0.00% GC)
  mean time: 38.904 μs (6.03% GC)
  maximum time: 17.854 ms (99.73% GC)
  --------------
  samples: 10000
  evals/sample: 1
```

こちらも見てみよう

配列の高速な実装に興味があるなら、静的配列型を扱った「**レシピ6.6　静的配列を利用する**」を見てみよう。

レシピ6.8　型安定性を保証する

このレシピでは、Juliaコードの型安定性に関する問題とその解決法を紹介する。ここでは特にクロージャの型安定性について説明する。

準備しよう

ここでは、2次方程式$ax^2 + bx + c = 0$の解を有名な公式、$x_{1,2} = \frac{-b \pm \sqrt{b^2 - 4ac}}{2a}$、ただし$a \neq 0$で求める関数を扱う。

Github上のこのレシピのレポジトリには、いつもの`command.txt`の他に、このレシピで用いる`quad.jl`が用意されている。

やってみよう

`include("quad.jl")`を実行して、2次方程式の解を計算する次の2つの関数を定義する。

```
function quadratic1(a, b, c)
    t(s) = (-b + s*sqrt(Δ))/(2a)
    a == 0 && error("a must be different than zero")
    Δ = Complex(b^2-4*a*c)
    t(1), t(-1)
end

function quadratic2(a, b, c)
    Δ = Complex(b^2-4*a*c)
    t(s) = (-b + s*sqrt(Δ))/(2a)
    a == 0 && error("a must be different than zero")
    t(1), t(-1)
end
```

まったく同じように動くように見えるが、ベンチマークで計測してみると性能がまったく異なることがわかる（`BenchmarkTools.jl`パッケージが必要なので、まだインストールしていないようであれば、JuliaのREPLから、`using Pkg; Pkg.add("BenchmarkTools")`としてインストールする）。

```
julia> using BenchmarkTools
julia> @benchmark quadratic1(1, 2, 3)
BenchmarkTools.Trial:
```

```
  memory estimate: 384 bytes
  allocs estimate: 12
  --------------
  minimum time: 545.941 ns (0.00% GC)
  median time: 560.835 ns (0.00% GC)
  mean time: 663.809 ns (9.55% GC)
  maximum time: 276.220 μs (99.67% GC)
  --------------
  samples: 10000
  evals/sample: 188

julia> @benchmark quadratic2(1, 2, 3)
BenchmarkTools.Trial:
  memory estimate: 0 bytes
  allocs estimate: 0
  --------------
  minimum time: 81.643 ns (0.00% GC)
  median time: 83.043 ns (0.00% GC)
  mean time: 87.307 ns (0.00% GC)
  maximum time: 192.678 ns (0.00% GC)
  --------------
  samples: 10000
  evals/sample: 1000
```

不思議だ。まず、Testモジュールの@inferredマクロを使って調べてみよう。

```
julia> using Test
julia> @inferred quadratic1(1, 2, 3)
ERROR: return type Tuple{Complex{Float64},Complex{Float64}} does not match inferred return type
Tuple{Any,Any}
Stacktrace:
 [1] error(::String) at .\error.jl:33
 [2] top-level scope at none:0

julia> @inferred quadratic2(1, 2, 3)
(-1.0 + 1.4142135623730951im, -1.0 - 1.4142135623730951im)
```

どうもquadratic1は型安定でなく、quadratic2は型安定なようだ。@code_warntypeマクロを用いてもう少し調べてみよう。

```
julia> @code_warntype quadratic1(1, 2, 3)
Variables
  #self#::Core.Compiler.Const(quadratic1, false)
  a::Int64
  b::Int64
  c::Int64
  t::getfield(Main, Symbol("#t#6")){Int64,Int64}
```

```
  Δ::Core.Box

Body::Tuple{Any,Any}
1 ─       (Δ = Core.Box())
│    %2  = Main.:(#t#6)::Core.Compiler.Const(getfield(Main, Symbol("#t#6")),
[以下省略]

julia> @code_warntype quadratic2(1, 2, 3)
Variables
  #self#::Core.Compiler.Const(quadratic2, false)
  a::Int64
  b::Int64
  c::Int64
  Δ::Complex{Int64}
  t::getfield(Main, Symbol("#t#5")){Int64,Int64,Complex{Int64}}

Body::Tuple{Complex{Float64},Complex{Float64}}
1 ─ %1  = Core.apply_type(Base.Val, 2)::Core.Compiler.Const(Val{2}, false)
│    %2  = (%1)()::Core.Compiler.Const(Val{2}(), false)
[以下省略]
```

この2つの関数の違いについては次の項で詳しく説明する。

説明しよう

quadratic1の性能が悪いのは、型安定ではないからだ。Juliaで型安定でなくなるのは、一般にコンパイラが関数のボディ内で使われるすべての変数の型を決定できない場合だ。これには2つの理由が考えられる。1つは、ある変数の型が関数の実行中に変わってしまう場合だ。もう1つは何らかの障害によって（現状のJuliaコンパイラの実装では）型推論がうまくできない場合だ。

このレシピでは、よりわかりにくい2つ目の理由を取り扱う。変数の型が途中で変わってしまうという問題は、はるかに簡単で、Juliaのマニュアルhttps://docs.julialang.org/en/v1.2/manual/performance-tips/#Avoid-changing-the-type-of-a-variable-1で詳細に説明されている。

なぜ、quadratic1の型安定でなくなってしまったのだろうか？これは、内部関数tが無条件に定義されているのに対して、変数Δがaが0でない場合にだけしか定義されないからだ。このような場合、現状のJuliaのコンパイラでは、quadratic1をコンパイルする時点で、Δの型を無条件に決定できなくなってしまう（実際、a==0のときに実行されるコードでtを呼び出していたら、Δの型は実際違うかもしれないからだ）。

quadratic2では、Δの定義を分岐文の前に持っていくことで、この問題を簡単に解決している。別の方法としては、Δをtの引数とする方法がある。

```
julia> function quadratic3(a, b, c)
           t(s,Δ) = (-b + s*sqrt(Δ))/(2a)
           a == 0 && error("a must be different than zero")
```

```
        Δ = Complex(b^2-4*a*c)
        t(1,Δ), t(-1,Δ)
    end
quadratic3 (generic function with 1 method)

julia> @benchmark quadratic3(1, 2, 3)
BenchmarkTools.Trial:
  memory estimate: 0 bytes
  allocs estimate: 0
  --------------
  minimum time: 81.643 ns (0.00% GC)
  median time: 83.043 ns (0.00% GC)
  mean time: 87.886 ns (0.00% GC)
  maximum time: 177.282 ns (0.00% GC)
  --------------
  samples: 10000
  evals/sample: 1000
```

quadratic3とquadratic2の性能は変わらないことがわかる。

このレシピではTestモジュールの@inferredマクロを用いた。このマクロを用いると、ある関数呼び出しがコンパイラが推論した通りの型の値を返すかどうかをチェックすることができる。このマクロがエラーを返したら、多くの場合はその関数の型安定性に問題がある。

こちらも見てみよう

Juliaマニュアルの性能に関する節は、ぜひ読んでおこう（https://docs.julialang.org/en/v1.2/manual/performance-tips/）。

7章
Juliaによるデータ分析

本章で取り上げる内容

- データフレームと行列を変換する
- データフレームの内容を確認する
- インターネット上のCSVデータを読み込む
- カテゴリデータを処理する
- 欠損値を扱う
- データフレームを使って分割 - 適用 - 結合を行う
- 縦型データフレームと横型データフレームを変換する
- データフレームの同一性を判定する
- データフレームの行を変換する
- データフレーム変換を繰り返してピボットテーブルを作成する

はじめに

本章では、DataFrames.jlパッケージのエコシステムについて詳しく述べる。このパッケージを使うと、一般的なデータ変換タスクのほとんどを簡単に実現できる。

データサイエンスプロジェクトで最も基本的で最も一般的なタスクは、テーブル型データの処理だ。本章では、テーブル型のデータをJuliaのDataFrame.jlパッケージで処理する方法を学ぶ。データをDataFrameに読み込む方法、DataFrameからエクスポートする方法、DataFrameの内容を確認する方法を説明する。最後に、DataFrame型オブジェクトを変形する方法を説明する。

レシピ7.1　データフレームと行列を変換する

DataFrames.jlパッケージは、1つの行にさまざまな型のデータが現れるテーブル型のデータを処理する方法を多彩に取り揃えている。しかし、元のデータが行列として表現されている場合もある。このレシピでは、行列データをDataFrameに変換する方法を説明する。さらに、その逆、つまりDataFrame

をJulia標準のMatrix型に変換する方法も示す。

準備しよう

このレシピではパッケージDataFrames.jlを使うので、**「レシピ1.10　パッケージの管理」**に従ってインストールしておこう。

やってみよう

以下の手順で実行しよう。

1. DataFrameをMatrixから作る方法を示すために、まず作業の対象となる行列を定義する。

```
julia> mat = [x*y for x in 1:3, y in 1:4]
3×4 Array{Int64,2}:
 1  2  3   4
 2  4  6   8
 3  6  9  12
```

2. DataFrameコンストラクタを呼び出して、上で作った行列matをDataFrameに変換する。

```
julia> df = DataFrame(mat)
3×4 DataFrame
│ Row │ x1    │ x2    │ x3    │ x4    │
│     │ Int64 │ Int64 │ Int64 │ Int64 │
├─────┼───────┼───────┼───────┼───────┤
│ 1   │ 1     │ 2     │ 3     │ 4     │
│ 2   │ 2     │ 4     │ 6     │ 8     │
│ 3   │ 3     │ 6     │ 9     │ 12    │
```

Juliaが、自動的にデフォルトの列名x1、x2を生成していることに注意しよう。

3. 列の名前を自分で決めたいなら、それも簡単にできる。DataFrameコンストラクタを呼び出すときに列名も指定する。

```
julia> df = DataFrame(mat, [:a, :b, :c, :d])
3×4 DataFrame
│ Row │ a     │ b     │ c     │ d     │
│     │ Int64 │ Int64 │ Int64 │ Int64 │
├─────┼───────┼───────┼───────┼───────┤
│ 1   │ 1     │ 2     │ 3     │ 4     │
│ 2   │ 2     │ 4     │ 6     │ 8     │
│ 3   │ 3     │ 6     │ 9     │ 12    │
```

列名はSymbolとなっていることに注意しよう。

4. DataFrameからMatrixに戻すのも同様に簡単だ。

```
julia> Matrix(df)
```

```
3×4 Array{Int64,2}:
 1  2  3   4
 2  4  6   8
 3  6  9  12
```

説明しよう

DataFrameを作るメソッドはたくさんある。よく使われるものを紹介しよう。

- キーワード引数を使って、DataFrame(a=[1, 2], b = "s")のように書く。列:bに値が1つしかないが、これは適切な長さの配列に変換される。
- 列の型、列の名前、行数を指定する。DataFrame([Int, String], [:a, :b], 2)のように書くと、2つの行を持つ空のデータフレームができる。
- データの配列の配列と、列名の配列を指定する。列名の配列は省略できる。DataFrame([[1, 2], ["a", "b"]], [:a, :b])のように書く。

DataFrameコンストラクタには重要な特徴がある。配列を列として渡すと、その配列はコピーされないのだ。つまり、列は値としてではなく参照として渡される。次の例を見てみよう。

```
julia> vals = [1, 2];
julia> df = DataFrame(a=vals, b=["x", "y"])
2×2 DataFrame
| Row   | a       | b        |
|       | Int64   | String   |
| ----- | ------- | -------- |
| 1     | 1       | x        |
| 2     | 2       | y        |

julia> df.a[1] = 8
8

julia> vals
2-element Array{Int64,1}:
 8
 2
```

また、DataFrameをMatrixに変換する際には、行列要素のデータ型を指定することができる。この場合は、Matrix{Float64}(df)のように書く。

もう少し解説しよう

DataFrameからMatrixへの変換では、新しいデータ構造用のメモリが確保される。これをコピーなしで行いたければ、次のようにすればいい。

```
julia> eachcol(df)
```

```
4-element DataFrames.DataFrameColumns{DataFrame,AbstractArray{T,1} where T}:
 [1, 2, 3]
 [2, 4, 6]
 [3, 6, 9]
 [4, 8, 12]
```

DataFrames.DataFrameColumnsはAbstractArrayのサブタイプなので、このままでも配列の配列として扱うことができる。通常の配列の配列がほしければ次のようにすればいい。

```
julia> identity.(eachcol(df))
4-element Array{Array{Int64,1},1}:
 [1, 2, 3]
 [2, 4, 6]
 [3, 6, 9]
 [4, 8, 12]
```

identityは引数をそのまま返す関数で、これをブロードキャストしている。ブロードキャストの副作用として外側の配列が新たに作られた結果、配列の配列となっている。

将来のDataFrames.jlパッケージでは、columns(df)のように書くだけで読み取りのみ可能なビューのような配列としてDataFrameの列を参照できるようになるだろう。

こちらも見てみよう

次の**「レシピ7.2　データフレームの内容を確認する」**で、作成したDataFrameを調査する方法を示す。

レシピ7.2　データフレームの内容を確認する

DataFrameを作ったら、すぐに内容を確認しよう。このレシピでは、DataFrameの内容の確認に使う、DataFrames.jlパッケージの便利な機能を紹介する。

準備しよう

このレシピではパッケージDataFrames.jlを使うので、**「レシピ1.10　パッケージの管理」**に従ってインストールしておこう。

やってみよう

以下の手順でやってみよう。

1. まず、内容をチェックするDataFrameを、乱数から作る。

```
julia> using DataFrames, Random
julia> Random.seed!(1);
julia> df = DataFrame(rand(1000, 100));
```

2. このDataFrameは全体を表示して確認するには大きすぎる。
   nrow、ncol、size関数で確認すると、1000行100列もある。

```
julia> nrow(df), ncol(df), size(df)
(1000, 10, (1000, 10))
```

3. このDataFrameをもう少し深く調べてみよう。ここで大事な関数はdescribeだ。

```
julia> describe(df[:, 1:3])
3×8 DataFrame. Omitted printing of 3 columns
| Row   | variable | mean     | min         | median   | max       |
|       | Symbol   | Float64  | Float64     | Float64  | Float64   |
| ----- | --------- | --------- | ------------ | --------- | ---------- |
| 1     | x1       | 0.488644 | 0.000576032 | 0.476469 | 0.999954  |
| 2     | x2       | 0.509981 | 0.00288489  | 0.512756 | 0.997931  |
| 3     | x3       | 0.508213 | 0.00109271  | 0.535656 | 0.999943  |
```

   describe関数で重要なのは、返り値もまたDataFrameだということだ。このおかげで、この関数の結果を使った作業がやりやすい。

4. 元のDataFrameの概要を表したDataFrameから、名前が10から20の間の奇数のものだけを選んでみよう。

```
julia> filter(x -> occursin(r"1[13579]$", String(x[:variable])), describe(df))
5×8 DataFrame. Omitted printing of 3 columns
| Row   | variable | mean     | min          | median   | max      |
|       | Symbol   | Float64  | Float64      | Float64  | Float64  |
| ----- | --------- | --------- | ------------- | --------- | --------- |
| 1     | x11      | 0.504936 | 0.000827051  | 0.520504 | 0.999032 |
| 2     | x13      | 0.500973 | 0.00115659   | 0.505368 | 0.998485 |
| 3     | x15      |  0.510734 | 0.000727684  | 0.531603 | 0.999445 |
| 4     | x17      | 0.503683 | 0.000417392  | 0.503093 | 0.999452 |
| 5     | x19      | 0.505176 | 0.0010843    | 0.515455 | 0.999975 |
```

説明しよう

describeは非常に柔軟に設計されており、各列に対してさまざまな要約統計量を計算できる。出力する統計量のリストを引数としてDataFrameの後ろに列挙して指定する。利用できる統計量には、:mean、:std、:min、:q25、:median、:q75、:max、:eltype、:nunique、:first、:last、:nmissingがある。

describe(df)の結果から一部を抜き出すときに注意しなければならないのは、列名がSymbolとなっていることだ。したがってまず、これをString型に変換しなければならない。ここでは、変換された文字列に対してoccursin関数を用いて、正規表現を満たすものだけを取り出している。

もう少し解説しよう

DataFrameの内容を確認するのに便利な関数は他にもある。

names
: DataFrameの各列の名前の配列を返す。

eltypes
: DataFrameの各列の型の配列を返す。

first、last
: DataFrameの最初もしくは最後から、第2引数で指定した行数を切り出す。指定しないと1行だけ切り出される。

こちらも見てみよう

describe関数には、値が欠損していた行の数を数えたnmissingという列を作成する機能がある。データセット中の欠損値の取り扱いについては「**レシピ7.5 欠損値を扱う**」で説明する。

レシピ7.3 インターネット上のCSVデータを読み込む

インターネット上のCSV形式ファイルを読み込みたいことがあるだろう。このレシピでは、CSV.jlパッケージを使ってインターネット上のCSVファイルを取得して、DataFrameに読み込む方法を紹介する。また、読み込んだデータをCSVファイルに書き出す方法も示す。

準備しよう

ここでは、古くから用いられているIrisというデータセットを用いる。このデータセットはhttps://archive.ics.uci.edu/ml/machine-learning-databases/iris/iris.data.からダウンロードできる。書誌情報は以下の通りだ。

> R.A. Fisher,
> UCI Machine Learning Repository [http://archive.ics.uci.edu/ml].
> Irvine, CA: University of California,
> School of Information and Computer Science.

JuliaのREPLを実行する前に、iris.csvというファイルが現在のディレクトリにないことを確認しておこう。このレシピではパッケージDataFrames.jlとCSV.jlを使うので、「**レシピ1.10 パッケージの管理**」に従ってインストールしておこう。

Github上のこのレシピのレポジトリには、いつものcommand.txtの他に、何らかの理由でダウンロードできなかった場合に備えてiris.csvを用意してある。

やってみよう

以下の手順で進めよう。

1. まず、サンプルデータファイルをインターネットからダウンロードして、データフレームに読み込む。

```
julia> download("https://archive.ics.uci.edu/ml/machine-learning-databases/iris/iris.data",
                "iris.csv")
"iris.csv"

julia> isfile("iris.csv")
true

julia> readline("iris.csv")
"5.1,3.5,1.4,0.2,Iris-setosa"
```

isfile関数で、ファイルがうまくダウンロードできたことを確認している。次にreadline関数で1行目を表示している。これから1行がカンマで区切られていて、ピリオドは小数点で、ヘッダ行がないことがわかる。

2. この情報を使って、CSV.read関数でデータを読み込もう。読み込んだら、データフレームを確認する。

```
julia> using CSV, DataFrames
julia> df = CSV.read("iris.csv",
                     header=["PetalLength", "PetalWidth", "SepalLength", "SepalWidth", "Class"]);

julia> describe(df)
5×8 DataFrame. Omitted printing of 3 columns
| Row | variable    | mean      | min         | median   | max            |
|     | Symbol      | Union...  | Any         | Union... | Any            |
| --- | ----------- | --------- | ----------- | -------- | -------------- |
| 1   | PetalLength | 5.84333   | 4.3         | 5.8      | 7.9            |
| 2   | PetalWidth  | 3.054     | 2.0         | 3.0      | 4.4            |
| 3   | SepalLength | 3.75867   | 1.0         | 4.35     | 6.9            |
| 4   | SepalWidth  | 1.19867   | 0.1         | 1.3      | 2.5            |
| 5   | Class       |           | Iris-setosa |          | Iris-virginica |
```

3. データフレームの最後の6行を見てみよう。

```
julia> last(df, 6)
6×5 DataFrame. Omitted printing of 1 columns
| Row  | PetalLength   | PetalWidth | SepalLength   | SepalWidth |
|      | Float64       | Float64    | Float64       | Float64    |
| ---- | ------------- | ---------- | ------------- | ---------- |
| 1    | 6.7           | 3.0        | 5.2           | 2.3        |
| 2    | 6.3           | 2.5        | 5.0           | 1.9        |
| 3    | 6.5           | 3.0        | 5.2           | 2.0        |
| 4    | 6.2           | 3.4        | 5.4           | 2.3        |
| 5    | 5.9           | 3.0        | 5.1           | 1.8        |
| 6    | missing       | missing    | missing       | missing    |

julia> eltypes(df)
5-element Array{Type,1}:
 Union{Missing, Float64}
 Union{Missing, Float64}
 Union{Missing, Float64}
 Union{Missing, Float64}
 Union{Missing, String}
```

データ中の最後の行には、missingしかないことがわかった（これはファイルの末尾に余計な改行が入っていたせいだ）。

4. この問題を回避するために、最後の行を切り捨て、さらに、行の型をmissing値を許さない型に変換し、データフレーム中にmissing値がないようにする。

```
julia> df = disallowmissing!(df[1:end-1, :]);
julia> eltypes(df)
5-element Array{Type,1}:
 Float64
 Float64
 Float64
 Float64
 String
```

5. データをきれいにできたので、CSVファイルに書き出す。

```
julia> CSV.write("iris2.csv", df);
```

説明しよう

download関数は、指定したURLからファイルを取得する。この関数はとても単純だが、ほとんどの場合にはこの関数で事足りる。この関数は、実際のファイル取得には外部ツール（curl、wget、fetchなど）を使っているので、downloadを実行する前に、これらのツールがインストールされていることを確認しておこう。

CSV.read関数は、CSV形式のファイルを読み込んで、内容をDataFrameに書き込む。この関数にはさまざまなキーワード引数がある。主要なものを下に挙げておく。

引数	説明
delim	フィールドの区切り文字（デフォルトでは「,」）
quotechar	フィールドを囲むクォート文字（デフォルトでは「"」）
escapechar	クォートで囲まれたフィールドの中でquotecharをエスケープする文字（デフォルトでは「\」）
missingstring	欠損値のファイル内での表現（デフォルトでは「""」）
decimal	小数点を表す文字（デフォルトでは「.」）
header	列の名前を指定する文字列（上に示した例のように、ファイル内にヘッダがない場合に有用）
pool	0から1の間の値、もしくは真偽値を指定する。文字列が入った列に対して、その列の値のうちユニークなものの割合がこの引数で指定された値よりも小さかった場合には、個々の値に内部的に整数値を割り当てることで、使用メモリ量を節約する。これをプール化（pool）と呼ぶ。デフォルト値は0.1で、trueを指定すると常にプール化を行う[*1]。
footerskip	ファイル末尾で読み飛ばす行数を指定する。上の例でもこれを用いて空行を読み飛ばしても良かった。

このレシピで紹介したdisallowmissing!は有用な関数だ。この関数は、DataFrameの列に対してmissing値を格納できないようにする。これには2つの潜在的なメリットがある。

- このようにすると、その列の処理が少しだけ高速になる。
- その列にmissing値を書き込もうとすると、Juliaがエラーを返す。

missing値が入っていてはいけないDataFrameでは、特に後者が役に立つ。

もう少し解説しよう

Juliaには、他にもCSVファイルを読み込む機能を持つパッケージがある。CSVFiles.jlパッケージ、TextParse.jlパッケージなどだ。

こちらも見てみよう

missingの取り扱いについては、「**レシピ7.5　欠損値を扱う**」で詳しく説明する。

カテゴリ変数に関しては、「**レシピ7.4　カテゴリデータを処理する**」で説明する。

レシピ7.4　カテゴリデータを処理する

Juliaでは、データの値を解釈するために重要な情報を、データの型が持つ場合がある。しかし、カテゴリデータの扱いは簡単ではない。このレシピでは、順番を持つカテゴリデータの配列を、カテゴリ変数を使ってフィルタリングする方法について説明する。

---

*1　訳注：poolを指定するだけではカテゴリ変数への変換は行われない。カテゴリ変数にするには、さらにcategorical=true, copycols=trueとしなければならない。

準備しよう

このレシピではパッケージDataFrames.jlを使うので、**「レシピ1.10 パッケージの管理」**に従ってインストールしておこう。

やってみよう

このレシピでは、カテゴリデータが含まれた簡単なデータフレームを作りそれをフィルタリングする。以下のステップで試してみよう。

1. まずDataFrames.jlパッケージをダウンロードして、FからA+までの成績のリストを作る。

```
julia> using DataFrames
julia> grade_levels = ["F"; [x*y for x in 'D':-1:'A' for y in ["-", "", "+"]]]
13-element Array{String,1}:
 "F"
 "D-"
 "D"
 "D+"
 "C-"
 "C"
 "C+"
 "B-"
 "B"
 "B+"
 "A-"
 "A"
 "A+"
```

2. このリストを使って、100人の学生にランダムな成績を付けて、DataFrameに格納する。成績はカテゴリ変数gradesに収められる。

```
julia> using Random
julia> Random.seed!(1);
julia> grades = categorical(rand(grade_levels, 100), ordered=true);
julia> levels!(grades, grade_levels);
julia> df = DataFrame(id=eachindex(grades), grades = grades);
```

3. grades変数の内容が、順序付け可能な型かどうかを調べてみよう。また、levels関数を用いて、値の順序を確認してみよう。

```
julia> isordered(grades)
true

julia> levels(grades)
13-element Array{String,1}:
 "F"
```

```
 "D-"
 "D"
 "D+"
 "C-"
 "C"
 "C+"
 "B-"
 "B"
 "B+"
 "A-"
 "A"
 "A+"

julia> describe(df, :eltype)
2×2 DataFrame
| Row   | variable   | eltype                      |
|       | Symbol     | DataType                    |
| ----- | ---------- | --------------------------- |
| 1     | id         | Int64                       |
| 2     | grades     | CategoricalString{UInt32}   |
```

ここからが、このレシピの要点だ。成績がA-よりもよい生徒だけを選ぶにはどうしたらよいだろうか。

4. このようにすればいい。

```
julia> filter(x -> x.grades > "A-", df)
15×2 DataFrame
| Row   | id      | grades          |
|       | Int64   | Categorical...  |
| ----- | ------- | --------------- |
| 1     | 6       | A               |
| 2     | 9       | A+              |
| 3     | 13      | A+              |
| 4     | 15      | A               |
| 5     | 23      | A+              |
| 6     | 26      | A               |
| 7     | 40      | A               |
| 8     | 44      | A               |
| 9     | 47      | A               |
| 10    | 48      | A               |
| 11    | 49      | A               |
| 12    | 63      | A               |
| 13    | 70      | A               |
| 14    | 75      | A+              |
| 15    | 93      | A               |
```

説明しよう

カテゴリ配列CategoricalArrayは、カテゴリ変数を保持するための型で、（順序のない）名義的なカテゴリデータと、順序ありカテゴリデータの両方に使われる。

カテゴリ配列は一般に、categorical関数を用いて作られる。この際に、キーワード引数orderedで、名義カテゴリ配列（ordered=falseの場合、こちらがデフォルト）か、順序ありカテゴリ配列（ordered=true）かを指定する。

カテゴリ配列には2つ重要な性質がある。

- 順序を持つかどうか。isordered関数で確認できる。
- レベルのリスト。levels関数で取得できる。

カテゴリ配列は、任意の型の配列から作ることができるが、文字列の場合には特別の扱いが必要だ。カテゴリの値は内部的にはStringで格納されており、通常の文字列と同じように使うことができる。例えば、カテゴリ配列gradesの最初の10要素に" grade"という文字列を付けてみよう。

```
julia> grades[1:10] .* " grade"
10-element Array{String,1}:
 "D grade"
 "B- grade"
 "D- grade"
 "C grade"
 "D grade"
 "A grade"
 "D grade"
 "D+ grade"
 "A+ grade"
 "C- grade"
```

しかし、カテゴリ文字列を文字列と比較する場合には、カテゴリ配列内での順番が用いられる。したがって、grades[1] > "X"というような比較をすると、例外が発生する。これは"X"がgrades配列の有効なレベルではないからだ。

もう少し解説しよう

カテゴリ配列を用いると、データに構造を与えることができるが、それだけではない。メモリ効率もこちらのほうがよい。各レベルを表す文字列は、1つしか格納されておらず、配列そのものにはそのレベルへの参照が保持されているだけだからだ。

次のコードでどのくらいメモリが節約できているか確認してみよう。

```
julia> x = repeat(["a"^20, "b"^20], 1000);
julia> y = categorical(x);
julia> Base.summarysize(x)
72040
```

```
julia> Base.summarysize(y)
8912
```

yは、xをカテゴリ配列にしたものだが、それだけで90％もメモリを節約できている。

こちらも見てみよう

CategoricalArrays.jlパッケージのカテゴリ配列の使い方については、https://juliadata.github.io/CategoricalArrays.jl/latest/を参照。

レシピ7.5　欠損値を扱う

このレシピでは、欠損値のあるDataFrameから相関行列を作る方法を紹介する。

準備しよう

このレシピではパッケージCSV.jlとDataFrames.jlを使うので、**「レシピ1.10　パッケージの管理」**に従ってインストールしておこう。

また、次のようにして、ファイルをダウンロードして、変数dfにロードしておく。

```
julia> download("https://openmv.net/file/class-grades.csv", "grades.csv")
julia> using CSV, DataFrames, Statistics
julia> df = CSV.read("grades.csv");
```

Github上のこのレシピのレポジトリには、いつものcommand.txtの他に、このレシピで用いるcor.jlが用意されている。また、何らかの理由でダウンロードできなかった場合に備えてgrades.csvも用意してある。

やってみよう

相関を計算する前に作ったデータフレームを確認しよう。

1. まずは、データフレーム内のデータの要約統計量を調べてみよう。

```
julia> summary(df)
"99×6 DataFrame"

julia> describe(df, :min, :max, :nmissing)
6×4 DataFrame
| Row | variable   | min   | max    | nmissing |
|     | Symbol     | Real  | Real   | Int64    |
| ----- | ------------ | ------- | -------- | ---------- |
| 1   | Prefix     | 4     | 8      | 0        |
| 2   | Assignment | 28.14 | 100.83 | 0        |
```

```
| 3     | Tutorial    | 34.09 | 112.58 | 0        |
| 4     | Midterm     | 28.12 | 110.0  | 0        |
| 5     | TakeHome    | 16.91 | 108.89 | 1        |
| 6     | Final       | 28.06 | 108.89 | 3        |
```

データは正しく読めているようだが、ファイルにはおかしなところがある。

2. CSV.validate関数を用いて調べてみよう。

```
julia> CSV.validate("grades.csv")
warning: parsed expected 6 columns, but didn't reach end of line on data row: 21. Ignoring any
extra columns on this row
warning: parsed expected 6 columns, but didn't reach end of line on data row: 39. Ignoring any
extra columns on this row
warning: parsed expected 6 columns, but didn't reach end of line on data row: 61. Ignoring any
extra columns on this row
```

このようにして、grades.csvファイルを詳細に調べてみると、いくつかの行で（具体的には22、40、62行目で）、行末に余分なカンマがあることがわかる。CSV.readはこの余分な列を暗黙のうちに無視している。

summaryの結果から、すべてのデータが数値型で、最後の2つの列には欠損値があることがわかる。

3. 標準ライブラリにあるStatistics.jlパッケージのcor関数を用いて相関を求めてみよう。

```
julia> [cor(df[!, i], df[!, j]) for i in axes(df, 2), j in axes(df, 2)]
6×6 Array{Union{Missing, Float64},2}:
  1.0        0.0224759  0.431078  -0.0625435  missing  missing
  0.0224759  1.0        0.440115   0.215868   missing  missing
  0.431078   0.440115   1.0        0.135597   missing  missing
 -0.0625435  0.215868   0.135597   1.0        missing  missing
   missing    missing    missing    missing   missing  missing
   missing    missing    missing    missing   missing  missing
```

残念なことに、1つでも欠損値がある列との相関を計算すると結果がmissingになってしまう。これを解決する方法は2つある。

4. 1つ目の方法は、欠損値missingを持つ行をデータフレームから削除してしまう方法だ。

```
julia> df2 = dropmissing(df);
julia> describe(df2, :nmissing)
6×2 DataFrame
| Row | variable   | nmissing |
|     | Symbol     | Int64    |
| ----- | ------------ | ---------- |
| 1   | Prefix     | 0        |
| 2   | Assignment | 0        |
| 3   | Tutorial   | 0        |
```

```
| 4    | Midterm    | 0          |
| 5    | TakeHome   | 0          |
| 6    | Final      | 0          |

julia> [cor(df2[!, i], df2[!, j]) for i in axes(df2, 2), j in axes(df2, 2)]
6×6 Array{Float64,2}:
  1.0        0.0484327  0.434525  -0.0586403  -0.0689997  0.0881758
  0.0484327  1.0        0.459001   0.200715    0.483206   0.286304
  0.434525   0.459001   1.0        0.148637    0.238167   0.23987
 -0.0586403  0.200715   0.148637   1.0         0.42719    0.724478
 -0.0689997  0.483206   0.238167   0.42719     1.0        0.474231
  0.0881758  0.286304   0.23987    0.724478    0.474231   1.0
```

5. もう1つの方法は、相関を取る列のペア単位で、欠損値のある行を削除する方法だ。

```
julia> function cor2(x, y)
           df = dropmissing(DataFrame([x, y]))
           cor(df[!, 1], df[!, 2])
       end
cor2 (generic function with 1 method)

julia> [cor2(df[!, i], df[!, j]) for i in axes(df, 2), j in axes(df, 2)]
6×6 Array{Float64,2}:
  1.0        0.0224759  0.431078  -0.0625435  -0.0916684  0.0902548
  0.0224759  1.0        0.440115   0.215868    0.492297   0.291232
  0.431078   0.440115   1.0        0.135597    0.209513   0.240551
 -0.0625435  0.215868   0.135597   1.0         0.442408   0.725121
 -0.0916684  0.492297   0.209513   0.442408    1.0        0.474231
  0.0902548  0.291232   0.240551   0.725121    0.474231   1.0
```

2つの結果はほとんど同じだが、同一ではない。ペア単位で削除する方法では、missingがない列同士の相関係数が、欠損値を削除しなかった場合の値と同一になっている。

説明しよう

このデータセットでは欠損値は空の文字列として表されている。CSV.read関数はデフォルトでこのような値をmissingとして読み込む。

以前のレシピで見た通り、DataFrames.jlパッケージのdropmissing関数を使って、missingデータを含む行をDataFrameから削除することができる。

欠損データを取り扱うのに便利な関数をいくつか紹介する。

関数	説明
ismissing	与えられた値がmissingかどうかを調べる。
coalesce	引数の列を受け取り、最初の欠損値でない値を返す。この関数は配列中のmissing値を置き換えるのに使うことができる。例えばcoalesce.([missing, 2, missing, 5], 0)は、[0, 2, 0, 5]を返す。
completecases	DataFrameを引数として受け取り、各行にmissing値が含まれていないかどうかを示す、真偽値の配列を返す。

また、多くの関数は、missing値を引数として受け取った場合の挙動が決まっている。例を示す。

```
julia> sin(missing)
missing

julia> 1 + missing
missing
```

missing値を処理することのできない関数を使う場合には、次に示すようなパターンでコードを書くといいだろう。

```
julia> s = ["a", "bb", missing, "dddd"]
4-element Array{Union{Missing, String},1}:
 "a"
 "bb"
 missing
 "dddd"

julia> (x -> isequal(x, missing) ? missing : length(x)).(s)
4-element Array{Union{Missing, Int64},1}:
 1
 2
  missing
 4
```

ここで、==ではなくisequalを比較に用いている。これは、==や<などの標準の比較演算子は3値ロジックをサポートしていて、missingを特別扱いしてしまうからだ。

```
julia> 1 == missing
missing

julia> missing == missing
missing

julia> 1 < missing
missing
```

一方、isequalやislessは、Bool値を返すことが保証されている。

```
julia> isequal(1, missing)
false

julia> isequal(missing, missing)
true

julia> isless(1, missing)
true
```

isless関数での比較に関して言えば、missing値は他のどの値よりも大きいという扱いになっている。

```
julia> isless(Inf, missing)
true
```

もう少し解説しよう

上に示した3つの場合をすべて処理できるように関数を書くこともできる（この関数もcor.jlファイルに入っている）。

```
using Statistics

abstract type CorMethod end
struct CorAll <: CorMethod end
struct CorComplete <: CorMethod end
struct CorPairwise <: CorMethod end

function Statistics.cor(df::DataFrame; method::CorMethod=CorAll())
    cor1(i, j) = nrow(df2) == 0 ? missing : cor(df2[!, i], df2[!, j])

    function cor2(i, j)
       x = dropmissing(DataFrame([df2[!, i], df2[!, j]]))
       nrow(x) == 0 ? missing : cor(x[!, 1], x[!, 2])
    end

    use_cor = method == CorPairwise() ? cor2 : cor1
    df2 = method == CorComplete() ? dropmissing(df) : df

    m = Matrix{Union{Float64, Missing}}(undef, ncol(df), ncol(df))
    for i in 1:ncol(df), j in i:ncol(df)
        m[i, j] = use_cor(i, j)
        m[j, i] = m[i, j]
    end
    m
end
```

この関数は、常にMatrix{Union{Float64, Missing}}を返すようにしている。これは、型安定にするためだ。行がないDataFrameが与えられた場合にはmissingを返す。また、同じ列の組み合わせに対して2回計算しないようにしてある。上のレシピで定義したデータフレームに対して、この関数を使ってみよう。

```
julia> include("cor.jl");
julia> cor(df)
6×6 Array{Union{Missing, Float64},2}:
  1.0        0.0224759  0.431078  -0.0625435  missing  missing
  0.0224759  1.0        0.440115   0.215868   missing  missing
  0.431078   0.440115   1.0        0.135597   missing  missing
 -0.0625435  0.215868   0.135597   1.0        missing  missing
   missing    missing    missing    missing   missing  missing
   missing    missing    missing    missing   missing  missing

julia> cor(df, method=CorComplete())
6×6 Array{Union{Missing, Float64},2}:
  1.0        0.0484327  0.434525  -0.0586403  -0.0689997  0.0881758
  0.0484327  1.0        0.459001   0.200715    0.483206   0.286304
  0.434525   0.459001   1.0        0.148637    0.238167   0.23987
 -0.0586403  0.200715   0.148637   1.0         0.42719    0.724478
 -0.0689997  0.483206   0.238167   0.42719     1.0        0.474231
  0.0881758  0.286304   0.23987    0.724478    0.474231   1.0

julia> cor(df, method=CorPairwise())
6×6 Array{Union{Missing, Float64},2}:
  1.0        0.0224759  0.431078  -0.0625435  -0.0916684  0.0902548
  0.0224759  1.0        0.440115   0.215868    0.492297   0.291232
  0.431078   0.440115   1.0        0.135597    0.209513   0.240551
 -0.0625435  0.215868   0.135597   1.0         0.442408   0.725121
 -0.0916684  0.492297   0.209513   0.442408    1.0        0.474231
  0.0902548  0.291232   0.240551   0.725121    0.474231   1.0
```

結果が同じであることがわかるだろう。

こちらも見てみよう

欠損値に関する詳細は、Juliaのマニュアルhttps://docs.julialang.org/en/v1.2/manual/missing/と、DataFrames.jlパッケージのドキュメントhttps://juliadata.github.io/DataFrames.jl/latest/man/missing.htmlを参照。

レシピ7.6 データフレームを使って分割・適用・結合を行う

データ分析を行う際には、**分割・適用・結合**（Split-apply-combine）と呼ばれる基本的な処理パターンを使って、データセットに関する集計情報を取得することが多い。ここでは、DataFrames.jlパッケージを用いてこのパターンを実行する方法を紹介する。

準備しよう

iris.csvファイルが現在のディレクトリにダウンロードされていることを確認しよう。ダウンロード方法については、**「レシピ7.3　インターネット上のCSVデータを読み込む」**を参考にしてほしい。このレシピではパッケージDataFrames.jlとCSV.jlを使うので、**「レシピ1.10　パッケージの管理」**に従ってインストールしておこう。

Github上のこのレシピのレポジトリには、いつものcommand.txtの他に、何らかの理由でダウンロードできなかった場合に備えてiris.csvを用意してある。

やってみよう

以下のステップに従って試してみよう。

1. データ集計を行う前にまず、Irisデータセットをディスクから読み込む。

```
julia> using CSV, DataFrames
julia> df = CSV.read("iris.csv", footerskip=1,
                header=["PetalLength", "PetalWidth", "SepalLength", "SepalWidth", "Class"]);

julia> describe(df, :mean, :nmissing)
5×3 DataFrame
| Row | variable    | mean       | nmissing   |
|     | Symbol      | Union...   | Int64      |
| ---- | ------------ | ---------- | ---------- |
| 1   | PetalLength | 5.84333    | 0          |
| 2   | PetalWidth  | 3.054      | 0          |
| 3   | SepalLength | 3.75867    | 0          |
| 4   | SepalWidth  | 1.19867    | 0          |
| 5   | Class       |            | 0          |
```

2. 各クラスに対して、SepalWidthに関する平均値と標準偏差を計算する。

```
julia> using Statistics
julia> by(df, :Class) do x
           DataFrame(n=nrow(x), mean=mean(x.SepalWidth), std=std(x.SepalWidth))
       end
3×4 DataFrame
| Row | Class           | n     | mean    | std      |
|     | String          | Int64 | Float64 | Float64  |
| ---- | ---------------- | ------- | --------- | -------- |
| 1   | Iris-setosa     | 50    | 0.244   | 0.10721  |
| 2   | Iris-versicolor | 50    | 1.326   | 0.197753 |
| 3   | Iris-virginica  | 50    | 2.026   | 0.27465  |
```

説明しよう

by関数には2つの呼び出し方がある。

- by(集計関数, データフレーム, グループ分けに用いる列, ソート)
- by(データフレーム, グループ分けに用いる列, 集計関数, ソート)

動作としては同じで集計関数の位置が違うだけだ。最初の形は、このレシピで行ったようにdoブロックで用いるために用意されている。この集計関数は、データフレームを受け取り、データフレームを返すものでなければならない。この返されたデータフレームが、by関数全体の結果となるデータフレームの列名を決定する。集計関数には、グループ分けに用いた列が特定の値である行だけが渡される。返り値は、データを集計した結果のデータフレームだ。この挙動を、by関数にdescribe関数を渡して確認してみよう。

```
julia> by(df, :Class, x -> describe(x, :mean, :nunique))
15×4 DataFrame
| Row  | Class           | variable     | mean     | nunique  |
|      | String          | Symbol       | Union... | Union... |
| ---- | --------------- | ------------ | -------- | -------- |
| 1    | Iris-setosa     | PetalLength  | 5.006    |          |
| 2    | Iris-setosa     | PetalWidth   | 3.418    |          |
| 3    | Iris-setosa     | SepalLength  | 1.464    |          |
| 4    | Iris-setosa     | SepalWidth   | 0.244    |          |
| 5    | Iris-setosa     | Class        |          | 1        |
| 6    | Iris-versicolor | PetalLength  | 5.936    |          |
| 7    | Iris-versicolor | PetalWidth   | 2.77     |          |
| 8    | Iris-versicolor | SepalLength  | 4.26     |          |
| 9    | Iris-versicolor | SepalWidth   | 1.326    |          |
| 10   | Iris-versicolor | Class        |          | 1        |
| 11   | Iris-virginica  | PetalLength  | 6.588    |          |
| 12   | Iris-virginica  | PetalWidth   | 2.974    |          |
| 13   | Iris-virginica  | SepalLength  | 5.552    |          |
| 14   | Iris-virginica  | SepalWidth   | 2.026    |          |
| 15   | Iris-virginica  | Class        |          | 1        |
```

doブロックでは、x.SepalWidthという形で、データフレームxのSepalWidth列を取り出していることに注意しよう。

もう少し解説しよう

データフレームをある列でグループ分けした上で集計するには、aggregate関数を使うといい。この関数は、グループ分けに用いなかった列すべてに対して同じ関数を実行する。例を見てみよう。

```
julia> adf = aggregate(df, :Class, maximum);
julia> describe(adf, :mean)
5×2 DataFrame
```

```
| Row   | variable             | mean      |
|       | Symbol               | Union...  |
| ----- | -------------------- | --------- |
| 1     | Class                |           |
| 2     | PetalLength_maximum  | 6.9       |
| 3     | PetalWidth_maximum   | 3.86667   |
| 4     | SepalLength_maximum  | 4.63333   |
| 5     | SepalWidth_maximum   | 1.63333   |

julia> summary(adf)
"3×5 DataFrame"
```

こちらも見てみよう

DataFramesMeta.jlパッケージには、DataFrameを変形するための便利なマクロが定義されている。これについては、**「レシピ7.10　データフレーム変換を繰り返してピボットテーブルを作成する」**で詳しく説明する。

レシピ7.7　縦型データフレームと横型データフレームを変換する

データフレームにデータを保持する際には2つのアプローチがある。

横型（wide format）

データフレームの1行ごとに、1つの観測値を格納する。1つの観測値は複数の計測値から構成されるので、データフレームの各行には、複数の計測値が格納される。

縦型（long format、要素-属性-値モデルとも呼ばれる）

データフレームの1行ごとに、1つの計測値を格納する。1つの観測値は、データフレーム上では複数の行として表される。

いずれの形式も統計解析では有用なので、これらのデータ形式の間で互いに変換する機能をDataFrames.jlパッケージが提供している。

準備しよう

このレシピでは、**「レシピ7.3　インターネット上のCSVデータを読み込む」**で用いたIrisデータセットを用いる。このレシピではパッケージDataFrames.jlとCSV.jlを使うので、**「レシピ1.10　パッケージの管理」**に従ってインストールしておこう。

JuliaのREPLを起動し、次のようにして、iris.csvファイルをデータフレームdfに読み込んでおこう。

```
julia> using CSV, DataFrames
julia> df = CSV.read("iris.csv", footerskip=1,
                header=["PetalLength", "PetalWidth", "SepalLength", "SepalWidth", "Class"]);
```

Github上のこのレシピのレポジトリには、いつものcommand.txtの他に、何らかの理由でダウンロードできなかった場合に備えてiris.csvを用意してある。

やってみよう

Irisデータセットは横型で格納されている。つまり1つの観測値が1行として表されている。これを、stack関数を用いると、これを縦型にすることができる。

1. 縦型に変換する前に、各行に対してユニークな識別番号idを与える。こうすることで、縦型データフレームの各行が、どの観測値に対応しているかがわかりやすくなる。

```
julia> df.id = axes(df, 1);
julia> sdf = stack(df)
600×4 DataFrame
| Row   | variable    | value     | Class          | id    |
|       | Symbol      | Float64   | String         | Int64 |
| ----- | ----------- | --------- | -------------- | ----- |
| 1     | PetalLength | 5.1       | Iris-setosa    | 1     |
| 2     | PetalLength | 4.9       | Iris-setosa    | 2     |
| 3     | PetalLength | 4.7       | Iris-setosa    | 3     |
.
.
.
| 597   | SepalWidth  | 1.9       | Iris-virginica | 147   |
| 598   | SepalWidth  | 2.0       | Iris-virginica | 148   |
| 599   | SepalWidth  | 2.3       | Iris-virginica | 149   |
| 600   | SepalWidth  | 1.8       | Iris-virginica | 150   |

julia> describe(sdf, :min, :max)
4×3 DataFrame
| Row   | variable   | min          | max             |
|       | Symbol     | Any          | Any             |
| ----- | ---------- | ------------ | --------------- |
| 1     | variable   | PetalLength  | SepalWidth      |
| 2     | value      | 0.1          | 7.9             |
| 3     | Class      | Iris-setosa  | Iris-virginica  |
| 4     | id         | 1            | 150             |
```

縦型への変換後のデータフレームには4つの列があることがわかる。variableとvalueが、キーと値のペアを表しており、Classとidはその行が表している観測値を表している。

2. 縦型を横型にするにはunstack関数を用いる。

```
julia> udf = unstack(sdf, :variable, :value);
julia> names(udf)
6-element Array{Symbol,1}:
 :Class
 :id
 :PetalLength
 :PetalWidth
 :SepalLength
 :SepalWidth
```

結果のデータフレームは、元のデータフレームと同じ列を持つことがわかる（ただし順番は異なる）。

3. 次のようにして、変換してできたデータフレームと元のデータフレームの内容が同じであることを確認する。

```
julia> permutecols!(udf, names(df));
julia> df == udf
true
```

データフレームdfとudfが、列を入れ替えると、まったく同じであることが確認できた。
縦型形式は、数値データを集計するときなどに便利だ。たくさんの数値の列に対して同じ集計操作をしたい場合、縦型であれば簡単にできるが、横型だと変換する列を明示的に指定しなければならないからだ。

4. 縦型のデータフレームでも横型のデータフレームでも、集計した結果がまったく同じになることを見てみよう。

```
julia> using Statistics
julia> agg = by(sdf, [:Class, :variable], x -> DataFrame(value=mean(x.value), n = nrow(x)))
12×4 DataFrame
| Row | Class           | variable    | value   | n     |
|     | String          | Symbol      | Float64 | Int64 |
| ----- | ---------------- | ------------- | -------- | ------- |
| 1   | Iris-setosa     | PetalLength | 5.006   | 50    |
| 2   | Iris-versicolor | PetalLength | 5.936   | 50    |
| 3   | Iris-virginica  | PetalLength | 6.588   | 50    |
| 4   | Iris-setosa     | PetalWidth  | 3.418   | 50    |
| 5   | Iris-versicolor | PetalWidth  | 2.77    | 50    |
| 6   | Iris-virginica  | PetalWidth  | 2.974   | 50    |
| 7   | Iris-setosa     | SepalLength | 1.464   | 50    |
| 8   | Iris-versicolor | SepalLength | 4.26    | 50    |
| 9   | Iris-virginica  | SepalLength | 5.552   | 50    |
| 10  | Iris-setosa     | SepalWidth  | 0.244   | 50    |
| 11  | Iris-versicolor | SepalWidth  | 1.326   | 50    |
```

```
| 12    | Iris-virginica | SepalWidth   | 2.026    | 50      |

julia> agg2 = unstack(agg, :Class, :variable, :value);
julia> agg3 = by(df, :Class) do  x
                 DataFrame(PetalLength=mean(x.PetalLength),
                           PetalWidth=mean(x.PetalWidth),
                           SepalLength=mean(x.SepalLength),
                           SepalWidth=mean(x.SepalWidth));
             end;

julia> agg2 == agg3
true
```

説明しよう

stack関数を用いて、データフレームを横型から縦型に変換する。この関数は3つの引数を取る。

引数	説明
df	変換されるデータフレーム
measure_vars	測定値を保持している列名のリスト
id_vars	特定値名を保持している列名のリスト

id_varsは省略できる。省略すると、measure_varsに含まれていないすべての変数が、このリストに含まれることになる。さらに、measure_varsも省略することができる。その場合は、浮動小数点の値が含まれているすべての列がmeasure_varsとなる。上のレシピで用いたのは、このid_varsもmeasure_varsも省略された形だ。stack(df)とだけ書くと、数値が入った列は測定値として、それ以外はその名前として扱われる。

stack関数にはさらに、variable_nameとvalue_nameというキーワード引数がある。これらはそれぞれ、変換後のデータフレームで変数名を保持する列の名前と、変数の値を保持する列の名前を指定する。

stackの逆の操作は、unstackで行う。この関数は以下の3つの引数を取ることができる。

引数	説明
rowkeys	変換の際にキーとなる列名のリスト（省略可能。省略した場合には、colkeyとvalue以外の列がすべてrowkeysとして扱われる）
colkey	計測値の名前が入った列名（デフォルトは:variable）
value	計測値の値が入った列名（デフォルトは:value）

colkeyを指定した場合には、valueも指定しなければならない。

このレシピの最後で、permutecols!関数を用いた。この関数は、データフレームを直接書き換えて、列の順番を入れ替える。この関数には、入れ替えたあとの列順になっているデータフレームを引数として与える。

もう少し解説しよう

`melt`関数は、`stack`関数とまったく同じ動作をするが、`measure_vars`と`id_vars`の順番が逆になっている（特に数が多い場合には、`id_vars`を列挙するほうが`measure_vars`を列挙するよりも楽な場合があるからだ）。

また、`stackdf`と`meltdf`という関数も用意されている。これらは、`stack`と`melt`とまったく同じように動作するが、元のデータフレームに対するビューを返す（`stack`と`melt`はデータをコピーする）。非常に大きいデータフレームを扱う場合にはこれらを使ったほうがいい。

こちらも見てみよう

分割-適用-結合パターンについては、**「レシピ7.6　データフレームを使って分割-適用-結合を行う」**で詳しく説明している。

レシピ7.8　データフレームの同一性を判定する

このレシピでは、2つのデータフレームが同一であるか、重複した行がないかどうかを確認する方法を示す。

準備しよう

このレシピでは、**「レシピ7.4　カテゴリデータを処理する」**で使ったgradesデータセットを使う。

このレシピではパッケージ`DataFrames.jl`と`CSV.jl`を使うので、**「レシピ1.10　パッケージの管理」**に従ってインストールしておこう。

まず、JuliaのREPLから下記のように入力して`grades.csv`をデータフレームにロードしておこう。

```
julia> using CSV, DataFrames
julia> df1 = CSV.read("grades.csv");
```

Github上のこのレシピのレポジトリには、いつもの`command.txt`の他に、何らかの理由でダウンロードできなかった場合に備えて`grades.csv`を用意してある。

やってみよう

以下のステップに従って試してみよう。

1. まず、元のデータフレームの列、行の順番を入れ替えたデータフレーム`df2`を作成する。これを比較に用いる。

```
julia> using Random
julia> Random.seed!(1);
julia> df2 = df1[shuffle(axes(df1, 1)), shuffle(axes(df1, 2))];
```

2. 次に、df1とdf2が持つ行がそれぞれの中では重複しておらず、df1とdf2とで全く同じであることを、join関数を使って確認する。

```
julia> res = join(df1, df2, kind=:outer,
                  on=union(names(df1), names(df2)),
                  indicator=:check, validate=(true, true));

julia> unique(res.check)
1-element Array{String,1}:
 "both"
```

unique関数の結果から、すべての行が両方のデータフレームにあることがわかる。

3. 今度は、データフレームdf1とdf2からそれぞれ別の行を削除してから比較してみよう。

```
julia> res = join(df1[1:end-1,:], df2[2:end,:], kind=:outer,
                  on=union(names(df1), names(df2)),
                  indicator=:check, validate=(true, true));

julia> by(res, :check, nrow)
3×2 DataFrame
│ Row │ check          │ x1    │
│     │ Categorical... │ Int64 │
├─────┼────────────────┼───────┤
│ 1   │ both           │ 97    │
│ 2   │ left_only      │ 1     │
│ 3   │ right_only     │ 1     │
```

期待した通り、左のデータフレームにだけ存在する行と右のデータフレームにだけ存在する行が1行ずつ見つかっている。

さらに、2つのデータフレームの列構成が同じでなければ、キーワード引数onにunion(names(df1), names(df2))を指定しているので、joinをした時点で例外が発生する。また、キーワード引数validateを(true, true)に指定しているので、重複した行があると、エラーとなる。

説明しよう

DataFrames.jlパッケージを用いると、2つのデータフレームをjoin関数でジョインすることができる。ジョインには以下の種類がある。:inner（デフォルト）、:outer、:left、:right、:semi、:anti、:cross（2つのデータフレームの直積を作る）。

:cross以外の場合には、キーワード引数onを指定する必要があり、ジョインのキーとなる列を指定する。この引数で指定する列名は、双方のデータフレームに存在するものでなければならない。

join関数にはさらに以下の3つのキーワード引数がある。

キーワード引数	説明
makeunique （デフォルトはfalse）	trueが指定されていると、onに指定されていない列名が2つのデータフレームに重複していた場合に、列名を自動的に変更して重複を回避する。falseの場合にはエラーとなる。
indicator	シンボルを指定すると、ジョインされた結果のデータフレームに、各行がどちらのデータフレーム由来かを示す列をそのシンボル名で作成する。この列の値は、left_only、right_only、bothのいずれかになる。
validate	Bool2つで構成されるタプルを指定する。ジョインの対象となる2つのデータフレームに対して、onキーワードで指定した列で行がユニークに特定できるかをチェックする。タプルの前者が左のデータフレームに、後者が右のデータフレームに対応する。

もう少し解説しよう

このレシピではjoinを用いて重複のチェックをしたが、StatsBase.jlパッケージのcountmap関数を用いて行うこともできる（インストールされていなければJuliaのREPLでusing Pkg; Pkg.add("StatsBase")としてインストールしよう）。例を示す。

```
julia> using StatsBase
julia> df_id(df) = countmap(collect(eachrow(df[:, sort(names(df))])))
df_id (generic function with 1 method)

julia> df_id(df1) == df_id(df2)
true
```

ここで定義した関数df_idは、データフレームの列名をソートした上で、ユニークな行の数を数える。ここでは、辞書（とセット）のあまり目立たない性質を利用している。それは、missing値をキーに使えることと、その場合でも==演算子の結果がmissingにならずに、trueもしくはfalseになるということだ（配列の比較ではこうならない）。

こちらも見てみよう

missing値との比較の標準的なルールについては、**「レシピ7.5　欠損値を扱う」**で説明した。
eachrow関数については、次の**「レシピ7.9　データフレームの行を変換する」**で説明する。

レシピ7.9　データフレームの行を変換する

DataFrameオブジェクトの列に対して何らかの変換を行いたいことがある。このレシピでは、DataFrameの行に対して複雑な変換を行う方法を紹介する。

準備しよう

このレシピでは、**「レシピ7.4　カテゴリデータを処理する」**で使ったgradesデータセットを使う。
ここでは、成績について以下のルールがあることを仮定する。

- Finalがmissingであるか50未満ならば**落第**（fail）

- Finalが75未満50以上で、MidtermとTakeHomeの両方がmissingもしくは50未満ならば**落第**
- それ以外の場合は**及第**（pass）

このレシピではパッケージDataFrames.jlとCSV.jlを使うので、**「レシピ1.10　パッケージの管理」**に従ってインストールしておこう。

まず、JuliaのREPLから下記のように入力してgrades.csvをデータフレームにロードしておこう。

```
julia> using CSV, DataFrames
julia> df = CSV.read("grades.csv");
```

Github上のこのレシピのレポジトリには、いつものcommand.txtの他に、何らかの理由でダウンロードできなかった場合に備えてgrades.csvを用意してある。

やってみよう

このレシピでは、2つの方法で最終的な成績を計算する。

1. 1つ目の方法では、まず成績を計算する関数を定義する。

```
julia> function get_grade(final, midterm, takehome)
           (ismissing(final) || final < 50) && return "fail"
           if final < 75 && coalesce(midterm, 0) < 50 && coalesce(takehome, 0) < 50
               "fail"
           else
               "pass"
           end
       end
get_grade (generic function with 1 method)
```

2. これを使ってデータフレームに新しい列を追加する。

```
julia> df.grade = get_grade.(df.Final, df.Midterm, df.TakeHome);
```

3. もう1つの方法は、データフレームのようなオブジェクトを返すイテレータeachrowと、map関数とdoブロックを用いて書く方法だ。

```
julia> df.grade2 = map(eachrow(df)) do r
           coalesce(r.Final, 0) < 50 && return "fail"
           if r.Final < 75 && coalesce(r.Midterm, 0) < 50 && coalesce(r.TakeHome < 50)
               "fail"
           else
               "pass"
           end
       end;
```

4. 2つの方法で作ったデータフレームが同じであることを確認しよう。

```
julia> df.grade == df.grade2
true
```

説明しよう

データフレームの列を変換するには、ブロードキャストを用いることが多い。例えば、Final変数だけを用いるなら次のように書ける。

```
df.failed = coalesce.(df.Final, 0) .< 50
```

このレシピで紹介した変換は、比較的複雑なので、関数を新しく定義してブロードキャストする（1つ目の方法）か、map（2つ目の方法）を使ってデータに適用する。

eachrowを用いた2つ目の方法では、doブロックとして定義された関数は、DataFrameRowオブジェクトを受け取る。このオブジェクトは、親となるデータフレームの1行を表すビューとして振る舞う。このオブジェクトの列に対して名前や番号でアクセスできる。

また、coalesce関数の使い方に付いても注意してほしい。これが必要なのは、<のような比較演算子は、どちらかの引数がmissingの場合にmissingを返すからだ。coalesceを用いると、成績を付ける上ではmissingが0点と同じ意味を持つことが表現できる。

もう少し解説しよう

eachrowイテレータと似たeachcolイテレータもある。このイテレータを用いると、データフレームの列を1つずつ処理することができる。

こちらも見てみよう

「レシピ7.10　データフレーム変換を繰り返してピボットテーブルを作成する」で、DataFramesMeta.jlパッケージを用いたデータフレームの変換について説明する。

レシピ7.10　データフレーム変換を繰り返してピボットテーブルを作成する

データ分析を行う際には、データフレームに対して何段もの変換を行わなければならない場合がある。このレシピでは、最も基本的なデータ集計の方法であるピボットテーブルの作成を例として、DataFramesMeta.jlを用いてこのような処理を簡単に行う方法を紹介する。

準備しよう

iris.csvファイルが現在のディレクトリにダウンロードされていることを確認しよう。ダウンロード方法については、**「レシピ7.3　インターネット上のCSVデータを読み込む」**を参考にしてほしい。

このレシピではパッケージDataFrames.jl、DataFramesMeta.jl、CSV.jlを使うので、**「レシピ1.10**

パッケージの管理」に従ってインストールしておこう。

Github上のこのレシピのレポジトリには、いつものcommand.txtの他に、何らかの理由でダウンロードできなかった場合に備えてiris.csvを用意してある。

JuliaのREPLを起動し、次のようにして、iris.csvファイルをデータフレームdfに読み込んでおこう。

```
julia> using CSV, DataFrames
julia> df = CSV.read("iris.csv", footerskip=1,
                header=["PetalLength", "PetalWidth", "SepalLength", "SepalWidth", "Class"]);
```

ここでは、Classが"Iris-setosa"であるデータに対してPetalLengthとSepalWidthでグループ分けした上で、SepalLengthの平均を計算し、それをピボットテーブルとして表示することを考える。

やってみよう

このレシピのコードは、かなり無愛想だ。というのは、下に示すようにたった1コマンドでできてしまうからだ。

```
julia> @linq df |>
       where(:Class .== "Iris-setosa") |>
       by([:PetalLength, :SepalWidth], meanSL = mean(:SepalLength)) |>
       unstack(:SepalWidth, :meanSL)
15×7 DataFrame. Omitted printing of 3 columns
│ Row │ PetalLength │ 0.1     │ 0.2     │ 0.3     │
│     │ Float64     │ Float64 │ Float64 │ Float64 │
├─────┼─────────────┼─────────┼─────────┼─────────┤
│ 1   │ 4.3         │ 1.1     │ missing │ missing │
│ 2   │ 4.4         │ missing │ 1.33333 │ missing │
│ 3   │ 4.5         │ missing │ missing │ 1.3     │
│ 4   │ 4.6         │ missing │ 1.3     │ 1.4     │
│ 5   │ 4.7         │ missing │ 1.45    │ missing │
│ 6   │ 4.8         │ 1.4     │ 1.7     │ 1.4     │
│ 7   │ 4.9         │ 1.5     │ 1.4     │ missing │
│ 8   │ 5.0         │ missing │ 1.42    │ 1.3     │
│ 9   │ 5.1         │ missing │ 1.5     │ 1.45    │
│ 10  │ 5.2         │ 1.5     │ 1.45    │ missing │
│ 11  │ 5.3         │ missing │ 1.5     │ missing │
│ 12  │ 5.4         │ missing │ 1.6     │ missing │
│ 13  │ 5.5         │ missing │ 1.35    │ missing │
│ 14  │ 5.7         │ missing │ missing │ 1.7     │
│ 15  │ 5.8         │ missing │ 1.2     │ missing │
```

この出力ではJuliaが表示する列を制限しているので、読者のターミナルでは、もう少し列が見えるかもしれない。

説明しよう

DataFramesMeta.jlパッケージを使うと、DataFrameオブジェクトを使うのが2つの意味で楽になる。

- 列を参照する際に、データフレームオブジェクトを省略できる。シンボルだけ書けばいい。
- @linqマクロを用いてDataFrameの変換の連鎖を書くことができる。この際に、DataFramesMeta.jlパッケージで定義されている操作だけでなく、他の関数も利用できる。DataFramesMeta.jlパッケージの関数は、第1引数が処理対象のデータフレームであることを前提としているので、指定する必要がない。このレシピでは、これらの機能を両方使っている。

whereやbyは、DataFramesMeta.jlパッケージで定義されているマクロだ。通常は下のように呼び出す。

@where(data_frame, condition)
: data_frameから指定された条件を満たす行を抜き出す。

@by(data_frame, columns, aggregations...)
: data_frameをcolumnsでグループ分けして、aggregationsで指定された集計を行う。

このレシピでは、@linqマクロの中で|>演算子を使って連鎖させている。このおかげで、@を省略しているし、第1引数のデータフレームも省略している。また、DataFramesMeta.jlパッケージに属さないunstack関数も使っているが、この場合にも第1引数であるデータフレームを省略している。

これらの操作の結果、行がPetalLength、列がSepalWidthの値で、交わったところにSepalLengthの平均値が入ったピボットテーブルができる。対応する観測値がない欄にはmissingが入っている。

もう少し解説しよう

DataFramesMeta.jlパッケージには、以下のデータフレームに関係する基本的な操作が定義されている。

データフレーム名	説明
@with	列名をシンボルで参照する
@where	行をフィルタする
@select	列を選んで変換する
@transform	新しい列を追加する
@by_row	行単位の操作を行う
@orderby	行をソートする
@by	データフレームをグループ分けして集計する
@based_on	グループ分けされたデータフレームを集計する
@linq	連鎖的なデータフレーム操作を行う

これらの関数の詳細については、https://github.com/JuliaStats/DataFramesMeta.jlを参照。

こちらも見てみよう

「レシピ7.6　データフレームを使って分割-適用-結合を行う」で、DataFrames.jlパッケージに組み込まれた関数を用いた分割 - 適用 - 結合サイクルを実行する方法を示した。

unstack関数については、**「レシピ7.7　縦型データフレームと横型データフレームを変換する」**で詳細に説明した。

8章 Juliaワークフロー

本章で取り上げる内容

- Revise.jlを用いてモジュールを開発する
- コードのベンチマーク
- コードのプロファイリング
- コードのログを取る
- JuliaからPythonを使う
- JuliaからRを使う
- プロジェクトの依存関係を管理する

はじめに

本章では、Juliaでの開発ワークフローを整えるためのヒントをいくつか紹介する。

まず、`Revise.jl`について説明する。これは、パッケージ内で変更された関数定義を自動的に再ロードするもので、大きいJuliaパッケージの開発には必須となる。次にプログラムのベンチマークをとったり、プロファイルをとったりする方法を説明する。Juliaだけではデータサイエンス/データ分析の目標を効率的に達成することができず、他の言語を使わなければならない場合もあるだろう。そのような場合のために、データサイエンスで広く使われている2つの言語すなわちPythonとGNU Rのコードやライブラリと Juliaを連携させる方法を説明する。最後に、Juliaプロジェクトの標準的な構成方法について説明する。

レシピ8.1 Revise.jlを用いてモジュールを開発する

このレシピでは、`Revise.jl`パッケージを用いて、モジュール開発ワークフローを効率化する方法を示す。多数の関数からなるJuliaプログラムを開発するには、**モジュール**として1つにまとめるのが一般的だ。モジュールを開発する際には、JuliaのREPLでテストすることが多い。しかし、モジュールの中の関数を1つ変更しただけでモジュール全体をリロードしなければならない。これでは、リロードを忘れないようにしなければならないし、1行変更しただけでモジュール全体をリロードしなければならないので、時間もかかる。この問題を解決してくれるのがRevise.jlだ。

準備しよう

このレシピでは、ユーザが使いやすいプログラム環境が設定できていることを仮定する。

ReviseはJuliaのパッケージマネージャで簡単にインストールできる。

また、このレシピで用いるプログラムサンプルで、HTTP.jlを用いるので、これも**「1.10 パッケージを管理する」**に従ってインストールしておこう。

やってみよう

このサンプルでは、ビットコインの価格をhttps://www.coindesk.com/から取得するモジュールを、以下の手順で作っていく。

1. Module1.jlというファイルを作り、下の内容を書き込む。

```
module Module1

using HTTP
using JSON

export getcoinprices

function getcoinprices(dateFrom::String,dateTo::String)
    url = string("https://api.coindesk.com/v1/bpi/historical/close.json?currency=USD&start=",
                dateFrom, "&end=", dateTo)
    res = HTTP.request("GET", url ,verbose=0)
    dat = JSON.parse(join(readlines(IOBuffer(res.body)), " "))
    haskey(dat, "bpi") ? dat["bpi"] : Dict()
end

end # module
```

   このモジュールを使うには、このファイルがJuliaのREPLの現在のディレクトリになければならない。

2. pwd()コマンドを用いて現在のディレクトリを確認する。ディレクトリを移動したければ、cd("移動先のディレクトリ")で移動する。ディレクトリが正しいことを確認したら、次のコマンドを実行する。

```
push!(LOAD_PATH, ".")
using Revise
using Module1
```

3. 以下のコードを実行してモジュールをテストする。

```
julia> getcoinprices("2018-06-20", "2018-06-22")
Dict{String,Any} with3entries:
"2018-06-22"=>6053.9
"2018-06-20"=>6758.38
"2018-06-21"=>6717.2
```

返り値はDictオブジェクトなので表示される順番は上と同じではないかもしれない。

4. 不正な日付の範囲を指定して結果を見てみよう。

```
julia> getcoinprices("2018-06-23", "2018-06-22")
ERROR:HTTP.ExceptionRequest.StatusError(404,
HTTP.Messages.Response:
"""
HTTP/1.1 404 Not Found
    ...(more errors here)...
```

getcoinprices関数を変更して、不正な日付の範囲が指定されていた場合にエラーを返すのではなく空のDictを返すようにしてみよう。

5. Module1.jlファイルをテキストエディタで開き、getcoinprices(dateFrom::String,dateTo::String)関数の冒頭に、次の行を追加する。ファイルをセーブするのを忘れないようにしよう。

```
dateFrom>dateTo && returnDict()
```

6. 同じ関数を再度実行してみよう。

```
julia> getcoinprices("2018-06-23", "2018-06-22")
Dict{Any,Any} with0entries
```

関数定義がRevise.jlによって自動的に更新されたことがわかる。Juliaを再起動する必要も、Module1モジュールをリロードする必要もない。

説明しよう

Revise.jlは、ソースコードを常にスキャンして変更を検出する。JuliaのREPLやJunoに対しても特別なイベント処理が追加される。関数の実装が変更されたことを検知すると、その関数が自動的にJuliaのインタプリタに渡される。Revise.jlは、モジュール全体をリロードするわけではなく、変更された関数だけをリロードすることに注意しよう。

Revise.jlはほとんどのコードの変更に追従できるが2つ例外がある。1つは型の定義だ。型の定義が変更された場合には（例えばstructに新しいフィールドが追加された場合など）、Juliaのインタプリタを再起動しなければならない（つまりexit()で抜けて起動し直す）。もう1つは、モジュールやファイル名の変更だ。モジュールやファイル名を変更した場合にもJuliaを再起動する必要がある。

Revise.jlは、デフォルトでは、using文やimport文で名前空間に取り込まれたファイルしか監視しない。しかし、push!(LOAD_PATH, "監視するファイルのパス")とすることで、明示的に監視するファイルを追加することもできる。また、includeでロードしたファイルを監視するには、Revise.track(filename)とすればいい。

もう少し解説しよう

Junoを使う場合には、Juliaを**サイクルブートモード**で使うようにしよう。こうしておくと、常にバックグラウンドでJuliaプロセスが1つ待機しているようになるので、型を変更したのでJuliaを再起動しなければならなくなった場合にも、新しいJuliaプロセスが立ち上がるのを待たずに済む。

Juliaのワークフローに関するガイドラインがhttps://docs.julialang.org/en/v1.2/manual/workflow-tips/にある。

こちらも見てみよう

Juliaコードの構成方法についてはhttps://docs.julialang.org/en/v1.2/manual/style-guide/のスタイルガイドを参照してほしい。

レシピ8.2　コードのベンチマーク

このレシピでは、コードのベンチマークを取る方法と、取ったベンチマークを使って、コードを改善する方法を紹介する。

準備しよう

ここではベンチマークの対象として整数引数nを取る関数を考える。この関数はランダムに10×10の浮動小数点行列Aを作成し、この行列とやはりランダムに生成したベクトルxの積を取りそのノルムを計算する。xをn回サンプリングし、結果をn要素のノルムの配列として返す。

まずBenchmarkToolsパッケージをインストールしておこう。まだインストールしていなければusing Pkg; Pkg.add("BenchmarkTools")としてインストールする。

やってみよう

ここでは要求された機能を2つの方法で、関数f1と関数f2としてそれぞれ実装し、性能を比較する。

1. まず、1つ目の関数を定義しよう。

```
julia> function f1(n::Integer)
           n > 0 || error("n must be a positive number")
           A = rand(10, 10)
```

```
               [A*rand(10) for i in 1:n]
           end
f1 (generic function with 1 method)
```

2. この実行にかかる時間を@timeマクロを2回呼び出して計測する。

```
julia> @time f1(10^6);
 0.887396 seconds (2.51 M allocations: 338.263 MiB, 21.45% gc time)

julia> @time f1(10^6);
 0.537961 seconds (2.00 M allocations: 312.806 MiB, 27.33% gc time)
```

3. より詳細に関数の性能を見積もるには、BenchmarkToolsパッケージの@benchmarkマクロを用いる。

```
julia> using BenchmarkTools
julia> @benchmark f1(10^6)
BenchmarkTools.Trial:
  memory estimate: 312.81 MiB
  allocs estimate: 2000007
  --------------
  minimum time: 370.117 ms (0.00% GC)
  median time: 597.999 ms (30.58% GC)
  mean time: 714.208 ms (43.69% GC)
  maximum time: 1.280 s (71.83% GC)
  --------------
  samples: 7
  evals/sample: 1
```

4. さて、もう1つの実装をしてみよう。こちらはxのメモリ領域を毎回確保しないで、再利用するように、rand!関数を用いている。

```
julia> using Random

julia> function f2(n::Integer)
               n > 0 || error("n must be a positive number")
               A = rand(10, 10)
               x = rand(10)
               [A*rand!(x) for i in 1:n]
           end
f2 (generic function with 1 method)

julia> @benchmark f2(10^6)
BenchmarkTools.Trial:
  memory estimate: 160.22 MiB
  allocs estimate: 1000009
```

```
--------------
minimum time: 344.432 ms (0.00% GC)
median time: 437.508 ms (0.00% GC)
mean time: 486.926 ms (23.38% GC)
maximum time: 989.181 ms (65.77% GC)
--------------
samples: 12
evals/sample: 1
```

f2のほうが高速で、メモリの使用量も小さいことがわかる。

説明しよう

@timeマクロは、引数の式の実行にかかった時間と、メモリ使用量、ガベージコレクションに費やされた時間の割合を返す。上に示したf1(10^6)の呼び出しの例を見ると、1度目の実行のほうが2度目の実行よりも時間がかかっていることがわかる。これは、1度目の実行の際に、引数の型Intに対して特化されたバージョンをコンパイルしているからだ。

コンパイルされるバージョンの関数を@whichで確認することができる。

```
julia> @which f1(10^6)
f1(n::Integer) in Main at REPL[1]:2
```

f1から呼び出される関数も、実行前にコンパイルされることに注意しよう。

@timeマクロは、実行対象の式の結果もコンソールに表示する。ここでは最後に;を付けることで、式の結果の出力を抑制している。実行時間だけを取得するには、@elapsedマクロを用いる。同様にメモリ使用量だけを取得するには@allocatedマクロを用いる。

```
julia> @elapsed f1(10^6)
0.421779857

julia> @allocated f1(10^6)
328001072
```

ここでは;を末尾に付けていない。これらのマクロは式の結果を表示しないからだ。

単純な関数であれば、@timeマクロを使うだけで、関数の性能が大まかに把握できる。しかし、より網羅的なベンチマークを取りたい場合もあるだろう。そのような場合には、BenchmarkToolsパッケージを使って関数を解析するといい。このパッケージの一番簡単な使い方は、@benchmarkマクロを使うことだ。このマクロは、複数回関数を実行して統計情報を出力する。

上の例では、f2がf1よりも速く、メモリ使用量も少なかった。これは配列内包表記の中で使っているrand!関数が、ベクトルxを再利用するので、ループごとに新しいメモリ領域を確保しないからだ。

BenchmarkToolsパッケージには、@btimeマクロ、@belapsedマクロもある。これらは@timeや@elapsedと同じ結果を返すが、@benchmarkと同じ統計を取り、そのminimum値を返す。

BenchmarkToolsパッケージを使う際に気を付けるべき点が1つある。ベンチマークの際にグローバル変数を使う場合には、@benchmarkマクロに渡す際に$を付けて補間したほうがよい。

```
julia> x = 10
10

julia> @benchmark rand(x)
BenchmarkTools.Trial:
  memory estimate: 160 bytes
  allocs estimate: 1
  --------------
  minimum time: 95.181 ns (0.00% GC)
  median time: 98.632 ns (0.00% GC)
  mean time: 121.989 ns (7.53% GC)
  maximum time: 47.540 μs (99.70% GC)
  --------------
  samples: 10000
  evals/sample: 946

julia> @benchmark rand($x)
BenchmarkTools.Trial:
  memory estimate: 160 bytes
  allocs estimate: 1
  --------------
  minimum time: 83.748 ns (0.00% GC)
  median time: 86.588 ns (0.00% GC)
  mean time: 106.827 ns (8.40% GC)
  maximum time: 46.464 μs (99.76% GC)
  --------------
  samples: 10000
  evals/sample: 986
```

この効果は、実行時間が短い場合に特に顕著となる。

もう少し解説しよう

BenchmarkTools.jlパッケージでは、サンプリング方法を変更することができる。詳細はhttps://github.com/JuliaCI/BenchmarkTools.jl/blob/master/doc/manual.mdを参照してほしい。よく使うパラメータは下の2つだ。

パラメータ	説明
samples	取得するサンプル数(デフォルト10000)。
seconds	ベンチマークに費やしてよい秒数(デフォルト5秒)。少なくとも1度は実行することが保証されている。この時間に到達する前に実行を開始したサンプルの終了を待つので、実際にかかる実行時間はもう少し長い可能性がある。

これらのパラメータは、BenchmarkToolsのマクロにキーワード引数として渡すこともできるし、BenchmarkTools.DEFAULT_PARAMETERSのフィールドとしてグローバルに指定することもできる。

こちらも見てみよう

コードの性能が期待したほどではない場合、最もありがちな原因は、関数が型安定でないことだ。この点に関しては**「レシピ6.8 型安定性を保証する」**で詳細に説明する。

コードのプロファイリングについては次のレシピで説明する。

レシピ8.3 コードのプロファイリング

コードのプロファイリング(https://en.wikibooks.org/wiki/Introduction_to_Software_Engineering/Testing/Profiling)の目的は、コードのボトルネック、つまり性能に大きな影響を与えている場所を見つけることだ。最も時間を消費しているコードの部分が特定できれば、その部分の最適化を考える。計算時間の観点から言えば、時間の大半を消費している部分だけを最適化することが理にかなっている。Juliaには単純だが有用なサンプリングプロファイラが組み込まれている。

準備しよう

サンプリングプロファイラそのものはJuliaに組み込まれているが、プロファイリングの結果を可視化するには、ProfileView.jlパッケージを使うのがおすすめだ。**「1.10 パッケージを管理する」**に従ってインストールしておこう。

ここでは、JunoのJuno.@profileを用いたプロファイリングも紹介する。このマクロはJunoに組み込まれているのでインストールは必要ない。

やってみよう

プロファイリングの動作を、以下の手順で確認しよう。

1. まず、プロファイリングの対象となる関数を定義しよう。下のリストの内容をprofiletest.jlファイルに書き込む。

```
using Statistics
function timeto1(mv)
    x = Int[]
    while true
        push!(x, rand(1:mv))
```

```
        1 in x && return length(x)
    end
end
agg(f, mv, rep) = mean(f(mv) for i in 1:rep)
```

2. この関数の実行時間を計測する。

```
julia> include("profiletest.jl");
julia> @time agg(timeto1, 1000, 10_000);
  6.422435 seconds (627.43 k allocations: 254.511 MiB, 0.95% gc time)

julia> @time agg(timeto1, 1000, 10_000);
  5.710283 seconds (96.25 k allocations: 223.124 MiB, 0.76% gc time)
```

3. この関数の使用メモリ量を確認する。この情報は、（形式は違うが）@timeマクロでも得られていることに注意しよう。

```
julia> @allocated agg(timeto1, 1000, 10_000)
236393040
```

4. プロファイラとProfileViewerをロードして、プロファイルのインターバルを0.5ミリ秒に設定する。

```
julia> using Profile
julia> using ProfileView
julia> Profile.init(delay=0.0005)
```

5. プロファイラを実行して、コードの実行時の統計を収集する。

```
julia> Profile.clear()
julia> Profile.@profile agg(timeto1, 1000, 10_000);
```

6. Profile.print()を用いて、プロファイリング結果を表示する。ここでは読みやすくするために、プロファイルリストの大半を[省略]に置き換えている。また、ここで示している結果はAtom Juno IDEで実行したものなので、通常のターミナルで実行した場合には表示結果が少し違うかもしれない。ただし結論は変わらない。

```
julia> Profile.print()
1527 .\task.jl:85; (::getfield(Atom, Symbol("##116#121")){Dict{String,Any}})()
[省略]
 135 profiletest.jl:5; timeto1(::Int64)
  46 .\array.jl:856; push!
   46 .\array.jl:814; _growend!
  4 .\array.jl:857; push!
   4 .\array.jl:769; setindex!
  85 ...64\build\usr\share\julia\stdlib\v1.2\Random\src\Random.jl:222; rand
```

```
 [省略]
   1145 profiletest.jl:6; timeto1(::Int64)
    351 .\operators.jl:0; in
    152 .\operators.jl:954; in
     152 .\array.jl:707; iterate
    642 .\promotion.jl:425; in
[省略]
```

プロファイル結果のそれぞれの行は、Juliaコードの行に対応する（ファイル名と行番号で識別できる）。各行の先頭の数字は、プロファイラが記録したその関数が実行された回数だ。このリストは実行のツリーを表している。ある行から派生した枝の実行回数を足し合わせると、その行の実行回数になっている。例えば、`profiletest.jl`ファイルの5行目`push!(x, rand(1:mv))`は、総サンプリング数1527回のうち135回も実行されていることがわかる。そのうち63％が、乱数値の作成に費やされているが、33％は配列を延長するために用いられていることがわかる。その下に、`profiletest.jl`ファイルの6行目の計測結果が表示されている。この行が、全実行時間の大半を占めている（1527回のうちの1154回）。さらに、この時間のかなりの部分が`in`で費やされていることがわかる。このことから、検索に`Array`ではなく`Set`を用いる改良を思いつくだろう。

7. プロファイリング結果は、`ProfileView`モジュールでインタラクティブな実行時間プロットとして表示することもできる。

```
julia> ProfileView.view()
```

このコマンドを実行すると、下のようなプロファイル情報を図で表したウィンドウが表示されるはずだ。各ブロックの幅は、プロファイル中に実行が記録された回数の割合を表す。ブロックの高さは実行スタックの深さを表している。したがって、一番下にある大きな赤いブロックは、JuliaのREPLを表している。オレンジのブロックにマウスポインタをかざすと、実行時間のうち多くをしめる。部分が、配列中の要素を探す部分（関数`in`）であることがわかる。

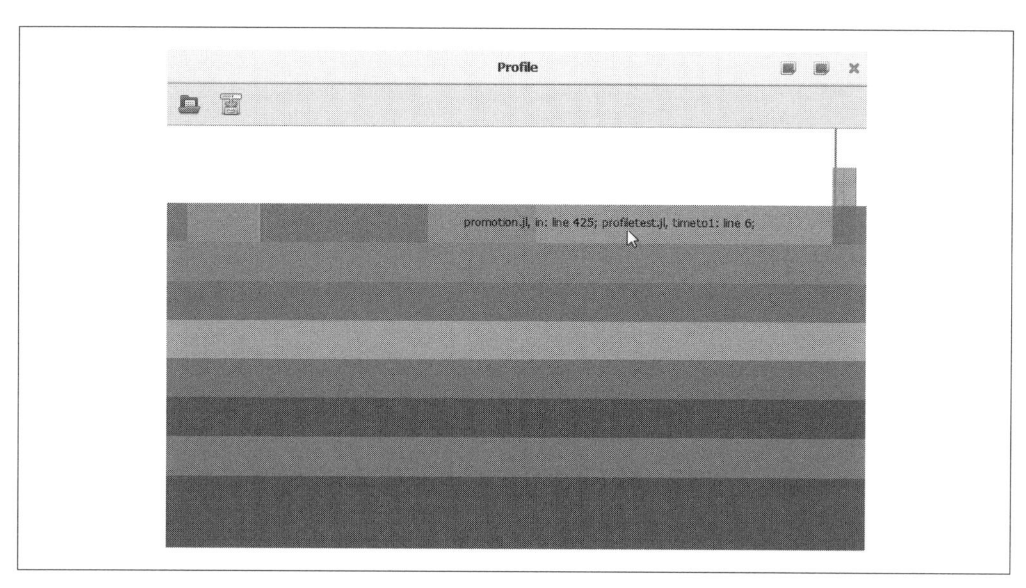

図8-1　ProfileViewによるプロファイル結果の表示

8. この知識に基づいてコードを改良してみよう。要素を配列に足し込んだり、配列の中を検索することを避けるには、下のようにArrayをSetに置き換えればいい。

```
function timeto2(mv)
    x=Set{Int}()
    while true
        push!(x, rand(1:mv))
        1 in x && return length(x)
    end
end
```

実行時間が8分の1以下にまで減ったことがわかる。一方メモリ使用量は若干増えている（SetはArrayよりもメモリ使用効率が悪い）。

```
julia> @time agg(timeto2, 1000, 10_000);
  0.0,65833029 seconds (597.52 k allocations: 280.118 MiB, 9.18% gc time)

julia> @time agg(timeto2, 1000, 10_000);
  0.658473 seconds (139.72 k allocations: 255.847 MiB, 10.86% gc time)

julia> @allocated agg(timeto2, 1000, 10_000)
268906688
```

説明しよう

@profileマクロはコードの実行中に、高い頻度で定期的に現在実行中の関数を調べる。この情報が収集され、統計情報が作られる（サンプリングプロファイリングが、**統計プロファイリング**とも呼ばれるのはこのためだ）。

デフォルトでは、Juliaのサンプリングプロファイラは、Linux/Unixでは1ミリ秒に1回、Windowsでは10ミリ秒に1回、実行中の関数の情報を収集する。この収集頻度は、Profile.init関数のdelay引数で容易に変更できる。注意すべき点は、プロファイルが実行されるたびに、統計情報が上書きされずに、追加されることだ。このため、@profileマクロを実行する前位にProfile.clear()コマンドで統計情報をクリアしておく場合が多い。

もう少し解説しよう

JuliaプロファイラはJunoに組み込まれている。Junoでコードを実行する際に下のようにすればばいい。

```
Juno.@profileragg(timeto1, 1000, 10_000);
```

上のコマンドは、Junoのエディタの中から[Ctrl] + [Enter]で起動してもよいし、JunoのREPLから実行してもよい。Juno.@profilerは@profileと同じようにプロファイリングを実行する。このマクロを実行すると、ProfileView.jlの出力と類似したインタラクティブなプロファイラウィンドウが表示される。一番下にあるメインブロックの上にマウスポインタをかざすと、実行時間が長くかかるのは、in関数のせいだということが容易にわかる。さらに、プロファイラウィンドウ上のブロックをクリックすると、その部分に対応したコードがAtom Junoエディタ上に表示される。

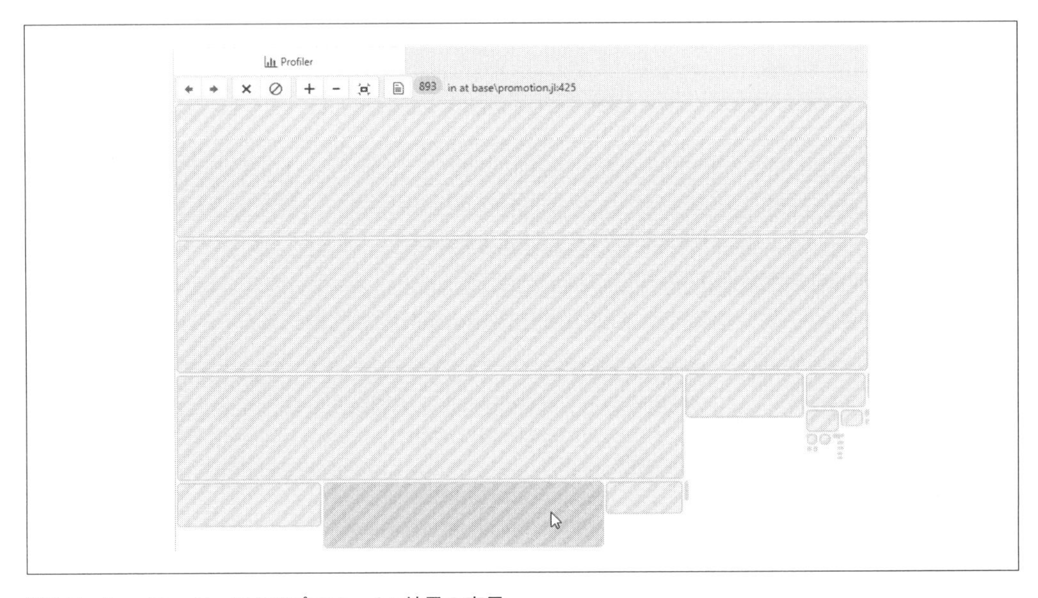

図8-2 Juno.@profilerによるプロファイル結果の表示

最後にもう1つ。BitSetを用いることで、さらに性能を向上させる余地がある。次の例を見てみよう。

```
julia> function timeto3(mv)
           x = BitSet()
           while true
               push!(x, rand(1:mv))
               1 in x && return length(x)
           end
       end
timeto3 (generic function with 1 method)

julia> @time agg(timeto3, 1000, 10_000);
  0.330514 seconds (449.19 k allocations: 24.903 MiB, 4.81% gc time)

julia> @time agg(timeto3, 1000, 10_000);
  0.134365 seconds (39.98 k allocations: 5.010 MiB)
```

こちらも見てみよう

ここで示したプロファイラはJuliaのデフォルトのもので、統計的なプロファイラだ。インストルメンテーションを用いるプロファイラも開発されつつある。この種のプロファイラでは、関数が実行されるたびに計測用のコードが実行されるのでオーバヘッドは大きいが、すべての関数呼び出しを正確に計測することができる。インストルメンテーションを用いるプロファイリングを行いたければ、https://github.com/timholy/IProfile.jlで入手できるIProfile.jlを試してみるといいだろう。

Juliaの性能最適化に関しては、https://docs.julialang.org/en/v1.2/manual/performance-tips/にある、Juliaの性能に関するヒント集を参照してほしい。性能に関連するJuliaのコードの構成方法に関しては、Juliaスタイルガイドhttps://docs.julialang.org/en/v1.2/manual/style-guide/を参照してほしい。

レシピ8.4　コードのログを取る

簡単な開発であれば、例えばデバッグのためにプログラムの状態を監視するには、print関数の類を使えば十分だろう。しかし、Julia 1.0以降には、組み込みのプログラムからの診断メッセージの出力先や出力内容を調整できるロガー機構が組み込みで用意されている。

このレシピでは、このロガーを用いてアプリケーションからの出力を制御する方法を説明する。具体的には必要なときだけ外部に出力するような、デバッグ情報の書き出しをアプリケーションに組み込む方法を紹介する。

やってみよう

以下の手順でやってみよう。

1. まずLoggingモジュールをロードする。次に、集合に対して演算を行う関数を定義する。

```
julia> using Logging
julia> function f(x)
           y = Set(x)
           for v in x
               pop!(y, v)
           end
       end
f (generic function with 1 method)
```

この関数は、コレクションから集合を作り、コレクションの要素を1つずつ集合から取り除いている。意図としては、何事もなく終了するはずの関数だ。

2. 試しに、関数を実行してみよう。

```
julia> f([1, 2, 3])
julia> f([1, 2, 1, 3])
ERROR: KeyError: key 1 not found
Stacktrace:
 [1] pop!(::Dict{Int64,Nothing}, ::Int64) at .\dict.jl:581
 [2] pop! at .\set.jl:49 [inlined]
 [3] f(::Array{Int64,1}) at .\REPL[2]:4
 [4] top-level scope at none:0
```

3. @debugマクロを使って、関数の中で何が起きているのかを確認してみよう。

```
julia> function f(x)
           y = Set(x)
           for v in x
               @debug v, y, (v in y)
               pop!(y, v)
           end
       end
f (generic function with 1 method)
```

4. デバッグ出力がstderrストリームに出るように設定してから、もう一度実行してみよう。

```
julia> old = global_logger(ConsoleLogger(stderr, Logging.Debug));

julia> f([1,2,1,3])
┌ Debug: (1, Set([2, 3, 1]), true)
└ @ Main REPL[5]:4
┌ Debug: (2, Set([2, 3]), true)
└ @ Main REPL[5]:4
┌ Debug: (1, Set([3]), false)
└ @ Main REPL[5]:4
ERROR: KeyError: key 1 not found
```

```
Stacktrace:
 [1] pop!(::Dict{Int64,Nothing}, ::Int64) at .\dict.jl:581
 [2] pop! at .\set.jl:49 [inlined]
 [3] macro expansion at .\logging.jl:295 [inlined]
 [4] f(::Array{Int64,1}) at .\REPL[5]:4
 [5] top-level scope at none:0
```

5. 要素1が集合からすでに削除されているのに、もともと複数あったので配列のほうにはまだ残っていることがわかる。これを考えれば、次のように修正すればいいことがわかる。

```
julia> function f(x)
           y = Set(x)
           for v in x
               if v in y
                   @debug v, y, (v in y)
                   pop!(y, v)
               else
                   @debug "$v not found"
               end
           end
       end
f (generic function with 1 method)
```

6. もう一度実行してみよう。出力は下のようになる。

```
julia> f([1,2,1,3])
┌ Debug: (1, Set([2, 3, 1]), true)
└ @ Main REPL[11]:5
┌ Debug: (2, Set([2, 3]), true)
└ @ Main REPL[11]:5
┌ Debug: 1 not found
└ @ Main REPL[11]:8
┌ Debug: (3, Set([3]), true)
└ @ Main REPL[11]:5
```

関数が正しく実装できたと確信を持てたなら、デバッグメッセージが出ないように無効化してデプロイしてみよう。

7. ロガーを元のoldに戻して関数を再実行してみよう。

```
julia> global_logger(old);
julia> f([1,2,1,3])
```

今度はデバッグ情報が出なくなっていることがわかる。

説明しよう

デフォルトでは、Juliaはログ機構をコードに組み込むためのマクロを4つ提供している。重要性の順番で下から並べると以下のようになる。

1. @debug
2. @info
3. @warn
4. @error

これらのマクロはいずれも文字列を1つと、省略可能な値もしくはキーと値のペアのリストを引数に取る。これらの値がログに出力される。例えば、上に定義した関数fでは、@debugマクロを監視したい変数引数として呼び出している。

デフォルトでは、debugレベル以外のメッセージがログに出力される。ここでは、この挙動をglobal_logger(ConsoleLogger(stderr, Logging.Debug))としてグローバルロガーを置き換えることで変更した。global_logger関数は置き換えられる前に使われていたロガーを返すことに注意しよう。例の最後に示したように、これを使ってロガーを元の状態に戻すことが容易にできる。

もう少し解説しよう

ログを完全に無効化することもできる。これにはNullLoggerを用いる。次のようにすればいい。

```
julia> global_logger(NullLogger())
NullLogger()
```

開発が終わって実運用環境にデプロイする際に、アプリケーションの速度を決定づける部分の実行速度を最大にしたければ、こうするといいだろう。もちろん、こうするにはログを完全に無効化しても、必要な情報が別の方法で得られるようにしておかなければならない。というのは、このロガーを使うと、致命的なエラーが起きた場合にも何も出力されなくなるからだ。

```
julia> @error "Important error"
julia>
```

こちらも見てみよう

複雑なログ設定の詳細に関しては、https://docs.julialang.org/en/v1.2/stdlib/Logging/#Logging-1を参照してほしい。特に@logmsgマクロを調べてみるといいだろう。このマクロを使うとログ出力レベルをプログラム上から変更することができるし、独自のログレベルを定義することもできる。

レシピ8.5 JuliaからPythonを使う

Pythonは広く用いられている汎用プログラミング言語だ。Juliaのプログラマから見ると、Pythonの主な利点は、Juliaからシームレスに呼び出すことのできる広範なライブラリを持っていることだ。

このレシピではPythonの`scrapy`パッケージを用いてXMLデータをパースする。

準備しよう

JuliaからPythonを呼び出すには、`PyCall.jl`パッケージをインストールし設定しなければならない。`PyCall`を設定するには2つの方法がある。

- Julia内部に自動的にインストールされるPython Anacondaを用いる。
- Julia外部にすでに設定されているPythonを用いる（例えば、別途インストールされたPython Anacondaなど）

このレシピでは、基本的に2つ目の方法（つまり外部のPythonを用いる方法）を紹介するが、1つ目のJulia内部のAnacondaを用いる方法についてもコメントする。Julia外部のAnacondaを用いると、複数のAnacondaを1つのJuliaから使い分けることが可能になる。

ここでは、Python Anacondaが`~/anaconda3/`にインストールされていることを仮定する（Windowsでは、`C:\ProgramData\Anaconda3`などになる）。このレシピは、WindowsでもLinuxでも利用できる。

以下の手順で`PyCall`をインストールしよう。

1. Python Anacondaをダウンロードしてインストールする（このレシピはAnaconda 5.2.0でインストールしたPython 3.6.5 でテストしている。Anacondaのインストーラはhttps://repo.continuum.io/archive/ にある）。
2. 環境変数`PYTHON`でPython実行ファイルを指定する（ここではPython 3を仮定しているが、以下の手順はPython 2の場合も同じはずだ）。
   - Windowsでは下記のようにする。

     ```
     julia> ENV["PYTHON"]="C:\ProgramData\Anaconda3\python.exe"
     ```

   - Linux/macOSでは下記のようにする。

     ```
     julia> ENV["PYTHON"]="~/anaconda3/bin/python"
     ```

3. `PyCall.jl`パッケージをインストールする。JuliaのREPLから`]`キーをタイプしてパッケージマネージャを起動し、`add PyCall`を実行する。

Julia外部のAnaconda Pythonを用いる場合には、`PyCall`をインストールする**前に**環境変数`ENV["PYTHON"]`をAnaconda Pythonの実行ファイルに設定することが重要だ。この順番が逆にすると、`PyCall`はAnaconda Pythonを見つけることができないので、自前でAnacondaをJuliaディレクトリの下にダウンロードしてインストールしてしまう。

`PyCall`のインストール後に、別のバージョンのPythonを使いたくなる場合があるかもしれない。その場合には、JuliaのREPLで次のようにすればいい。

```
julia> ENV["PYTHON"]="/new/Python/installation/directory/path"
```

そして、(]キーをタイプして) Juliaのパッケージマネージャに行き、下のようにタイプする。

```
(v1.2) pkg> build PyCall
```

こうすると、PyCallの設定が変更され、新しいPythonが使われるようになる。管理を容易にするため、他のPythonディストリビューションではなく、常にAnacondaを使うことをおすすめする。

やってみよう

この例では、Pythonのscrapyモジュールを用いて、HTMLドキュメントから指定されたフィールドを抜き出す。scrapyは、Webサイトのスクレイピングを行うためのPythonで書かれたツールの集合だ。

1. scrapyがPython Anacondaにインストールされていなければ、OSシェルで次のように実行する。

   ```
   $ conda install scrapy
   ```

   condaのフルパスを指定しなければならないかもしれない。Linuxでは~/anaconda3/bin/conda、WindowsではC:\ProgramData\Anaconda3\Scripts\condaなどにある。
   Julia内部のAnacondaを使う場合には、Conda.jlパッケージを用いてscrapyをインストールする。

   ```
   using Conda
   Conda.add("scrapy")
   ```

2. JuliaのREPLを起動し、PyCallパッケージをロードする。

   ```
   using PyCall
   ```

3. これでPythonが使えるようになった。パッケージをインポートしよう。

   ```
   ssel = pyimport("scrapy.selector")
   ```

4. サンプルとなるHTMLドキュメントをREPLから入力しよう。

```
txt="""<html>
    <body>
      My favorite languages
      <ul>
        <li>Julia
        <li>Python
        <li>R
      </ul>
    </body>
  </html>"""
```

5. このHTMLドキュメントから言語のリストを抽出するには、次のようにする。

```
julia> s = ssel.Selector(text=txt)
PyObject <Selector xpath=None data='<html>\n<body>\n      My favorite language'>

julia> [strip(e.extract()) for e in s.xpath("//li/text()")]
3-element Array{SubString{String},1}:
 "Julia"
 "Python"
 "R"
```

説明しよう

PyCallを用いると、JuliaプログラムからPythonのパッケージを利用できるようになる。PythonのパッケージをJuliaのパッケージとほとんど同じように利用できる。

上で示した例では、HTML/XMLドキュメントに対してエレメントを問い合わせるのにXPathを用いている。XPathの仕様はhttps://www.w3.org/TR/1999/REC-xpath-19991116/にある。上に示したHTMLドキュメントでは`<li>`に対応する閉じタグ`<\li>`が書かれておらず正しいXMLドキュメントではない。しかし、多くのWebページではこのようにバリデーションを通らないHTMLが広く用いられている。Pythonの`scrapy`ライブラリは、このように正しくないHTMLドキュメントでも処理できる。

`PyCall`は、PythonとJuliaの配列をシームレスに統合する。下の例を見てみよう（`PyCall`パッケージの`pybuiltin`関数を用いると、任意のPython組み込み関数を実行できる）。

```
julia> pybuiltin("sorted")([3, 2, 1])
3-elementArray{Int64,1}:
 1
 2
 3
```

上の例の`s.xpath("//li/text()")`では、Pythonオブジェクトの配列が返される。この配列の個々の要素は`scrapy`のオブジェクトなので、その`extract`メソッドを呼び出して、実際のテキストを取得している。

もう少し解説しよう

Pythonの`matplotlib`を使ってプロットしたい場合には、`PyCall`で`matplotlib`を直接使わずに`PyPlot.jl`ライブラリを使ったほうがよい。`PyPlot.jl`はJuliaとPythonの間で起こるバックエンドやプラットフォーム依存の互換性問題を解決しているからだ。`PyPlot`については、1章の**「レシピ1.9 Juliaで計算結果を表示する」**で簡単に紹介している。9章の**「レシピ9.5 ScikitLearn.jlを使って機械学習モデルを作る」**で、もっと複雑な`PyCall`と`PyPlot`を利用する例を紹介する。

こちらも見てみよう

PyCallのリファレンスは、プロジェクトのWebサイトhttps://github.com/JuliaPy/PyCall.jlにある。

レシピ8.6 JuliaからRを使う

Rは統計処理と機械学習に適した強力な言語だ。強力なプロットライブラリであるggplot2モジュールがある点も重要だ。RCall.jlパッケージを用いるとJuliaからRをシームレスに使うことができる。

準備しよう

RCallは、Juliaのパッケージマネージャから簡単にインストールすることができる。JuliaのREPLから、]キーをタイプして以下のコマンドを実行する。

```
(v1.2) pkg> add RCall
```

RCallのインストーラは、すでにシステム上にインストールされているRを探す。見つからなければ、JuliaのPython Anacondaを用いて、自動的にRをインストールする。RCallインストーラはConda.jlモジュールを用いて、r-base（https://anaconda.org/r/r-base）をインストールする。RCallを使うにはGNU Rのバージョンは、3.4.0以上でなければならない。

管理が容易なので、外部のRを用いることをおすすめする。RCallインストーラは自動的に以下の場所をチェックする。

- 環境変数ENV["R_HOME"]
- 環境変数ENV["PATH"]
- Windows上ではレジストリ（Windowsでは、Rをインストールするとデフォルトでインストール先がレジストリに書き込まれる）

通常、WindowsでもLinuxでもRはPATHに入っているので、設定する必要はない。インストールの詳細については下記にあるRCallのドキュメントhttps://github.com/JuliaInterop/RCall.jl/blob/master/docs/src/installation.mdを参照してほしい。

Juliaから利用するRの場所はいつでも変更できることを覚えておこう。JuliaのREPLで次のようにすればいい。

```
julia> ENV["R_HOME"]="/new/R/installation/directory/path"
```

そして、（JuliaのREPLから[キーをタイプして]）Juliaのパッケージマネージャに移行し、次のようにタイプする。

```
(v1.2) pkg> build RCall
```

こうすると、RCallが、変更された場所のRを使うように再設定される。

次の例ではJuliaのDistributionsとDataFramesパッケージを利用するので、まだインストールしていなければ、パッケージマネージャから次のようにタイプして、インストールしよう。

```
(v1.2) pkg> add Ditributions
(v1.2) pkg> add DateFrames
```

また、このレシピでは、ggplot2パッケージがRにすでにインストールされていることを仮定している。まだインストールされてなければ、RのREPLを開き、下のようにRコマンドを実行してインストールしよう（環境によっては、ggplot2パッケージをコンパイルする必要がある。Rのドキュメントを参照してほしい）[*1]。

```
R> install.packages("ggplot2")
```

やってみよう

この例では、Rのggplot2を用いて、Juliaで作成したデータをプロットする方法を示す。

1. まずRCallパッケージをロードする。

```
using RCall
```

2. 次に、あとで可視化するためのDataFrameを、相関係数0.75の2つの正規分布として作成する。

```
using Distributions
using DataFrames
using Random
Random.seed!(0);
dat = rand(MvNormal([1 0.75; 0.75 1]), 1000);
df = DataFrame(permutedims(dat))
```

さて、このデータセットを可視化してみよう。これには4つの方法が考えられる。

- JuliaからRのライブラリを呼び出す
- JuliaからRのライブラリを変数補間で呼び出す
- Julia内蔵のRのREPLを用いて、変数補間で呼び出す
- 変数とその値をRに送る

方法1—JuliaからRのライブラリを呼び出す

Rライブラリを@rlibraryマクロでロードすれば、Juliaの関数と同じように使うことができる。

---

*1 訳注：Rの環境でインストールするとggplot2をソースからビルドすることになるので、うまくいかない場合も多い。condaで下記のようにしてインストールしたほうがいいかもしれない。

```
$ conda install -c r r-ggplot2
```

ubuntu linuxであればaptで下記のようにしてインストールできる。

```
$ sudo apt-get install r-cran-ggplot2
```

```
julia> @rlibrary ggplot2
julia> ggplot(df, aes(x=:x1, y=:x2)) + geom_point()
```

方法2—JuliaからRのライブラリを変数補間で呼び出す

RのコードをJuliaから呼び出すもう1つの方法として、R""文字列マクロを用いる方法がある。$を変数名に付けて、JuliaからRに値を渡している。

```
julia> R"library(ggplot2)"
julia> R"ggplot($df, aes(x=x1, y=x2)) + geom_point()"
```

方法3—Julia内蔵のRのコマンドラインを用いて、変数補間で呼び出す

JuliaのREPLから、Rモードを起動するには、$キーをタイプする。こうするとプロンプトがR>となる。これでRのコマンドを実行できる。

```
R> library(ggplot2)
R> ggplot($df, aes(x=x1, y=x2)) + geom_point()
```

$を用いてdfの値をJuliaからRに渡していることに注意しよう。

Rコマンドの実行が終わったら[Backspace]キーをタイプして、JuliaのREPLに戻る。

方法4—変数とその値をRに送る

変数補間を使わない方法もある。コマンドを実行する前に、明示的に変数をRに送っておく方法だ。

```
julia> @rput df
```

あとは、R""文字列マクロを使ってもいいし、Rモードを使ってもよい。下には文字列マクロを使う方法を示す。

```
julia> R"library(ggplot2)"
julia> R"ggplot(df, aes(x=x1, y=x2)) + geom_point()"
```

Rモードを使うにはJuliaのREPLから$キーをタイプしてRモードを起動して下のようにする。

```
R> library(ggplot2)
R> ggplot(df, aes(x=x1, y=x2)) + geom_point()
```

いずれの場合も**図8-3**のような出力が得られるはずだ。

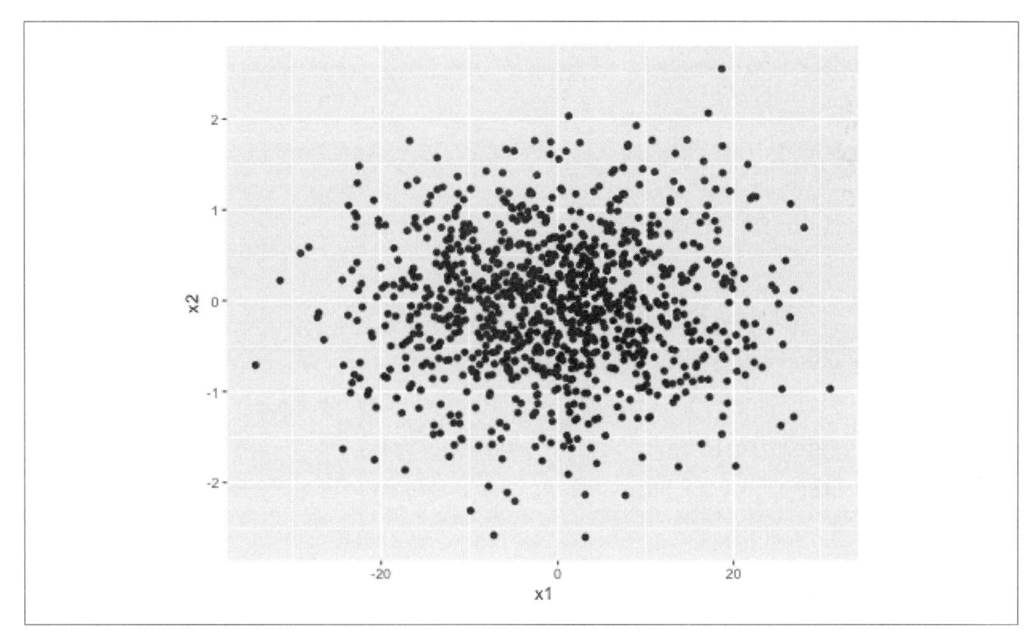

図8-3 Rのggplot2によるプロット

説明しよう

Juliaは、共有ライブラリ機構を用いてR環境を取り込む。したがって、RはJuliaプロセス内部の、別の環境として動作する。Julia内部のR環境は独立した名前空間を持つ。この2つの環境間で、変数を転送することができる。これには、`@rget`マクロと`@rput`マクロを用いる。JuliaとRの間でデータをやり取りする方法がもう1つある。`R""`文字列マクロや、Julia内で動作するRモードでの変数補間機構だ。Rモードへは、JuliaのREPLから`$`をタイプすれば移行できる。

データの可視化を行う場合には、`@rlibrary`マクロを使ってRコマンドをJuliaコマンドと同様に呼び出す方法が一番便利だろう。

一方、Rを用いて大きなデータセットに対して機械学習を行う場合には、RとJuliaの間でデータのコピーを無駄に繰り返すようなことがないように、データ転送プロセスを完全に制御したほうがいい。

もう少し解説しよう

大規模なデータセットを扱う場合には、JuliaとRの間でデータがコピーされるタイミングを制御することが重要だ。下の簡単な例を見てみよう。

```
julia> using RCall
julia> a = 5;
julia> @rput a
5
```

```
julia> R"b = a*2"
RCall.RObject{RCall.RealSxp}
[1] 10

julia> @rget b
10.0

julia> b
10.0
```

@rgetマクロと@rputマクロは、R環境とJulia環境の間で実際に変数を転送することに注意しよう。ここで、必要なデータ型の変換も同時に行われる。RCallは、RとJuliaの基本的なデータ型の変換をサポートしている。さらに、Juliaの統計パッケージのデータ型であるDataFrames、DataArrays、NullableArrays、CategoricalArrays、NamedArrays、AxisArraysもサポートされている。

変換できる型の最新のリストが、https://github.com/JuliaInterop/RCall.jl/blob/master/docs/src/conversions.mdにある。

こちらも見てみよう

RCall.jlパッケージのドキュメントはhttps://juliainterop.github.io/RCall.jl/stable/gettingstartedにある。

レシピ8.7　プロジェクトの依存関係を管理する

「1章　Juliaのインストールと設定」の**「レシピ1.10　パッケージの管理」**で、グローバルな環境へのパッケージのインストールと削除を行う方法を説明した。

しかし、独自のアプリケーションを開発する場合、依存するパッケージを厳密に制御したい場合がある。このレシピでは、Juliaでこれを実現する方法を紹介する。

準備しよう

新しいディレクトリを作り、その中でJuliaのREPLを実行する。pwd()を実行すれば、そのディレクトリのパスが得られる。このディレクトリに独自のプロジェクトを構築する。

ディレクトリが空であることを確認しよう。例えばisempty(readdir())を実行して結果がtrueならディレクトリは空だ。

また、StaticArraysパッケージがインストールされて**いない**ことを確認しよう。using StaticArraysを実行すると、次のようにエラーが出なければいけない。

```
julia> using StaticArrays
ERROR: ArgumentError: Package StaticArrays not found in current path:
- Run `import Pkg; Pkg.add("StaticArrays")` to install the StaticArrays package.
```

やってみよう

このレシピでは、新しいプロジェクトを作り、そこにStaticArraysパッケージをインストールする。このパッケージは、このプロジェクトからしか利用できない。

1. 新しいプロジェクトを作る。まず、JuliaのREPLから] キーをタイプしてパッケージマネージャに移行し、下のように入力して新しいプロジェクトを初期化する。

```
(v1.2) pkg> generate Project
Generating project Project:
    Project/Project.toml
    Project/src/Project.jl
```

2. プロジェクトに関する情報が書かれたProject.tomlと、デフォルトのプロジェクトファイルであるsrc/Project.jlが作られた。

3. [BackSpace] キーをタイプしてJuliaモードに戻り、StaticArraysをロードしてみよう。以下のように失敗するはずだ。

```
julia> using StaticArrays
ERROR: ArgumentError: Package StaticArrays not found in current path:
- Run `Pkg.add("StaticArrays")` to install the StaticArrays package.
```

4.] キーをタイプしてパッケージマネージャモードに移行し、activateコマンドで、ローカルプロジェクトProjectをアクティベートする。

```
(v1.2) pkg> activate Project

(Project) pkg>
```

5. ここでStaticArraysパッケージをプロジェクトに追加する。

```
(Project) pkg> add StaticArrays
[output truncated]
```

   Project.tomlの他に、新たにManifest.tomlというファイルが作られる。このファイルにはプロジェクトのメタ情報が収められる。

6. Juliaモードに戻って、StaticArraysパッケージをロードしてみよう。

```
julia> using StaticArrays
julia>
```

7. Project.tomlファイルの内容を確認してみよう。StaticArraysパッケージが、依存関係するパッケージのリストに含まれている。

```
julia> print(read("Project/Project.toml", String))
```

```
name = "Project"
uuid = "c064c660-b08c-11e8-00d7-a9ab788e66a7"
authors = ["Bogumił Kamiński bkamins@sgh.waw.pl"]
version = "0.1.0"

[deps]
StaticArrays = "90137ffa-7385-5640-81b9-e52037218182"
```

8. Juliaからexit()で抜けて、OSのシェルコマンドラインから、juliaとタイプしてJuliaのREPLを再起動する。
9.]キーでパッケージマネージャに入ると、プロンプトからデフォルト環境に戻ったことがわかる。

```
(v1.2) pkg>
```

10. Juliaモードに戻って、StaticArraysパッケージがロードできるか試してみよう。

```
julia> using StaticArrays
ERROR: ArgumentError: Package StaticArrays not found in current path:
- Run `Pkg.add("StaticArrays")` to install the StaticArrays package.
```

11. やはりエラーが出る。このパッケージはグローバル環境にはインストールされていないからだ。パッケージマネージャに行って、プロジェクトをアクティベートしてからJuliaモードに戻ると、今度はロードできる。

```
(v1.2) pkg> activate Project

julia> using StaticArrays
julia>
```

説明しよう

Juliaでは、利用できるパッケージの異なる、名前空間が分離された複数のプロジェクトを持つことができる。パッケージを検索する環境はLOAD_PATH変数で制御される。デフォルトでは、この変数は次のようになっている。

```
julia> LOAD_PATH
3-element Array{String,1}:
 "@"
 "@v#.#"
 "@stdlib"
```

これは、パッケージを検索する際には、最初の環境（現在のプロジェクト）をまず検索し、次にJulia全体のデフォルト間環境を検索し、最後に標準ライブラリを検索することを意味している。

このため、新しく作ったプロジェクトでは、StaticArraysパッケージしかインストールしていなくても、Pkgパッケージを問題なく使うことができる。

```
julia> using Pkg
julia>
```

Pkgパッケージはインストールしていないことに注意しよう。これは、このパッケージが、標準ライブラリに含まれていて、標準ライブラリは検索パスに入っているからだ。検索パスから、標準ライブラリのエントリを削除してみよう。

```
julia> pop!(LOAD_PATH)
"@stdlib"

julia> LOAD_PATH
2-element Array{String,1}:
 "@"
 "@v#.#"
```

標準ライブラリに含まれる別のパッケージStatisticsをロードしてみよう。下のように失敗することがわかる。

```
julia> using Statistics
ERROR: ArgumentError: Package Statistics not found in current path:
- Run `Pkg.add("Statistics")` to install the Statistics package.
```

つまり、環境はスタックとして積み重なっているのだ。Julia処理系はパッケージが指定されると、LOAD_PATH変数に従って、そのパッケージを見つけるまで順番に環境中を検索する。

もう少し解説しよう

パッケージマネージャには、プロジェクトとパッケージ管理に関連する、テスト、ビルド、依存ライブラリの固定など、さまざまな機能がある。詳細はhttps://docs.julialang.org/en/v1.2/stdlib/Pkg/を参照してほしい。

こちらも見てみよう

Juliaのパッケージの基本的なインストール方法については、1章の**「レシピ1.10　パッケージの管理」**で述べた。

9章
データサイエンス

本章で取り上げる内容

- Juliaでデータベースを使う
- JuMPを使って最適化問題を解く
- 最尤推定を行う
- Plots.jlパッケージを使って複雑なプロットを描く
- ScikitLearn.jlを使って機械学習モデルを作る

はじめに

本章では、Juliaを用いて典型的なデータサイエンスタスクを行う方法を説明する。

まず、Juliaからさまざまなリレーショナルデータベースと、テキストサーチエンジンElasticsearchを使う方法を紹介する。次に、Juliaで最適化モデルを構成する方法を示す。さらに、最尤推定を用いて、モデルを推定する方法について述べる。最後に、複雑なグラフの描画と機械学習について説明する。

レシピ9.1　Juliaでデータベースを使う

このレシピでは、Juliaからさまざまなデータベースに接続する方法を紹介する。Juliaからデータベースにアクセスする方法は、大きく分けて3つある。

- https://github.com/JuliaDatabases/にあるパッケージを使ってJuliaからデータベースに直接アクセスする
- `JavaCall.jl`パッケージ上に作られた`JDBC.jl`パッケージを使って、JavaのJDBCドライバ経由でデータベースにアクセスする
- `PyCall.jl`パッケージからPythonのデータベースドライバをロードしてデータベースにアクセスする

まず、最初のJuliaのパッケージを使う方法として、MySQLとPostgreSQLに接続する方法を紹介する。2つ目の方法、つまり`JDBC.jl`を用いて**JDBC**（**Java Database Connectivity**）ドライバ経由で接続する方法の例としては、Oracleデータベースに接続する方法を紹介する。3つ目の方法、つまり`PyCall.jl`パッケージを使う方法としては、文書データベースであるElasticsearchにアクセスする方法を**もう少し解説しよう**で紹介する。

準備しよう

ここでは、広く用いられているリレーショナルデータベースであるMySQL、PostgreSQL、Oracleに対して、Juliaからアクセスする方法を紹介する。

MySQLの準備

MySQLドライバは以下のようにしてインストールする。

```
(v1.2) pkg> add MySQL
```

バージョン8.0以降のMySQLでは新しい認証機構を利用するようになったが、Juliaの`MySQL`パッケージのMySQLドライバはまだこれをサポートしていないので、古い認証機構を使う。MySQL8.0を利用するには、以下の2つを設定しなければならない。

- MySQLの設定ファイルを編集して、古い認証機構を使うようにする
- `root`ユーザの認証ルールを設定する

MySQLの設定ファイルは、Windowsの場合はホームデータディレクトリにある（例えば`C:\ProgramData\MySQL\MySQL Server 8.0\my.ini`）。Linuxでは一般に`/etc/mysql/mysql.cnf`にあるはずだ。このファイルの`default_authentication_plugin`パラメータを`mysql_native_password`に設定する。

```
default_authentication_plugin = mysql_native_password
```

このパラメータが、ファイルの中になければ、`[mysqld]`セクションに上の行を追加すればいい。

次に、MySQLのコンソールで次のコマンドを実行して（MySQLワークベンチを使ってもよいし、Linuxなら`sudo mysql`とする。詳細は、MySQLドキュメントを参照）、rootユーザの認証ルールを設定する[*1]。

```
ALTER USER 'root'@'localhost' IDENTIFIED WITH mysql_native_password BY 'type_password_here';
```

これで、MySQLにJuliaから接続できる。

＊1 訳注：`type_password_here`の部分を実際のパスワードに置き換える。

PostgreSQLの準備

JuliaからPostgreSQLにアクセスするにはLibPQ.jlパッケージを使う。このパッケージはCで記述されたPostgreSQLのlibpqライブラリをラップしたものなので、まずlibpqドライバをインストールする必要がある。

- Ubuntuではsudo apt install libpq5としてインストールする。macOSではbrew install libpqでインストールできる。
- WindowsではPostgreSQLのインストーラでlibpq.dllがインストールされる。以下のようにしてlibpq.dllファイルをパスに追加する必要があるかもしれない。

```
julia> ENV["PATH"] = "C:\\Program
Files\\PostgreSQL\\10\\lib;"*ENV["PATH"]
```

これでLibPQパッケージがインストールできる。

```
(v1.2) pkg> add LibPQ
```

PostgreSQLにアクセスするには、PostgreSQLのpostgresユーザのパスワードが必要だ。このパスワードは、WindowsではインストールＬ時にGUIで設定する。Linuxでは、sudo -i -u postgres psqlを実行して、psqlコンソールから\password postgresを実行してパスワードを設定する。psqlコンソールを抜けるには\qコマンドを用いる。このレシピでは、postgresユーザのパスワードがtype_password_hereだということを仮定している。

JDBCとOracleの準備

まずJDBC.jlのインストール方法を説明する。その後で、JDBC用のOracleドライバの入手方法を説明する。

JuliaでのJDBCの設定

JDBCはJavaからデータベースにアクセスするための標準インターフェイスだ。Javaはビジネス界で広く用いられているため、事実上すべてのリレーショナルデータベースに品質の高いJDBCドライバがある。

JuliaでJDBCを設定するには、まずJavaがインストールされていることを確認する必要がある。シェルを開いてjava -versionと実行してみよう。以下のような結果が得られたら、インストールされている。

```
$ java -version
java version "1.8.0_151"
Java(TM) SE Runtime Environment (build 1.8.0_151-b12)
Java HotSpot(TM) 64-Bit Server VM (build 25.151-b12, mixed mode)
```

'java' is not recognizedやjava not foundのようなメッセージが出たらJavaをインストールす

る必要がある。

Javaをインストールするにはhttps://java.com/en/download/に行ってみよう。一般的なOSであれば、このWebサイトから対応したJavaがダウンロードできるはずだ。Linux/Ubuntuなら、パッケージマネージャaptを使ったほうが簡単かもしれない。`sudo apt install default-jre`とすればJavaがインストールされる（aptでインストールするとOracle JavaではなくOpenJDKがインストールされるが、このサンプルに関しては、影響はない）。

JavaがシステムΥ上にインストールできたら、JuliaのパッケージマネージャでJDBCを簡単にインストールできる。JuliaのREPLから、]キーをタイプしてパッケージマネージャに移行して、下のコマンドを実行する。

```
(v1.2) pkg> add JDBC
```

これでJDBC.jlパッケージとそれに必要なライブラリがインストールされる。

Oracle JDBCドライバの入手

本章のOracleを用いるサンプルでは、Oracle **AWS RDS**（**Amazon Web Services Relational Database Service**。https://aws.amazon.com/rds/oracle/を参照）を用いる。Oracleのデータベースサーバを立ち上げるには、クラウドを用いるのが最も簡単で手早くできる方法だ（Amazon RDSはMySQLとPostgreSQLもサポートしている）。ここで示す例をAmazon RDSのOracleデータベースでテストするなら、Juliaが動いているコンピュータとOracleが動いているコンピュータの間でネットワークが接続できることをまず確認しよう（Amazon RDS Oracle インスタンスのセキュリティグループの設定が重要）。

どのバージョンのOracleデータベースを使うにせよ、まずJDBCドライバをOracleのWebサイト（https://www.oracle.com/technetwork/database/application-development/jdbc/downloads/index.html）から入手する必要がある。ドライバファイル（例えばojdbc8.jar）をダウンロードしたら、これをJuliaを実行中のディレクトリに置くだけでいい（Juliaを実行しているディレクトリを確認するにはpwd関数を用いる。cd("/path/to/new/folder")のようにして移動してもよい）。

このレシピではパッケージDataFrames.jlを使うので、**「レシピ1.10　パッケージの管理」**に従ってインストールしておこう。

やってみよう

ここでは、いくつかのデータベースとそれに対応したドライバについて、レシピを紹介する。簡単なテーブルを作り2つの行を挿入し、それを読み出すスクリプトを試す。

MySQL.jlを用いてMySQLサーバに接続する

MySQLは広く用いられているオープンソースのデータベースで、さまざまなWebページで使われている。このデータベースをJuliaから使う手順を示す。

1. 下のようにして、データベースへ接続する。"type_password_here"の部分は実際のパスワード文字列に置き換える。ここではsysというデータベースを使っているが、これは、MySQLをインストールするとデフォルトで作られるからだ。実際に使う場合には（例えばMySQLワークベンチなどを使って）別のデータベースを作ろう。

```
julia> using DataFrames
julia> using MySQL
julia> conn = MySQL.connect("127.0.0.1", "root", "type_password_here", db="sys")
MySQLConnection
------------
Host:localhost
Port:3306
User:root
DB:sys
```

2. 次にテーブルを作成する。

```
julia> MySQL.execute!(conn,
       "CREATE TABLE mytable (col1 INT AUTO_INCREMENT PRIMARY KEY, col2 VARCHAR(50), col3 INT)")
0
```

3. テーブルにデータを書き込んでみよう。

```
julia> st = MySQL.Stmt(conn, "INSERT INTO mytable(col2, col3) VALUES (?, ?)");
julia> MySQL.execute!(st, ["testdata", 7]);
julia> MySQL.execute!(st, ["testdata2", 8]);
```

4. データをDataFrameとして取り出そう。

```
julia> df = MySQL.query(conn, "SELECT * FROM mytable") |> DataFrame
2×3 DataFrame
|       | Int32   | String     | Int32   |
| ----- | ------- | ---------- | ------- |
| 1     | 1       | testdata   | 7       |
| 2     | 2       | testdata2  | 8       |
```

5. データをNamedTupleとして得ることもできる。

```
julia> res = MySQL.query(conn, "SELECT * FROM mytable")
(col1 = Int32[1, 2], col2 = Union{Missing, String}["testdata", "testdata2"], col3 =
Union{Missing, Int32}[7, 8])
```

6. 最後にデータベース接続をクローズすることを忘れないようにしよう。

```
julia> MySQL.disconnect(conn)
```

MySQL.jlパッケージは現在、大幅な書き換えの最中なので、APIが変更される可能性がある。最新のドキュメントは、https://github.com/JuliaDatabases/MySQL.jlにある。

LibPQ.jlを用いてPostgreSQLに接続する

このレシピでは、PostgreSQLを用いる。PostgreSQLは、柔軟でスケーラブルな上、プログラムでの制御が容易なので、データ分析や大規模な計算科学に適している。PostgreSQLはオープンソースで無償で利用できる。また、すべての大手クラウドベンダ(AWS、Microsoft、Google)がPostgreSQLを用いたマネージドデータベースサービスを提供している。広く使われているデータウェアハウスサービスであるAWS RedShiftもPostgreSQLベースだということは特筆に値するだろう。つまり、ここで紹介するドライバでRedShiftにもアクセスできるわけだ。PostgreSQLはhttps://www.postgresql.org/download/からダウンロードできる。以下の手順で試してみよう。

1. 以下のコマンドを実行してデータベース接続を取得する。ここでは、ローカルマシンのデフォルトデータベースpostgresに接続している。ユーザ名もデフォルトのpostgresを用いた。"type_password_here"となっている部分に実際のパスワードを書く。

```
julia> using DataFrames
julia> using LibPQ
julia> conn = LibPQ.Connection("host=localhost dbname=postgres
                               user=postgres password=type_password_here")
PostgreSQLconnection (CONNECTION_OK) withparameters:
  user = postgres
  password = ********************
  dbname = postgres
  host = localhost
  port = 5432
  client_encoding = UTF8
  application_name = LibPQ.jl
  sslmode = prefer
  sslcompression = 1
  krbsrvname = postgres
  target_session_attrs = any
```

2. これでテーブルが作れる。

```
julia> LibPQ.execute(conn,
       "CREATE TABLE mytable (col1 SERIAL PRIMARY KEY NOT NULL, col2 VARCHAR(50), col3 INT)")
PostgreSQL result
```

3. テーブルができたのでデータを挿入してみよう。

```
julia> st = LibPQ.prepare(conn, "INSERT INTO MYTABLE(col2, col3) VALUES (\$1,\$2)")
PostgreSQL prepared statement named __libpq_stmt_0__ with query INSERT INTO MYTABLE(col2,
col3) VALUES ($1,$2)
```

```
julia> LibPQ.execute(st, ["testdata", 7])
PostgreSQLresult

julia> LibPQ.execute(st, ["testdata2", 8])
PostgreSQLresult
```

4. 挿入したデータを取り出してみよう。まず、データをDataFrameとして取り出してみよう。

```
julia> df = DataFrame(LibPQ.execute(conn, "SELECT * FROM mytable"))
2×3 DataFrame
| Row | col1  | col2      | col3  |
|     | Int32 | String    | Int32 |
| ----- | ------- | ---------- | ------- |
| 1   | 1     | testdata  | 7     |
| 2   | 2     | testdata2 | 8     |
```

5. 整形して出力してみよう。

```
julia> res = LibPQ.execute(conn, "SELECT * FROM mytable");
julia> function print_res(res)
           cols = LibPQ.column_names(res)
           println(join(cols,"|"))
           for r in res
               println(join(getindex.(Ref(r), 1:length(cols)), "|") )
           end
       end
print_res (generic function with 1 method)

julia> print_res(res)
col1|col2|col3
1|testdata|7
2|testdata2|8
```

6. 仕事が終わったら、データベース接続をクローズする。

```
julia> LibPQ.close(conn)
```

JDBC.jlを用いてOracleに接続する

Oracleデータベースに対するJuliaのドライバはまだないので、JDBCドライバを使って接続する方法を紹介する*1。

*1 訳注：JDBCパッケージはJavaCallパッケージを用いてJVMを呼び出して、JDBCドライバを起動する。残念なことに、翻訳時点ではJavaCallに問題があり、Julia 1.1, 1.2 ではREPLやJupyter Notebook内では、JavaCallが利用できない(ただしスクリプトとしてなら動作する)。この問題は1.3で解決される予定だ。このレシピを試すには、Julia 1.0を使うか、スクリプトとして実行してほしい。また、macOSではJava 8を使う場合でも、Java 6がインストールされていないとJavaCallが動作しない。これは、Javaのバグで Java 9で修正される予定とのこと。当面はhttps://support.apple.com/kb/dl1572 からJava 6をダウンロードして回避してほしい。

1. 次のようにして、ドライバを初期化する。

```
using DataFrames
using JDBC
JDBC.usedriver("ojdbc8.jar")
JDBC.init()
```

2. 次にデータベースに接続する。ここでは、AWS RDS Oracleデータベースを使っている。同じように試す場合には、データベースのホスト名を適切に置き換えてほしい。また、"type_password_here"の部分も実際のパスワードに置き換える。

```
conn = JDBC.DriverManager.getConnection(
          "jdbc:oracle:thin:@ora.cez1pkekt7fj.us-east-2.rds.amazonaws.com:1521:ORCL",
          Dict("user"=>"orauser", "password"=>"type_password_here"));
```

3. 接続ができたら、テーブルを作る。

```
st = JDBC.createStatement(conn);
JDBC.execute(st, "CREATE TABLE mytable (col1 INT GENERATED ALWAYS AS IDENTITY NOT NULL,"
 * " col2 VARCHAR2(50), col3 INT, CONSTRAINT col1 PRIMARY KEY (col1))");
```

4. テーブルにレコードを挿入してみよう。下のコードを実行する。

```
pst = JDBC.prepareStatement(conn, "INSERT INTO mytable (col2, col3) VALUES (:1,:2)")
JDBC.setString(pst, 1, "testdata")
JDBC.setInt(pst, 2, 7)
JDBC.executeUpdate(pst)
JDBC.setString(pst, 1, "testdata")
JDBC.setInt(pst, 2, 8)
JDBC.executeUpdate(pst)
JDBC.commit(conn)
```

5. データをテーブルから取り出してみよう。

```
julia> rs = executeQuery(st, "select * from mytable");
julia> for r in rs
           println(JDBC.getInt(r, 1), "|",
                   JDBC.getString(r, 2), "|", JDBC.getInt(r, 3))
       end
1|testdata|7
2|testdata|8
```

6. 次の例では、JDBC.jlの別のインターフェイスを用いる。このインターフェイスは、JDBC.jl Juliaインターフェイスと呼ばれている。まずは、一度接続をクローズする。

```
julia> close(conn)
```

7. このインターフェイスではDataFrameを取り出すことができるのだが、それには、Oracleデータベースに対して、別のタイプで接続しなければならない。

```
julia> conn = JDBC.Connection(
       "jdbc:oracle:thin:@ora.cez1pkekt7fj.us-east-2.rds.amazonaws.com:1521:ORCL",
       props=Dict("user"=>"orauser", "password"=>"type_password_here"));
julia> csr = JDBC.Cursor(conn);
julia> df = JDBC.load(DataFrame, csr, "select * from mytable")
2×3 DataFrame
| Row  | COL1     | COL2     | COL3     |
|      | Float64  | String   | Float64  |
| ---- | -------- | -------- | -------- |
| 1    | 1.0      | testdata | 7.0      |
| 2    | 2.0      | testdata | 8.0      |

julia> nt = JDBC.load(NamedTuple, csr, "select * from mytable")
(COL1= [1.0, 2.0], COL2=Union{Missing, String}["testdata", "testdata"],
COL3=Union{Missing, Float64}[7.0, 8.0])

julia> JDBC.close(csr)
```

8. Oracleデータベースを使い終わったら、接続をクローズする。

```
julia> JDBC.close(conn)
```

説明しよう

Juliaはさまざまなデータベースをサポートしている。ドライバはhttps://github.com/JuliaDatabases/から取得できる。

ここでは3つのデータベースへの接続方法を説明したが、いずれの場合も基本的には同じことをしている。

1. データベースに接続する。
2. SQL文オブジェクトを用いてテーブルを作る。
3. 事前コンパイルされるprepared文を用いて、テーブルに行を挿入。
4. 挿入したデータをDataFrameもしくはNamedTupleの形で取り出す。
5. データベース接続をクローズする。

データベースへの接続を行うには以下の情報が必要だ。

- データベースサーバの名前（最初の2つの例ではlocalhostだったが、Oracleの例ではAWSのサーバだった）。
- ポート（ここでは常にデータベースのデフォルトポートを使ったのでパラメータは省略）
- データベース名

- ユーザ名
- パスワード

これらの情報の指定方法は、パッケージによって少しずつ異なる。テーブルを作るには、データベースエンジン上で行われる動作を表すSQL文オブジェクトを用いる。しかし、ユーザが入力したデータをSQL文（例えばINSERT文など）のパラメータにする場合には、事前にコンパイルされるprepared文を使うことが推奨される。これを用いると、SQL文とユーザのデータが完全に分離される（ユーザ入力データがおかしなものでも、データベースの動作に影響しない）。最後に、データテーブルに対して問い合わせを行った。Juliaのパッケージはすべて、データをDataFrameもしくはNamedTupleの形で取り出すことができる。取り出したデータに対してはさらに処理を行う。データベースを使う操作が終了したら、接続をクローズしなければならない。そうしないと、サーバの資源を浪費してしまうからだ。

1つ付け加えておくと、JDBCドライバは事実上すべてのリレーショナルデータベースに対して存在する。したがって、例えばPostgreSQLに接続する際にもJDBCドライバを使っても良かった。これにはhttps://jdbc.postgresql.org/にあるPostgreSQL用のJDBCドライバが必要だ。JDBCを使ってPostgreSQLに接続するには下記のようにする。

```
using JDBC
JDBC.usedriver("postgresql-42.2.4.jar")
JDBC.init()
conn = DriverManager.getConnection("jdbc:postgresql://localhost/postgres",
                                   Dict("user"=>"postgres",
                                        "password"=>"type_password_here"))
```

しかし、Juliaで書かれたドライバのほうが、使いやすいしスループットも高いはずだ。

もう少し解説しよう

Julia純正のドライバが用意されているデータベースはそれほど多くない。このような場合にはJDBCを使うのが一般的だが、PyCallを使う方法もある。8章の**「レシピ8.5　JuliaからPythonを使う」**で、Python AnacondaをPyCallで利用する方法を示した。事実上すべてのデータベースがPythonのドライバを提供しているのでこの方法は有用だ。

例えば、ほとんどのNoSQLデータベースにはJDBCが使えない（JDBCはリレーショナルデータベースを対象にしたAPIなので）。ここでは、Elasticsearchを取り上げる。Elasticsearchは、テキストデータを格納し問い合わせることのできるデータベースで、広く用いられている。ここでは、PyCallを用いてElasticsearchデータベースに接続し、データを更新する方法を紹介する。ここで示す手順は、PyCallが、PythonのelasticsearchモジュールをインストールしたAnacondaとリンクされていることと、Elasticsearchが、ローカルマシン上でデフォルト設定で動作していることを前提としている。Elasticsearchの設定と管理については、このレシピでは触れない。

まずPyCallをインポートしてから、Pythonのelasticsearchライブラリをロードしよう。

```
using PyCall
elasticsearch = pyimport("elasticsearch")
```

Elasticsearchに接続してみよう。

```
es = elasticsearch.Elasticsearch()
```

うまく接続できたら、チェックしてみよう。

```
julia> es.info()
Dict{Any,Any} with 5 entries:
 "name" => "MYHOSTNAME"
 "tagline" => "You Know, for Search"
 "cluster_uuid" => "St2JmR8JRg-yqkzcmVz49Q"
 "cluster_name" => "elasticsearch"
 "version" => Dict{Any,Any}(Pair{Any,Any}("number", "6.2.4…
```

Elasticsearchを使ってテキストデータのインデックスを作ってみよう。

```
dat = Dict("col1"=>"some text", "col2"=>"more text")
res = es.index(index="data", doc_type="data", id="1", body=dat)
```

データをElasticsearchのデータベースに登録できたら、問い合わせることができる(問い合わせる方法についてはElasticsearchのマニュアルを参照)。

```
q = Dict("query"=>Dict("match"=>Dict("col1"=>Dict("query"=>"some text"))))
```

問い合わせに用いるクエリオブジェクトはJuliaの`Dict`として作る。クエリオブジェクトができたら、データベースに問い合わせてみよう。

```
julia> es.search("data", body=q)["hits"]["hits"]
1-elementArray{Dict{Any,Any},1}:
Dict{Any,Any}(Pair{Any,Any}("_id", "1"),Pair{Any,Any}("_score", 0.575364),Pair{Any,Any}
("_index", "data"),Pair{Any,Any}("_type", "data"),Pair{Any,Any}("_source", Dict{Any,Any}
(Pair{Any,Any}("col2", "more text"),Pair{Any,Any}("col1", "some text"))))
```

Elasticsearchへの問い合わせ方法については、https://www.elastic.co/guide/en/elasticsearch/reference/current/query-dsl.htmlにあるElasticsearchのマニュアルを参照してほしい。

こちらも見てみよう

利用できるデータベースのAPIの概要が、https://github.com/svaksha/Julia.jl/blob/master/DataBase.mdにまとめられている。

PostgreSQLの`LibPQ.jl`パッケージに必要なライブラリをインストールする方法については、https://github.com/invenia/LibPQ.jlを参照してほしい。

レシピ9.2 JuMPを使って最適化問題を解く

このレシピではJuMPを用いて最適化モデルを定義する方法と、JuMPでオープンソースと商用のソルバを利用する方法を説明する。このレシピでは単純な線形最適化問題を解く方法を紹介する。

準備しよう

このレシピにはJuMP.jl、Clp.jl、Cbc.jlの3つのパッケージが必要だ。**「レシピ1.10 パッケージの管理」**に従ってインストールしておこう。

本書執筆時点では、WindowsではCbc.jlがコンパイルできないので、本レシピはLinuxでしか確認できていない。

また、本レシピではGurobiという商用のソルバの使い方を示す。まず、Gurobiのライセンス(アカデミックには無償)をGurobiのWebサイトで取得してから、ダウンロードしてインストールしよう。

Gurobiのライセンスを取得できたら、ライセンスを設定する。設定は以下のようにシェルから行う。実際のコマンドは、GurobiのWebサイトで確認してほしい。

```
$ grbgetkey xxxxxxxx-xxxx-xxxx-xxxx-xxxxxxxxxxxx
```

xが並んでいる部分をGurobiから取得したライセンス番号で置き換える。無償のアカデミックライセンスを得るには、大学のネットワーク経由で(VPN経由でもよい)Webサイトに接続する必要がある。

Gurobiのインストールができたら、Juliaのライブラリをインストールする。

```
(v1.2) pkg> add Gurobi
```

JuliaがGurobiを見つけられないようであれば、gurobiが環境変数PATHに入っていることを確認してから、パッケージマネージャでbuild Gurobiとして、Gurobi.jlパッケージをリビルドしよう。

やってみよう

ここでは以下の最適化問題を考える。ある農場には、家畜に食べさせる飼料が2種類(1と2)ある。これらの飼料は、価格も異なるし、栄養価(カロリー(calories)、タンパク質量(proteins)、ビタミン(vitamins))も異なる。家畜に必要な栄養(9000、300、60)を最小のコストで与えたい。問題を式で表すと下のようになる。

```
最小化: 50x₁ + 70x₂
以下の条件で
200x₁ + 2000x₂ >= 9000    #カロリー
100x₁ +   30x₂ >=  300    #タンパク質
9x₁   +   11x₂ >=   60    #ビタミン
x₁ , x₂        >=    0    #いずれも負の値は取れない
```

このような問題は、線形最適化アルゴリズムで解くことのできる典型的な問題だ。問題を解くには以下のようにする。

1. まずJuMP.jlパッケージをロードする。

```
using JuMP
using Clp
```

2. まず、空のモデルを作る。

```
m = Model(with_optimizer(Clp.Optimizer));
```

3. 変数を追加しよう（下付き文字を入力するには_1＋タブをタイプする）。

```
julia> @variable(m, x₁>=0)
x₁

julia> @variable(m, x₂>=0)
x₂
```

4. 目的関数を定義しよう。

```
julia> @objective(m, Min, 50x₁ + 70x₂)
50x₁+70x₂
```

5. 最後に制約を定義する。

```
julia> @constraint(m, 200x₁ + 2000x₂ >= 9000);
julia> @constraint(m, 100x₁ + 30x₂   >=  300);
julia> @constraint(m, 9x₁    + 11x₂  >=   60);
```

6. モデルを見てみよう。

```
julia> println(m)
Min 50 x₁ + 70 x₂
Subject to
 x₁ ≥ 0.0
 x₂ ≥ 0.0
 200 x₁ + 2000 x₂ ≥ 9000.0
 100 x₁ + 30 x₂ ≥ 300.0
 9 x₁ + 11 x₂ ≥ 60.0
```

7. では、いよいよ問題を解いてみよう。

```
julia> optimize!(m)
```

8. 結果を表示してみよう。

```
julia> println("Cost: $(objective_value(m))\nx₁=$(value(x₁))\nx₂=$(value(x₂))")
Cost: 388.1443298969072
x₁=1.701030927835052
x₂=4.329896907216495
```

飼料1を1.7単位、飼料2を4.33単位買えばいいことがわかった。

さて、飼料2が1単位ごとにしか買えない場合を考えてみよう（例えばトラック単位でしか買えず、x_2がトラックの台数を表すような場合）。この場合には、問題が混合整数計画問題になるので、別のソルバを使う必要がある。下の例を見てみよう。

1. 問題を再度定義する。

```
using JuMP
using Cbc
m = Model(with_optimizer(Cbc.Optimizer));
@variable(m, x₁ >= 0)
@variable(m, x₂ >= 0, Int)
@objective(m, Min, 50x₁ + 70x₂)
@constraint(m, 200x₁ + 2000x₂ >= 9000)
@constraint(m, 100x₁ +   30x₂ >=  300)
@constraint(m, 9x₁   +   11x₂ >=   60)
```

2. 解いてみよう。

```
julia> optimize!(m)
julia> println("Cost: $(objective_value(m))\nx₁=$(value(x₁))\nx₂=$(value(x₂))")
Cost:425.0
x₁=1.5
x₂=5.0
```

整数制約がついた場合の解は、以前のものとは少し違うことがわかる。

説明しよう

JuMP.jlパッケージは、ほとんどすべての広く使われているソルバに対してフロントエンドとして機能する。利用できるソルバの一覧が、https://www.juliaopt.org/JuMP.jl/latest/installation/#Getting-Solvers-1)にある。インターフェイスをマクロで標準化してあるので、さまざまな線形最適化モデル、非線形最適化モデルを効率よく扱うことができる。JuMP.jlパッケージを使うと、ユーザは問題を一度記述しておけばさまざまな最適化ソルバで試すことができる。

このレシピで使った関数とマクロを下にまとめる。

関数/マクロ	説明
Modelコンストラクタ	最適化モデルを保持するオブジェクトを作る。
@variableマクロ	最適化モデルに変数を追加する。
@objectiveマクロ	最適化モデルに目的関数を追加する。
@constraintマクロ	最適化モデルに制約を追加する。
optimize!関数	外部ソルバを起動して、定義された最適化問題の最適解を求める。
objective_value関数	見つかった最適解での目的関数の値を返す。
value関数	見つかった最適解での指定された変数の値を返す。

もう少し解説しよう

利用するソルバによって、性能や機能が大きく異なる。例えば、ここで混合整数線形計画問題を解くのにCbc.jlではなくClp.jlを使っていたら下のようなエラーが出ていただろう。

```
julia> optimize!(m)
MathOptInterface.UnsupportedConstraint{MathOptInterface.SingleVariable,MathOptInterface.
Integer}: `MathOptInterface.SingleVariable`-in-`MathOptInterface.Integer` constraints is not
supported by the model.
```

大規模な最適化には、商用ソルバの性能を試してみたほうがいい場合もある。Gurobiは商用ソルバの1つで、JuliaからGurobi.jlパッケージで利用することができる。

Gurobiのモデルもまったく同じように定義できる。

```
using JuMP
using Gurobi
m = Model(with_optimizer(Grobi.Optimizer));
@variable(m, x₁ >= 0)
@variable(m, x₂ >= 0, Int)
@objective(m, Min, 50x₁+70x₂)
@constraint(m, 200x₁ + 2000x₂ >= 9000)
@constraint(m, 100x₁ +   30x₂ >=  300)
@constraint(m, 9x₁   +   11x₂ >=   60)
```

Gurobiで解いてみよう。

```
julia> optimize!(m)
Academic license - for non-commercial use only
Optimize a model with 3 rows, 2 columns and 6 nonzeros
Variable types: 1 continuous, 1 integer (0 binary)

    [ ...省略... ]

Optimal solution found (tolerance 1.00e-04)
Best objective 4.250000000000e+02, best bound 4.250000000000e+02, gap 0.0000%

julia> println("Cost: $(objective_value(m))\nx₁=$(value(x₁))\nx₂=$(value(x₂))")
Cost: 425.0
x₁=1.5
x₂=5.0
```

結果は、Cbc.jlを用いた場合とまったく同じだ。どのソルバを用いるかは、必要な機能と性能で決めればいい。JuMP.jlを使っていれば簡単にソルバエンジンを乗り換えられる。

実は、JuliaからJuMPを用いずに、Gurobiを直接呼び出すこともできる。https://github.com/JuliaOpt/Gurobi.jlにあるドキュメントを参照してほしい。

こちらも見てみよう

`JuMP.jl`パッケージの詳細なドキュメントがhttps://www.juliaopt.org/JuMP.jl/latest/にある。また、JuMPを他の種類の最適化（多目的最適化やロバスト最適化など）にも拡張しようというプロジェクトもある。https://www.juliaopt.org/にあるパッケージの一覧を参照してほしい。

レシピ9.3 最尤推定を行う

このレシピでは、尤度関数の最適化をJuliaで行う方法を示す。

準備しよう

最尤推定は、統計モデルのパラメータを推定する基本的なテクニックだ。詳細についてはhttp://mathworld.wolfram.com/MaximumLikelihood.htmlまたはhttps://ja.wikipedia.org/wiki/最尤推定を参照してほしい。このレシピでは、正規分布からのサンプルしたデータの平均値と標準偏差を求める。この場合、この最適化問題には解析的な解が知られていて、平均の推定値はサンプルの平均、

$$\bar{x} = \sum_{i=1}^{n} x_i/n$$

に、標準偏差の推定値は、

$$\sqrt{\sum_{i=1}^{n}(x_i - \bar{x})^2/n}$$

になる。ここで、nはサンプルの数、x_iは個々のサンプル点を表す。

解析解がわかっている問題を選んだのは、最適化の結果と解析解が一致することを確認するためだ。

このレシピでは、`Optim.jl`パッケージを用いる。**「レシピ1.10　パッケージの管理」**に従ってインストールしておこう。

Github上のこのレシピのレポジトリには、いつもの`command.txt`の他に、このレシピで用いる`opt.jl`が用意されている。

やってみよう

以下の手順で試してみよう。

1. 最適化で用いるコードを下に示す。このコードは`opt.jl`ファイルに入っている。

```
using Optim
using Distributions
```

```
function loglik(x, μ, logσ)
    nd = Normal(μ, exp(logσ))
    -sum(logpdf(nd, v) for v in x)
end

function testoptim(x)
    res = optimize(par -> loglik(x, par[1], par[2]), zeros(2))
    display(res)
    res.minimizer[1], exp(res.minimizer[2])
end
```

2. testoptim関数をサンプルデータセットに対して使ってみよう。

```
julia> include("opt.jl");
julia> using Random
julia> Random.seed!(1);
julia> x = randn(100);
julia> testoptim(x)
 * Status: success

 * Candidate solution
    Minimizer: [-4.33e-02, 1.50e-02]
    Minimum:   1.433977e+02

 * Found with
    Algorithm:     Nelder-Mead
    Initial Point: [0.00e+00, 0.00e+00]

 * Convergence measures
    √(Σ(yᵢ-ȳ)²)/n ≤ 1.0e-08

 * Work counters
    Iterations:    27
    f(x) calls:    56
(-0.043288979878934694, 1.0151538648696379)

julia> mean(x), std(x)*sqrt(99/100)
(-0.04329512736686613, 1.0151523821496027)
```

説明しよう

Optim.jlパッケージは単変量と多変量の非線形最適化ルーチンを提供している。このパッケージを使って、制約なし最適化問題の目的関数の最小値を求めることができる。

このレシピでは、標準偏差は非負でなければならない。しかしoptimizeはデフォルトではそのような条件に制約されない。そうなると、負の標準偏差もテストしてしまうことになる。この問題を解決するために、標準偏差の対数に対して最適化を行っている。対数の値は、実数全体で定義されているからだ。

このコードでは変数logσが標準偏差の対数を表している。対数を最適化しているので、得られた結果を標準偏差として出力するには指数関数を用いて変換しなければならない。これは、コード中のexp(res.minimizer[2])で実現されている。

このコードには特筆すべき点が3つある。

- 個々の尤度の積を最適化するよりも、個々の対数尤度の和を最適化するほうが、数値演算上効率がいい。ここでは、Distributionsパッケージのlogpdfを用いてこれを実現している。
- optimizeは、デフォルトで関数を最小化する。このため、loglikでは対数尤度の和の符号を反転している。
- resオブジェクトに対してdisplayを使って、最適化結果の統計量を表示している。

もう少し解説しよう

ここで紹介したのは、optimize関数の基本的な使い方だけだ。パッケージのドキュメントを見れば、この関数を使ってさまざまな問題を 解くことができることがわかるだろう。例えば、単純な制約付き問題も 解くことができる。詳細は https://julianlsolvers.github.io/Optim.jl/latest/examples/generated/ipnewton_basics/ を参照。

こちらも見てみよう

線形最適化や混合整数計画問題を解きたいのであれば、「**レシピ9.2　JuMPを使って最適化問題を解く**」に例を示したのでそちらを参照してほしい。

大域最適化を行う必要がある場合には、BlackBoxOptim.jlパッケージ（https://github.com/robertfeldt/BlackBoxOptim.jl）の利用を検討するといいだろう。

レシピ9.4　Plots.jlを使って複雑なプロットを描く

このレシピでは、Juliaを用いてさまざまなプロットを描画する方法を紹介する。Juliaでグラフを描く場合、普通はPlots.jlパッケージを使う。このパッケージは、さまざまな実際の描画を行うグラフィックバックエンドをサポートしている。最も成熟しているバックエンドが、GR.jlとPyPlot.jlだ。このレシピでは、GR.jlをバックエンドとしてPlots.jlを使う。

準備しよう

このレシピでは、データを作ったり操作したりプロットを描画したりするために、DataFrames.jl、Plots.jl、Distributions.jl、StatsPlots.jl、CSV.jlを使う。「**レシピ1.10　パッケージの管理**」に従ってインストールしておこう。また、「**レシピ7.3　インターネット上のCSVデータを読み込む**」で用いたIrisデータセットを使う。

やってみよう

このレシピでは、Juliaでデータセットを可視化するさまざまな方法を紹介する。

まず、すべてのパッケージをロードしよう。

```
using Random
using DataFrames
using Plots
using Distributions
using StatsPlots
```

テスト用のデータセットを作る。1つ目と3つ目の列が、相関係数ρ=0.8で相関しているデータだ(Distributions.jlパッケージを使っても良かったのだが、ここでは使っていない)。

```
Random.seed!(0);
df = DataFrame(x1=randn(1000), x2=randn(1000));
ρ = 0.8
df.x3 = ρ*df.x1 + √(1-ρ*ρ)*df.x2;
```

描画用のバックエンドを設定する。

```
julia> gr()
Plots.GRBackend()
```

まず、ヒストグラムを重ね合わせて、x1とx3の値を比較してみよう。

```
p = histogram(df.x1, nbins=25, labels="x1");
histogram!(p, df.x3, fillalpha=0.5, bar_width=0.3, labels="x3")
```

このコードを実行すると**図9-1**のプロットが得られる。

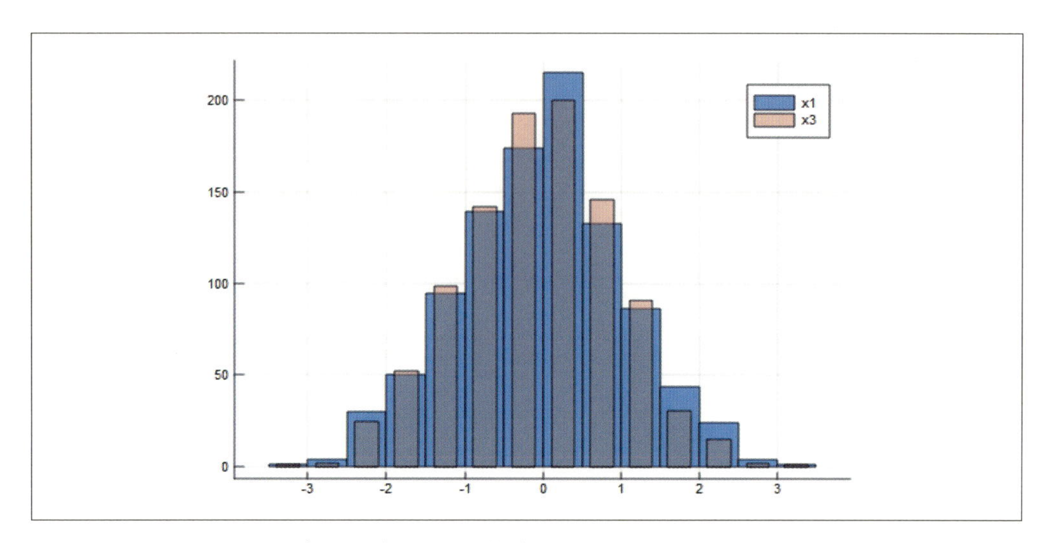

図9-1　x1とx3のオーバラップヒストグラムによる比較

x3が本来の正規分布と一致しているか見てみよう。

```
p = histogram(df.x3, normed=true)
plot!(p, Normal(0, 1), width=4)
```

このコードを実行すると**図9-2**のプロットが得られる。

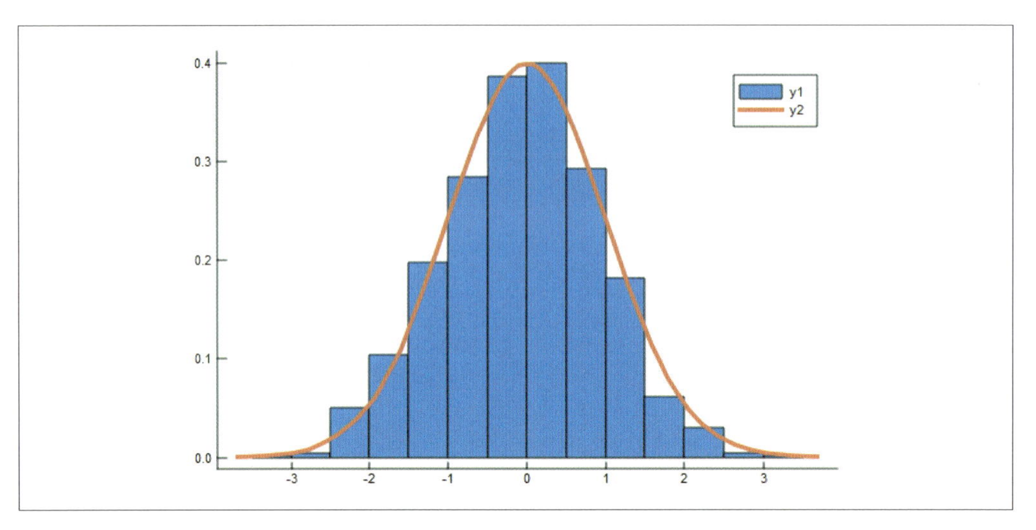

図9-2 x3と正規分布の比較

散布図と2次元ヒストグラムを描いて相関パターンを見てみよう。

```
plot(scatter(df.x1, df.x3, legend=false), histogram2d(df.x1, df.x3),
        layout=Plots.GridLayout(1, 2), xlabel="x1", ylabel="x3")
```

このコードを実行すると**図9-3**のプロットが得られる。

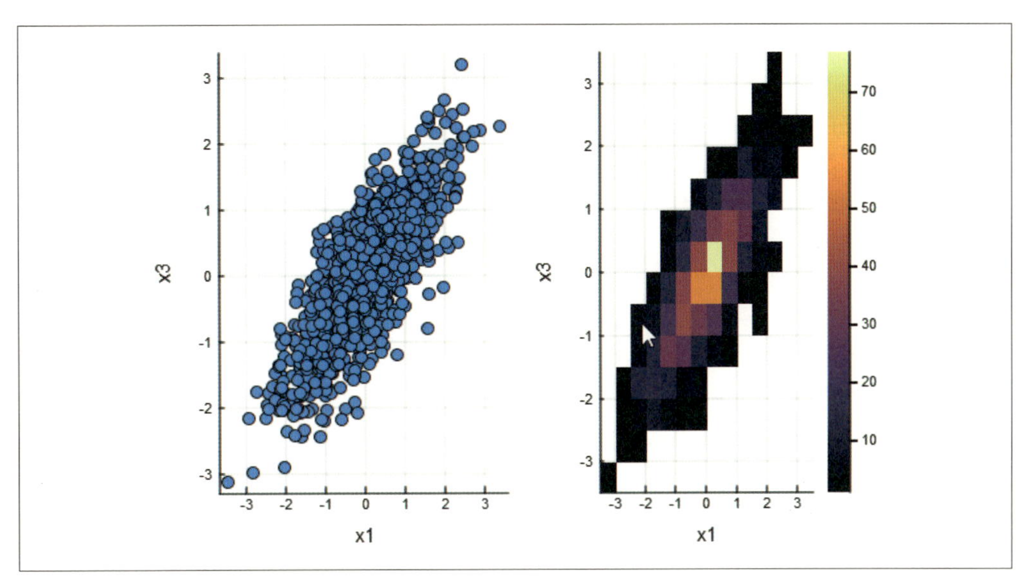

図9-3　相関パターンの散布図と2次元ヒストグラム

相関プロットも有用だ。

```
corrplot(convert(Matrix, df), bins=25, labels=["x1", "x2", "x3"])
```

図9-4のプロットが得られる。

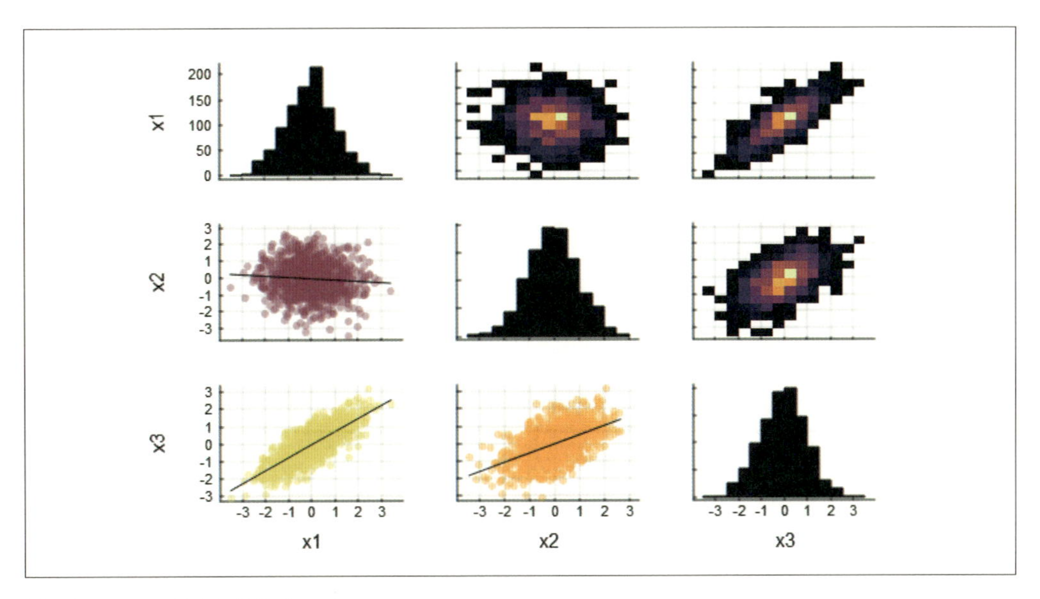

図9-4　corrplotによる相関プロット

説明しよう

Plots.jlは、Juliaで記述されたさまざまな描画バックエンドに対する共通のフロントエンドインターフェイスを提供する。どのバックエンドを使うべきかは、どのような可視化を行いたいかによって変わる。静止したグラフを描きたいなら、高速で機能も豊かなGRバックエンドがいいだろう。グラフに対してインタラクティブな操作を行いたいなら、Pythonのmatplotlibを用いて描画するPyPlot.jl、もしくは、HTML/JavaScriptでインタラクティブな描画を行うPlotly (JS) を使うといい。PyPlot.jlは、Plots.jlを用いずに直接使うこともできる。これは、PythonからJuliaに移行してきたユーザにとってはいい方法かもしれないが、Plots.jlを用いたほうがバックエンドを簡単に切り替えられるので便利なはずだ。

ここでは、gr()コマンドを使ってバックエンドを指定した。ただし、分布や相関行列などの高度なプロットを描画するには、StatsPlots.jlパッケージが必要だ。

もう少し解説しよう

Plots.jlにはサブプロットという機能があり、複数のプロットを1つのスクリーンに表示することができる。有名なIrisデータセットに対する散布図を描いてみよう。このデータセットを、DataFrames.jlパッケージにテスト用に含まれているファイルからロードしよう。

```
using CSV
iris = CSV.read(joinpath(dirname(pathof(DataFrames)), "..", "docs/src/assets/iris.csv"));
```

サブプロットのマトリクスを作ろう。まずプロットの配列を作り、ループの中でこの配列にプロットを追加している。

```
font_h6 = Plots.font("Helvetica", 6)
plts = Plots.Plot[]
for i in 1:4, j in 1:4
    if i == j
        push!(plts, histogram(iris[!, i], group=iris[!, :Species],
            xlabel=names(iris)[j], ylabel="count",
            legend=false, fillalpha=0.5,
            guidefont=font_h6, tickfont=font_h6))
    else
        push!(plts, scatter(iris[!, j], iris[!, i],
            xlabel=names(iris)[j], ylabel=names(iris)[i],
            group=iris[!, :Species], legend=(i==4&&j==1),
            guidefont=font_h6, tickfont=font_h6, legendfont=font_h6,
            background_color_legend=RGBA(255, 255, 255, 0.8),
            foreground_color_legend=nothing))
    end
end
p = plot(plts..., layout=Plots.GridLayout(4, 4))
```

このコードを実行すると**図9-5**のような出力が得られる。

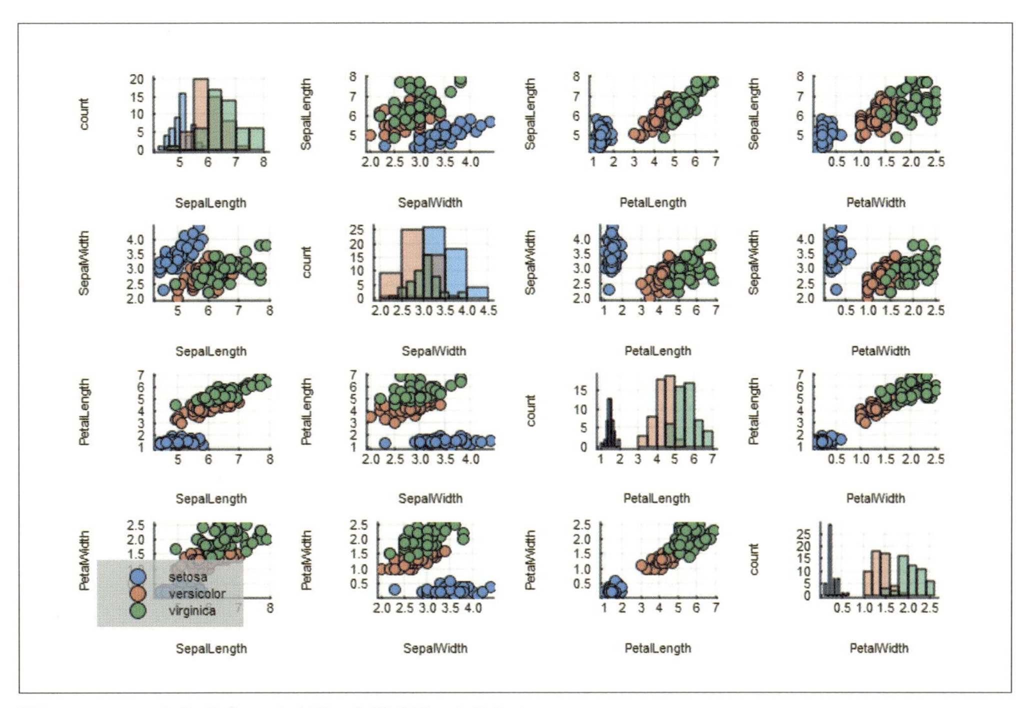

図9-5　Plots.jlのサブプロットを用いた散布図マトリクス

この種のプロットを用いると、Irisデータセットの特徴量の相関を1枚の絵で示すことができる。同じような方法で他のプロットもマトリクスとして表示することができる。

こちらも見てみよう

`Plots.jl`のドキュメントの描画バックエンドのページ（https://docs.juliaplots.org/latest/backends/）に、それぞれのバックエンドの特徴がまとまっている。

このフレームワークを学ぶには、まず特定のバックエンドのサンプルを見てみるといいだろう。速度と機能の面からGRのサンプルを見ることをおすすめする（https://docs.juliaplots.org/latest/examples/gr/）。この例を見れば`Plots.jl`の機能がだいたいわかるだろう。

`StatsPlots.jl`のドキュメントはhttps://github.com/JuliaPlots/StatsPlots.jlにある。

レシピ9.5　ScikitLearn.jlを使って機械学習モデルを作る

このレシピでは、Juliaで機械学習モデルを作る方法を紹介する。ここでは`ScikitLearn.jl`パッケージを用いる。このレシピは、機械学習モデルをJuliaで作る方法に焦点を当てて議論するが、機械モデルを用いたビジネス応用を考えているわけではない。このレシピは、S. RaschkaとV. Mirjaliliによる『*Python Machine Learning—Second Edition*』（邦題『Python機械学習プログラミング—達人データサイエンティストによる理論と実践』インプレス刊、2018）を参考にしている。

ScikitLearn.jlパッケージは、本書冒頭の「まえがき」に示したパッケージリストにはないし、パッケージインストールスクリプトにも入っていない。このような方針をとったのは、ScikitLearn.jlではPythonコードをJuliaで置き換える作業が活発に進んでいる一方で、このパッケージの目標はPythonのscikit-learn APIをそのまま引き写すことなので、ScikitLearn.jlのAPIは当面安定していることが期待できるからだ。現時点では、ScikitLearn.jlは、Juliaが使用するPythonにscikit-learnパッケージがインストールされていないと動作しない。このパッケージは、mlxtendの依存ライブラリとしてインストールされる。mlxtendでインストールしたくない場合には、Conda.add("scikit-learn")コマンドを実行する必要がある。

準備しよう

このレシピは、パッケージConda.jl、CSV.jl、HTTP.jl、DataFrames.jl、ScikitLearn.jl、PyCall.jlを使う。**「レシピ1.10 パッケージの管理」**に従ってインストールしておこう。

さらに、このレシピでは可視化とクラス分類にPythonのmlxtendライブラリを用いる。JuliaでPythonのライブラリをインストールするには、Conda.jlパッケージを用いるのが一番簡単だ。mlxtendは、conda-forgeレポジトリに入っているので、次のコマンドを実行すればいい。

```
using Conda
Conda.runconda(`install mlxtend -c conda-forge -y`)
```

やってみよう

この例では、古典的なIrisデータセットを再度用いて、JuliaからScikitLearnを使う方法を紹介する。

1. まず、パッケージをロードしよう。

```
using CSV, HTTP, DataFrames, ScikitLearn, Random, PyCall, Statistics
```

2. 今度は、Irisデータセットを、UCIの機械学習レポジトリからダウンロードしてくる。

```
dat = HTTP.get("https://archive.ics.uci.edu/ml/machine-learning-databases/iris/iris.data")
buf = IOBuffer(dat.body[1:end-1]) # 最後の改行文字を切り落とす
iris = CSV.read(buf; header=false)
names!(iris, Symbol.(["SepalLength", "SepalWidth", "PetalLength", "PetalWidth", "Class"]))
```

3. ScikitLearn.jlパッケージは、数値の配列に対してしか動作しないので、クラスラベルを数字で置き換える。

```
ua = unique(iris[!, :Class])
iris[!, :Class] = [findfirst(==(x), ua) - 1 for x in iris[!, :Class]]
y = iris[!, :Class]
X = Matrix(iris[!, 1:4])
```

4. データを訓練データセットとテストデータセットに分割する。

```
using ScikitLearn.CrossValidation: train_test_split
Random.seed!(0)
X_train, X_test, y_train, y_test =
    train_test_split(X, y, test_size=0.3, random_state=0, stratify=y);
```

5. 次にデータのスケール変換を行う（各特徴量の値を平均0、分散1になるように変換する。実はこの例で用いるアルゴリズムでは必要はないのだが、アルゴリズムによってはこの操作が重要になる）。

```
@sk_import preprocessing : StandardScaler
stdsc = StandardScaler();
X_train_std = stdsc.fit_transform(X_train)
X_test_std = stdsc.transform(X_test)
```

6. データセットの変換ができたらモデルを作る。

```
@sk_import linear_model: LogisticRegression
logreg = LogisticRegression(fit_intercept=true)
fit!(logreg, X_train_std, y_train)
y_pred = predict(logreg, X_test_std)
```

7. モデルの予測性能を見てみよう。

```
julia> @sk_import metrics: (accuracy_score, confusion_matrix);
julia> accuracy_score(y_test, y_pred)
0.8666666666666667

julia> confusion_matrix(y_test, y_pred)
3×3 Array{Int64,2}:
 15   0   0
  0  10   5
  0   1  14
```

8. 今度は、ランダムフォレストクラス分類器を作って、各特徴量の重要性を見てみよう。

```
@sk_import ensemble : RandomForestClassifier
forest = RandomForestClassifier(n_estimators=100,  random_state=0)
fit!(forest,X_train, y_train)
y_pred = predict(forest, X_test)
importance = forest.feature_importances_
indices = sortperm(importances, rev=true)
```

9. 特徴量の重要度を見てみよう。

```
julia> DataFrame(Name=names(iris)[indices], Importance=importances[indices])
4×2 DataFrame
| Row  | Name         | Importance  |
|      | Symbol       | Float64     |
| ----- | -------------- | ------------ |
| 1    | PetalWidth   | 0.458133    |
| 2    | PetalLength  | 0.4064      |
| 3    | SepalLength  | 0.103548    |
| 4    | SepalWidth   | 0.0319198   |
```

10. モデルの性能を混同行列で調べてみよう。

```
julia> confusion_matrix(y_test, y_pred)
3×3 Array{Int64,2}:
 15   0   0
  0  15   0
  0   1  14
```

11. 機械学習モデルを理解するには、決定境界をプロットしてみるといい。mlxtendライブラリを用いてクラス分類器の動作を確認してみよう。

```
using PyPlot    # 重要！
mlp = pyimport("mlxtend.plotting")
fill_vals = Dict{Int,Float64}()
fill_rngs = Dict{Int,Float64}()
for ind in indices[3:end]
    fill_vals[ind-1] = mean(iris[!, names(iris)[ind]])
    fill_rngs[ind-1] = std(iris[!, names(iris)[ind]])
end
mlp.plot_decision_regions(X, y, forest, X_highlight=X_test,
    feature_index=(indices[1:2].-1),
    filler_feature_values=fill_vals, filler_feature_ranges=fill_rngs)
xlabel(names(iris)[indices[1]])
ylabel(names(iris)[indices[2]])
```

このコードを実行すると、**図9-6**のようなプロットが表示される（テストデータセットの観測値は丸で強調してある）。

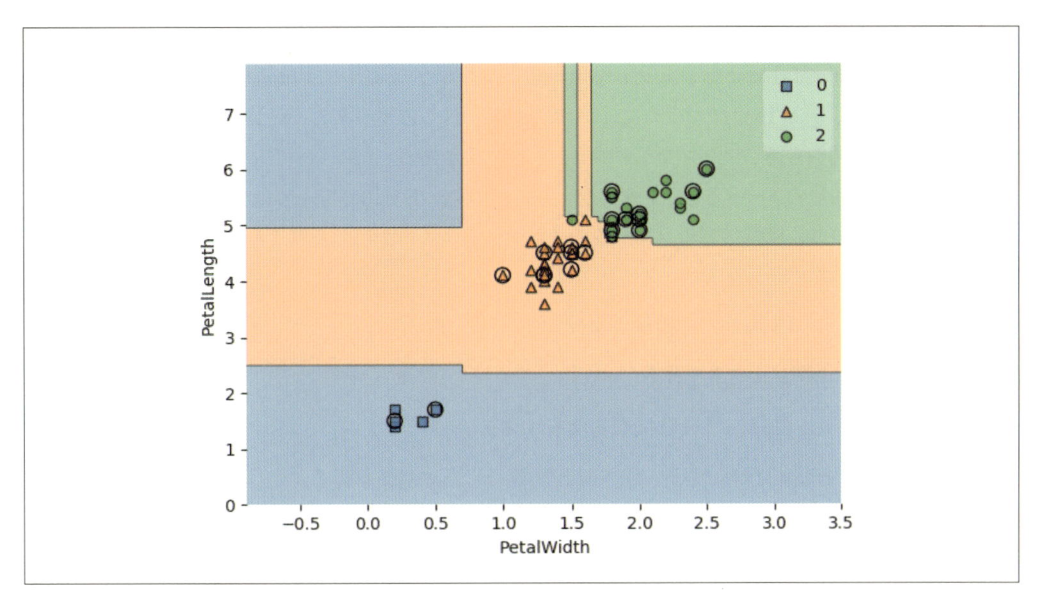

図9-6 mlxtendによる決定領域プロット

説明しよう

このレシピでは、まずデータセットをインターネットからロードしている。`CSV.read`を使うには、データのストリームが必要なので、`IOBuffer`を使って、ダウンロードされたバイト列からストリームを作っている。このファイルには、最後に改行文字が入っているので、そのまま読み込むと`CSV.jl`が`missing`だけのレコードを作ってしまうので、最後の文字を削っている。https://archive.ics.uci.edu/ml/machine-learning-databases/iris/にあるファイルには、列の名前が含まれていないので、`names!`関数を使って列名を与えている。

`ScikitLearn`はデータフレームやカテゴリ変数は扱えず、ただの数値配列以外は処理できない。したがって、データを適切な表現に変換してやる必要がある。まず、`unique`関数で`Class`列の値が取りうるユニークな値のリスト`ua`を作成する。次にこのリストに対して`findfirst`を用いることで、データフレームの`Class`列の値（クラス名）を数値に変換する。scikit-learnは番号が0から始まることを前提にしているので、`ua`のインデックスから`1`を引いた値を使っている。別の方法としては、`categorical`関数を使って名義値を`CategoricalArray`に変換し、クラス番号を`.level`から取得する方法がある。この場合も`1`を引くことを忘れないようにしよう。

データの準備ができたら、訓練データセットとテストデータセットに分割する。`CrossValidation`モジュールは、Juliaに完全に移植されている（`ScikitLearn.jl`パッケージの他のモジュールにはそうでないものもたくさんある）ので、ここではJulia版を用いた。

機械学習アルゴリズムの一部には、データがスケール変換（平均0、標準偏差1に変換すること）されていないと性能が出ないものがある。https://scikit-learn.org/stable/modules/generated/sklearn.

preprocessing.StandardScaler.htmlを参照してほしい。このスケール変換には、`preprocessing`モジュールの`StandardScaler`オブジェクトを用いる。このオブジェクトはJulia実装がなく、Python実装を呼び出すので、`@sk_import`マクロでインポートしておく必要がある。`ScikitLearn`のモデル評価に用いる`metrics`関数も同じマクロでインポートする必要がある。

ロジスティック回帰のコードと、ランダムフォレストのコードを比べてみてほしい。`ScikitLearn.jl`の最大の利点の1つは、機械学習モジュールのインターフェイスが統一されていることだ。機械学習モジュールを使うには次の5つのステップに従えばいい。

1. `@sk_import`マクロを用いて、適切な機械学習メソッドをインポートする。
2. モデルを表すオブジェクトを作る。
3. 訓練データセットに対して`fit!`関数を実行する。
4. テストデータセットに対して`predict`関数を実行し、予測値を得る。
5. `metrics`モジュールの関数を用いて、モデルの品質を評価する。

最後に、`mlxtend`ライブラリを使ってランダムフォレストに対して決定境界をプロットした。この際、プロット関数を呼び出す**前に**、`PyPlot`モジュールをインポートしておくことを忘れないようにしよう。この順番を間違うとJuliaのインタプリタがクラッシュする。`mlxtend`では2次元のデータしかプロットしかできないことに注意しよう。このデータセットは4次元なので、ここでは最も重要な2つの特徴量だけを選択した。しかし、決定境界を推定するには、すべての次元が必要になる。そこで、他の2つの特徴量にはその値の平均値を利用した。決定境界のプロットには、表示する特徴量が平均値から標準偏差1以内の観測点のみを選んで表示している。さまざまな機械学習アルゴリズムに対する決定境界のプロットのドキュメントとサンプルがhttps://rasbt.github.io/mlxtend/user_guide/plotting/plot_decision_regions/にある。

もう少し解説しよう

`ScikitLearn.jl`パッケージは、`ScikitLearn`ライブラリの機能すべてを提供している。つまり、`ScikitLearn`で使える機械学習アルゴリズムはすべてJuliaでも使えるということだ。https://scikit-learn.org/stable/にある`ScikitLearn`のドキュメントに目を通しておくといいだろう。

Juliaだけで書かれた機械学習アルゴリズムライブラリもあるが、今の所`ScikitLearn`ほどには成熟していない。ランダムフォレストを使うならhttps://github.com/bicycle1885/RandomForests.jlにある`RandomForest.jl`を使うこともできる。

こちらも見てみよう

機械学習とPythonの`ScikitLearn`ライブラリの入門としては、S. RaschkaとV. Mirjaliliによる『*Python Machine Learning—Second Edition*』（邦題『Python機械学習プログラミング―達人データサイエンティストによる理論と実践』インプレス刊、2018）がおすすめだ（https://www.packtpub.com/

big-data-and-business-intelligence/python-machine-learning-second-edition)。この本で紹介されているレシピのサンプルプログラムをJuliaで書き直すのは簡単なはずだ。また、この本のコードはJupyter Notebookとしてhttps://github.com/rasbt/python-machine-learning-book-2nd-editionで公開されている。

10章 分散処理

本章で取り上げる内容

- マルチプロセスで計算する
- リモートのJuliaプロセスと通信する
- マルチスレッドで計算する
- 分散環境で計算する

はじめに

本章の目的は、Juliaで並列分散処理を行う方法を示すことだ。複数のプロセス、スレッド、さらに分散処理クラスタへと複数のスケールで計算できることは、Juliaの重要な機能の1つだ。ここでは、Juliaでマルチプロセス計算、プロセス間でのデータ通信、マルチスレッド計算、分散処理を行う方法を見ていく。

レシピ10.1 マルチプロセスで計算する

Juliaは、複数のプロセスにまたがってプログラムを実行する、**マルチプロセス**と呼ばれる効率的な機構を提供している。このレシピでは、Juliaのマルチプロセス機構を使って、ワーカプロセスを起動する方法を紹介する。このワーカプロセスは、実行に時間がかかりすぎたら外部から停止することができる。

準備しよう

分散処理のための機構はJulia言語に組み込まれているので、Juliaパッケージを新たにインストールする必要はない。

やってみよう

この例では、実行に時間がかかりすぎる計算を起動してしまった場合を考える。このようなことが起きる理由は2つある。

- 計算の途中経過を監視しながら継続的に計算を行いたい場合
- 計算が何らかの原因で止まってしまっていて、外部から停止しなければならない場合

まず、OSのシェルからjuliaとタイプしてREPLを起動する。まずDistributedモジュールをロードしよう。

```
julia> using Distributed
```

この時点では、Juliaのマスタプロセスだけが走っている。リモートのワーカプロセスを、1つ追加しよう。

```
julia> addprocs(1)
```

マスタプロセスとワーカプロセスのID番号を確認しよう。

```
julia> Distributed.myid()
1

julia> workers()
1-elementArray{Int64,1}:
 2
```

リモートワーカのIDは2なので、このワーカでmyid()を実行した結果は、2になるはずだ。

```
julia> res = @spawnat 2 myid()
Future(2, 1, 3, nothing)

julia> fetch(res)
2
```

無名関数remote_fを定義して、これを使ってリモートプロセス上でジョブを実行してみる。

この関数は、単に指定した秒数だけスリープして、ランダムな値を返すだけの関数だ。デバッグのためにprintln関数を呼び出している。

```
remote_f= function(s::Int=3)
    println("Worker $(myid()) will sleep for $s seconds")
    sleep(s)
    val=rand(1:1000)
    println("Completed worker $(myid()) - return $val")
    return val
end
```

この関数をテストしてみよう（ここではID2のワーカがあることを仮定している。workers()関数で

存在するワーカのリストを取得できる)。

```
julia> @fetchfrom 2 remote_f(4)
      From worker 2:    Worker 2 will sleep for 4 seconds
      From worker 2:    Completed worker 2 - return 466
466
```

リモートプロセスを起動し、指定した秒数だけ待って、結果を回収する関数を定義してみよう。

```
function run_timeout(timeout::Int, f::Function, params...)
    wid = addprocs(1)[1]
    result = RemoteChannel(()->Channel{Tuple}(1));
    @spawnat wid put!(result, (f(params...), myid()))
    res = nothing
    time_elapsed = 0.0
    while time_elapsed < timeout && !isready(result)
        sleep(0.25)
        time_elapsed += 0.25
    end
    if !isready(result)
        println("Not completed! Computation at $wid will be terminated!")
    else
        res = take!(result)
    end
    rmprocs(wid);
    return res
end
```

このrun_timeout関数を使って、remote_f関数をリモートワーカで動かしてみよう。まずは、ジョブが実行を完了できる時間を指定して起動してみる。

```
julia> run_timeout(3, remote_f, 2)
      From worker 3:    Worker 3 will sleep for 2 seconds
      From worker 3:    Completed worker 3 - return 335
(335, 3)
```

次に終了できないほど長い時間を指定して実行してみよう。

```
julia> run_timeout(3, remote_f, 10)
      From worker 4:    Worker 4 will sleep for 10 seconds
Not completed! Computation at 4 will be terminated!
```

ID4の新しいプロセスが起動され、3秒後に(タイムアウト時刻に達して)停止されていることがわかる。ワーカがもう実行されていないことを確認しよう。

```
julia> workers()
1-element Array{Int64,1}:
 2
```

このレシピの最初に作ったワーカしか残っていないことがわかる。

説明しよう

Juliaのマルチプロセス機能を用いると、複数のプロセスにまたがって1つのプログラムを実行することができる。プロセスは、プロセスIDで識別される。もともと起動されているプロセス（マスタプロセス）は常にID1となる。ワーカプロセスを追加する方法はいくつかある。このレシピではaddprocs関数を用いた。他には、Juliaを起動する際に-pオプションを付ける方法がある。例えばjulia -p 2のようにすると、マスタプロセスと2つのワーカプロセスが起動する。

関数をパラメータとして渡す場合には、ローカルスコープ内の関数か、無名関数でなければならないことに注意しよう。さらに、その関数から呼び出される関数に対しても同じルールが適用される。

```
julia> using Distributed
julia> @everywhere function myF2(); println("myF2 ", myid()); end;
julia> @spawnat workers()[end] myF2();
       From worker 3:   myF2 3
```

run_timeout関数は、新しいプロセスを作ってサブジョブを管理する。そして、個々のプロセスに対して、プロセス間通信に用いるチャンネルを表すChannelオブジェクトを作る。マスタプロセスは、一定時間の間、Channelオブジェクトに新しいデータが到着していないか、定期的にチェックする。もしデータが到着していればそれがサブジョブの結果だ。サブジョブを実行していたプロセスは、タイムアウト時間が来ればジョブが終了していようがいまいが、強制的に終了させられる。

もう少し解説しよう

1つ注意すべき点がある。@spawnatや@fetchformマクロの引数となる関数は、リモートプロセスで定義されていなければならない。しかし、無名関数の場合には、これらのマクロの引数にすることができる。ただし、この無名関数がリモートプロセスで定義されていないメソッドを使うと実行に失敗する。

```
julia> hello() = println("hello");
julia> @fetchfrom 2 remote_f(4)
ERROR: On worker 2:
UndefVarError: #hello not defined

julia> f_lambda = () -> hello();
julia> f_lambda()
hello

julia> @fetchfrom 2 f_lambda()
ERROR: On worker 2:
UndefVarError: #hello not defined
```

いずれの場合も、hello関数がリモートプロセスで定義されていない、という同じエラーが発生している。これを解決するには、@everywhereマクロを用いてすべてのリモートプロセスで関数を定義すればいい。

```
julia> @everywhere hello() = println("hello")
julia> @fetchfrom 2 f_lambda()
      From worker 2:    hello
```

こちらも見てみよう

Juliaの分散処理に関するドキュメントは、https://docs.julialang.org/en/v1.2/manual/parallel-computing/にある。また、本章の他のレシピも参考にしてほしい。

レシピ10.2　リモートのJuliaプロセスと通信する

このレシピでは、複数のワーカが相互に通信しながら分散処理を行う場合を考える。このような計算は、複雑な解析や大規模なシミュレーションやモデル計算でよく行われる。

ここでは、JuliaのDistributedモジュールとParallelDataTransfer.jlパッケージを用いて、分散セルオートマトンを実行する例を見ていく。セルオートマトンとは、有限数の離散状態を持ち、決定的なルールで状態を遷移する多数のセルで構成される、一種の離散モデルだ（http://mathworld.wolfram.com/CellularAutomaton.htmlおよびhttps://ja.wikipedia.org/wiki/セル・オートマトンを参照）。次の状態を決定するルールにはさまざまなものがある。

このレシピでは、Rule 30として知られるルールに従う、1次元の2値セルオートマトンを考える（http://mathworld.wolfram.com/Rule30.html、https://ja.wikipedia.org/wiki/ルール30を参照）。このルールは、falseまたはtrueが個々のエントリに入る無限長の1次元配列上で定義される。オートマトンは、離散時間で発展する。セルiの時刻tの状態はs[i,t]で表現される。Rule 30によるオートマトンの発展は、s[i,t+1] = xor(s[i-1,t], s[i,t] || x[i,t])で定義される。

このレシピでは、Juliaでのプロセス間通信を説明するのが目的なので、無限長の配列ではなく、有限長のリング上でオートマトンを実行する。

準備しよう

このレシピでは、ParallelDataTransfer.jlパッケージが必要になる。**「レシピ1.10　パッケージの管理」**に従ってインストールしておこう。

ここでは4つのワーカプロセスを使って実行するので、次のようにコマンドラインからJuliaを起動する。

```
$ julia -p 4
```

起動したら、ワーカプロセスが4つあることを確認しよう。

```
julia> using Distributed
julia> nworkers()
4
```

やってみよう

ここでは、Rule 30によるセルオートマトンの分散版を作る。

まず必要なモジュールをすべてのプロセスでロードしよう（ここでは、4ワーカを仮定しているが、このレシピは任意の数のワーカで動作する）。

```
using Distributed
@everywhere using ParallelDataTransfer
```

次にRule 30を定義する（境界となる最初のセルと最後のセルは別のプロセスにあるので、ループが2からend-1までになっていることに注意しよう）。

```
@everywhere function rule30(ca::Array{Bool})
    lastv = ca[1]
    for i in 2:(length(ca)-1)
        current = ca[i]
        ca[i] = xor(lastv, ca[i] || ca[i+1])
        lastv = current
    end
end
```

次に、それぞれのワーカが隣接ワーカからデータを取得するための関数を定義する。

```
@everywhere function getsetborder(ca::Array{Bool}, neighbours::Tuple{Int64,Int64})
    ca[1] = (@fetchfrom neighbours[1] caa[end-1])
    ca[end] = (@fetchfrom neighbours[2] caa[2])
end
```

セルオートマトンの状態を表示する関数も必要だ。

```
function printsimdist(workers::Array{Int})
    for w in workers
        dat = @fetchfrom w caa
        for b in dat[2:end-1]
            print(b ? "#" : " ")
        end
    end
    println()
end
```

次に、セルオートマトンの状態を書き換えていく関数を定義する。

```
function runca(steps::Int, visualize::Bool)
    @sync for w in workers()
        @async @fetchfrom w fill!(caa, false)
    end
    @fetchfrom wks[Int(nwks/2)+1] caa[2]=true
    visualize && printsimdist(workers())
```

```
    for i in 1:steps
        @sync for w in workers()
            @async @fetchfrom w getsetborder(caa, neighbours)
        end
        @sync for w in workers()
            @async @fetchfrom w rule30(caa)
        end
        visualize && printsimdist(workers())
    end
end
```

これで、個々のワーカノードのシミュレーション状態変数と、隣接ワーカの情報を定義する準備ができた。

```
wks = workers()
nwks = length(wks)
for i in 1:nwks
    sendto(wks[i], neighbours=(i==1 ? wks[nwks] : wks[i-1],
                               i==nwks ? wks[1] : wks[i+1]))
    fetch(@defineat wks[i] const caa = zeros(Bool, 15+2));
end
```

これで分散セルオートマトンを実行できる。

```
julia> runca(20, true)
```

次のような出力が得られるはずだ。

```
                    #
                   ###
                  ##  #
                 ## ####
                ##  #   #
               ## #### ###
              ##  #    #  #
             ## ####  ######
            ##  #   ###     #
           ## #### ##  #   ###
          ##  #    # #### ##  #
         ## ####  ## #    # ####
        ##  #   ###  ##  ## #   #
       ## #### ##  ### ###  ## ###
      ##  #    # ###   #  ###  #  #
     ## ####  ## #  # #####  #######
    ##  #   ###  #### #    ###      #
   ## #### ##  ###    ##  ##  #    ###
  ##  #    # ###  #  ## ### ####  ##  #
 ## ####  ## #  ######  #   #   ### ####
##  #   ###  ####     #### ### ##   #   #
```

説明しよう

最初にParallelDataTransfer.jlパッケージをすべてのワーカでロードし、次に、アルゴリズムを実装したrule30関数を実装した。この関数はデータの境界セルに対しては実行されないことに注意しよう。境界のデータは、各ワーカが隣接するワーカからgetsetborder関数で取得する。ワーカプロセス間のデータ共有は、**図10-1**のようになっている。

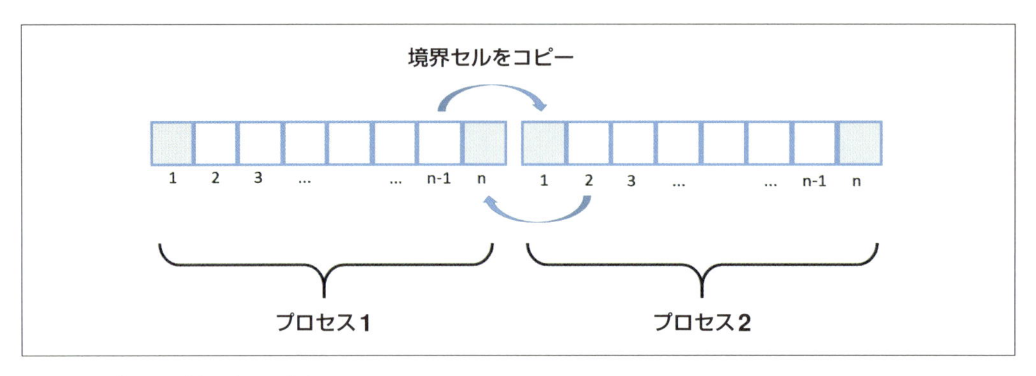

図10-1 プロセス間のデータ共有

この例では、個々のワーカプロセスに17個のセルがある。この内15は内部セルで、2つは境界セルになる。これは、@defineat wks[i] const caa = zeros(Bool,15+2)で定義されている。上で述べたように、このシミュレーションはリング上で動作するようになっている。つまり、最初のワーカと最後のワーカが隣接しているということだ。これは、レシピ中の下のコードで実現されている。

```
neighbours=(i==1 ? wks[nwks] : wks[i-1],
            i==nwks ? wks[1] : wks[i+1])
```

このシミュレーションのコアになる関数は、runca関数だ。最初のループで、すべてのワーカプロセスのセルオートマトンの状態をリセットしている。この際の関数呼び出しは非同期に行われる。データがリセットされたら、1つのセルだけをtrueに設定する。メインループでは、ワーカ間の境界セルのコピーを非同期に行う（上の図を参照）。境界セルがコピーできたら、rule30関数を各ワーカで非同期に呼び出す。各ループの冒頭に@syncキーワードが付いているが、これはそのループで行ったすべての非同期計算が終わるまで次に進むな、という意味だ。

runca関数を実行する前に、各ワーカに隣接ワーカの情報を与えなければならない。ここでは、sendto関数を用いて、各ワーカに左のワーカと右のワーカを教えている。

もう少し解説しよう

このレシピでは、分散処理を実行する際の基本的なパターンを説明した。ここでは、プロセス間で共有されているのはデータセル1つだけだったが、この方法は、多次元の共有データにも容易に拡張できる。

分散処理にはコストがつきものだ。ここで示したシミュレーションでは、1ステップのプロセス間通信におよそ2ミリ秒かかる。したがって、各ワーカでの各ステップの計算がある程度時間がかかるものでない限り、分散処理する意味がない。

また、@defineatマクロは常にグローバル変数を定義することに注意しよう。したがって、リモートプロセスで@defineatで定義した変数を利用する場合には、関数の中から暗黙裡に利用するのではなく、リモートプロセス起動時の引数として明示的に与えたほうがいい。これは、グローバル変数は型が定まらないため、グローバル変数を暗黙裡に利用する関数は、十分に最適化されないからだ。

こちらも見てみよう

ParallelDataTransfer.jlパッケージのドキュメントは、https://github.com/ChrisRackauckas/ParallelDataTransfer.jlにある。

レシピ10.3　マルチスレッドで計算する

このレシピでは、Juliaのマルチスレッド機構を用いて、大規模なDataFrameに対する統計計算を高速化する方法を紹介する。

準備しよう

このレシピではパッケージDataFrames.jlとBenchmarkTools.jlを使う。**「レシピ1.10　パッケージの管理」**に従ってインストールしておこう。

このレシピではJuliaのマルチスレッド機構を使う。スレッドの数はOSの環境変数JULIA_NUM_THREADSで指定する。この変数はjuliaプロセスを起動する前に設定しておかなければならない。この変数を設定するには、コマンドラインコンソールからWindowsでは下のように指定する。

```
C:\ set JULIA_NUM_THREADS=4
```

Linuxでは以下のように指定する。

```
$ export JULIA_NUM_THREADS=4
```

その後でJuliaを起動する。

```
$ julia
```

スレッド数が適切に設定されているかどうかを見てみよう。

```
julia> Threads.nthreads()
4
```

Junoの中でJuliaを実行している場合、Juliaのスレッド数はコア数と同じに設定されていることに注意しよう。多くのラップトップでは2か4になっているはずだ。このレシピでの紹介する性能向上を再現するには十分だろう。Junoでのスレッド数はメニューバーから、Package | Julia | Settings...と進

んだダイアログで設定できる。JunoでのJuliaはデフォルトでサイクルブートとなっているので、JuliaのREPLを2回再起動しないと、設定が反映されないことに注意しよう。

やってみよう

DataFrameに対する計算を並列化するには、次の手順で行う。

1. まず、この計算に必要なJuliaパッケージをインポートする。

```
using DataFrames, BenchmarkTools, Random, Statistics
```

2. このレシピでは、100,000行のランダムな値で作った人工的なデータセットを用いる。

```
Random.seed!(0);
N = 100_000;
const data = DataFrame(rowtype=rand(1:12, N));
data.x1 = data.rowtype .* randn(N);
```

3. データの冒頭を確認してみよう（Random.seed!(0)で乱数のシードを固定しているので結果は同じになるはずだ）。

```
julia> first(data, 5)
5×2 DataFrame
| Row     | rowtype   | x1         |
|         | Int64     | Float64    |
| ------- | --------- | ---------- |
| 1       | 1         | -0.298115  |
| 2       | 3         | -2.71766   |
| 3       | 10        | -28.0064   |
| 4       | 6         | 4.39991    |
| 5       | 1         | 0.809952   |
```

4. このサンプルプログラムの目的は、rowtype列の値でグループ分けしたそれぞれのグループに対して、x1行の値に対する何らかの統計計算を行うことだ。ここでは統計計算の例として、100個のブートストラップサンプルの中央値の平均を求めることにしよう。

```
function stats(df)
    m = MersenneTwister()
    median_val = 0
    for i in 1:100
        median_val += median(rand(m, df.x1, nrow(df)))
    end
    return (rowtype=df.rowtype[1], n=nrow(df),
            tid=Threads.threadid(), median=median_val / 100)
end
```

5. できた関数の性能を見てみよう。

```
julia> @time by(data, :rowtype, stats)
6.007125 seconds (15.10 M allocations: 1.024 GiB, 9.05% gc time)
12×2 DataFrame
| Row | rowtype | x1                                                   |
|     | Int64   | NamedTup...                                          |
| --- | ------- | ---------------------------------------------------- |
|  1  | 1       | (rowtype = 1,n = 8384,tid = 1, median = -0.0186428) |
.
.
.
|  12  |  7     | (rowtype = 7,n = 8327,tid = 1,median = 0.129859)    |

julia> @time by(data,:rowtype, stats);
 0.693117 seconds (12.92 k allocations: 234.419 MiB, 3.51% gc time)
```

6. この計算をJuliaのマルチスレッド機構で並列化することを考える。

```
function threaded_by(df::DataFrame, groupcol::Symbol, f::Function)
    groups = groupby(df, groupcol)
    f(view(groups[1], 1:2, :));     # 事前にコンパイルするために必要!
    res = Vector{NamedTuple}(undef, length(groups))
    Threads.@threads for g in 1:length(groups)
        rv = f(groups[g])
        res[g] = rv
    end
    DataFrame(rowtype=getfield.(res, groupcol), x1=res)
end
```

7. このthreaded_byを用いてstats関数をマルチスレッドで実行してみよう。

```
julia> @time threaded_by(data, :rowtype, stats)
  0.711555 seconds (746.21 k allocations: 271.676 MiB, 5.07% gc time)
12×2 DataFrame
| Row | rowtype |  x1                                                  |
|     |  Int64  |  NamedTup...                                         |
| --- | ------- | ---------------------------------------------------- |
|  1  |  1      | (rowtype = 1,n = 8384,tid = 1,median = -0.0186428)  |
.
.
.
|  12 |  7      | (rowtype = 7, n = 8327, tid = 4, median = 0.129859) |

julia> @time threaded_by(data, :rowtype, stats);
 0.236068 seconds (12.94 k allocations: 233.531 MiB, 11.25% gc time)
```

1スレッドでの実行時間は0.69秒程度だが、マルチスレッドだと0.23秒程度になっていることがわかる。

説明しよう

このレシピでは、DataFrames.jlパッケージのby関数の簡略版をマルチスレッド化する方法を紹介した。Threads.@threadsマクロを用いると、簡単にループを並列化できる。計算データはDataFrameの列で分割するので、groupby関数を用いている。threaded_by()関数のループでは、実行する計算の数と同じサイズのスロットを持つ配列を用意して、そこに結果を回収している。これは典型的なパターンの1つだ（別の方法としては、Threads.threadid()を用いて結果を格納するスロットを指定する方法もある）。計算結果は、NumedTupleのDataFrameとして回収される。NamedTupleをDataFrameの列の集合に変換することもできるが、ここでは、レシピを簡潔に保つことを優先した。

最後に1つ重要な点がある。複数のスレッドを同時に実行する場合、スレッドごとにそれぞれ別の擬似乱数生成器MersenneTwisterを用意しなければならない。つまり、rand関数をrng引数なしで呼び出すと、すべてのスレッドが1つのグローバルな乱数状態を用いることになるので、スレッドセーフではなくなってしまうのだ。

ここで紹介した方法で、およそ60％計算を高速化できた。しかし、コードの並列化には、考えなければならない点がたくさんある。これについては次の節で説明する。

もう少し解説しよう

複数のスレッドが、マルチスレッドループの外にある変数を更新する場合、同時に2つのスレッドが同じメモリアドレスに書き込まないように注意しなければならない。次の例を見てみよう。

```
julia> Threads.nthreads()
4

julia> total = 0;
julia> Threads.@threads for i in 1:1_000_000
           global total = total + 1
       end

julia> total
264595
```

いくつものスレッドが同じtotal変数を更新しようとするので、インクリメントに用いる値が古いものになってしまうのだ。このような場合には下のようロック機構を用いるといい（ここでも同じ4スレッドのJuliaセッションを使っている）。

```
julia> total2 = 0;
julia> s = Threads.SpinLock()
Base.Threads.TatasLock(Base.Threads.Atomic{Int64}(0))
```

```
julia> Threads.@threads for i in 1:1_000_000
           Threads.lock(s)
           global total2 = total2+1
           Threads.unlock(s)
       end

julia> total2
1000000
```

ロックを用いると集計値が正しくなっていることがわかる。ここで示したループは簡単なものだが、他の演算にも容易に拡張できる。共有される変数を変更する操作はすべて、`Threads.lock`から`Threads.unlock`で囲まれたブロックの中に書く必要がある。実は、この簡単な例では、`Atomic{Int64}`型を用いるだけで十分なのだが、複雑なデータ構造を使う場合には、このようなロックを使わないと書けない。

Juliaでのマルチスレッドサポートはまだ実験段階で、おかしなことが起こる場合もある。例えば、`@threads`ループの中で関数がコンパイルされるとJuliaがクラッシュするかもしれない。また、多数のスレッドが同時にメモリを要求することで、ガベージコレクタに負荷がかかることでシステムが不安定になる場合もあるようだ。

こちらも見てみよう

JuliaのマルチスレッドAPIのドキュメントは、https://docs.julialang.org/en/v1.2/base/multi-threading/index.htmlにある。

レシピ10.4 分散環境で計算する

Juliaには、複数プロセスでプログラムを実行する機能が言語レベルで組み込まれている。この場合の複数プロセスはローカルマシン上のプロセスでもよいし、ネットワークに分散していもいいし、計算クラスタ上のものでも構わない。**「レシピ10.1 マルチプロセスで計算する」**および**「レシピ10.2 リモートのJuliaプロセスと通信する」**で、プロセスを起動しプロセス間でデータを交換する方法を紹介した。

分散処理が有効になる典型的なシナリオは膨大なパラメータ空間を1つずつ試していく場合だ。このような方法をパラメータスイープと呼ぶ。このレシピでは、数値シミュレーションモデルに対して分散クラスタを用いてパラメータスイープを行う方法を紹介する。

ここでは、Juliaの`--machine-file`を用いて、複数ワーカを多数のノードで起動する方法を紹介するが、ここで紹介するプログラムは、1台のコンピュータのマルチプロセスモードでも実行できる（例えば`julia -p 4`で実行すればいい）。

準備しよう

この例では、Juliaを分散クラスタで実行する。分散クラスタは1つのラップトップ上でも作れるし、複数のコンピュータにまたがる形でも作れる。ここでは、コンピュータにはLinux Ubuntu 18.04.1 LTSが使われており、ユーザ名はubuntuであることを仮定している。しかし、ほんの少し変更すれば別のLinuxベースシステムでも動作する。

Github上のこのレシピのレポジトリには、いつものcommand.txtの他に、~/.ssh/ディレクトリに置くconfigファイルと、Juliaのマシンファイルのサンプルmachinefile.txtが用意されている。

分散クラスタを作るには、パスワードを必要としないSSHを設定する必要がある。Juliaはリモートノードへの接続にSSH接続を利用する。SSHがパスワードを必要としないようにするには、公開鍵ベースの認証を設定する必要がある。マスタノードに秘密鍵があり、ワーカノードの~/.ssh/authorized_usersに公開鍵が入っている状態にしなければならない。

まず公開鍵秘密鍵の鍵ペアを作ろう。

```
$ ssh-keygen -P"" -t rsa -f ~/.ssh/cluster
Generating public/private rsa key pair.
Your identification has been saved in /home/ubuntu/.ssh/cluster.
Your public key has been saved in /home/ubuntu/.ssh/cluster.pub.
The key fingerprint is:
SHA256:ssxPaYN2OfBsogwSK47s47Scsj3l3kBtwq1k+u6ggNg ubuntu@ip-172-31-5-210
The key's randomart image is:
+---[RSA 2048]----+
|                 |
|                 |
|                 |
|   . o           |
|.   * * S        |
|o+=.* B o        |
|B.Eoo B %        |
|X=+=.= B o       |
|BXo=B . .        |
+----[SHA256]-----+
```

次に~/.ssh/configファイルを編集して、下の内容を書き込む。

```
User ubuntu
PubKeyAuthentication yes
StrictHostKeyChecking no
IdentityFile ~/.ssh/cluster
```

次に、公開鍵を~/.ssh/authorized_keysファイルに書き込む。~/.ssh/cluster.pubの内容を、クラスタを構成するすべてのノードの~/.ssh/authorized_keysに追加する。

```
$ cat ~/.ssh/cluster.pub >> ~/.ssh/authorized_keys
```

さて、ローカルマシンで設定がうまくいっているか確認してみよう。

```
$ ssh ubuntu@localhost
Warning: Permanently added 'localhost' (ECDSA) to the list of known hosts.
Welcome to Ubuntu 18.04.1 LTS (GNU/Linux 4.15.0-1023-aws x86_64)
[初期メッセージ省略]

$
```

.ssh/configでStrictHostKeyChecking noを指定しているので、初めてsshしたにもかかわらず接続できている（上のWarningメッセージに注意）*1。計算クラスタを作る場合、すべてのコンピュータはプライベートIPを使ったプライベートネットワークの中にあるのが普通なので、このように設定したほうが手間が省けていい。しかし、公開ネットワーク上のリモートホストに接続する場合には、詐称攻撃にさらされる危険性がある（このような場合には、すべてのリモートサーバの公開鍵をknown_hostsファイルに登録したほうがいい）。

また、すべてのコンピュータ間のTCP/IPネットワーク接続が開かれていることが前提となっている。すべてのポートが開放されていることが望ましい。例えばAWSクラウドでは、クラスタノード間では接続を制限しないSecurityGroupを作る必要がある（詳細はAWSのドキュメントを参照）。

Juliaによる分散マルチプロセス計算は、juliaコマンド起動時に--machine-fileオプションを付けることで実現される。この機能は、-pオプションに似ているがより強力なもので、Juliaをクラスタ上のノードにまたがって起動することができる。machinefile.txtの例を下に示す。各行の最初の数字が、そのリモートホスト上で動作させるワーカプロセスの数を指定している。その後ろに*を書いて区切り、さらにユーザ名とリモートホストを書く。ここではローカルホスト127.0.0.1を指定しているが、実運用環境ではここに各ノードのIPアドレスを書く。

```
2*ubuntu@127.0.0.1
1*ubuntu@127.0.0.1
1*ubuntu@127.0.0.1
```

この設定ファイルは、Juliaの分散クラスタをローカルマシン1台でテストするためのものだ。このファイルにリモートマシンのIPアドレスも加えてテストしてみてほしい。

machinefile.txtの準備ができたら、次のコマンドで実行してみよう。

```
$ julia --machine-file machinefile.txt
```

こうするとJuliaのマスタプロセスが起動し、同時にmachinefile.txtで指定された通りに複数のJuliaワーカプロセスが起動する。この上のファイルの例では4つのワーカプロセスができるはずだ。

```
julia> using Distributed
julia> nworkers()
```

＊1　訳注：SSHは接続しようとしたコンピュータがこれまで一度も接続したことがないコンピュータだった場合には、そのコンピュータの公開鍵を提示して接続してよいかをユーザに確認する。このオプションでその動作を抑制している。

```
4
```

このレシピでは、Distributionsパッケージと DataFramesパッケージが必要なので、**「レシピ1.10 パッケージの管理」**に従ってインストールしておこう。これらのパッケージはクラスタのすべてのワーカにインストールしておく必要がある。

やってみよう

このレシピでは、**準備しよう**で述べた手順でJuliaクラスタを構築したことを前提にしている。しかしクラスタがない場合には、マルチプロセスモード（例えば、`julia -p 4`で起動すればいい）でもこのレシピは実行できる。Windowsでこのレシピを実行したければ、マルチプロセスモードを使うのが一番簡単だ。

まず、クラスタのすべてのノードで必要なモジュールをロードする。

```
using Distributed
@everywhere using Distributed, Distributions, DataFrames, Random
```

このレシピでは、複数のパラメータを持つ関数に対して分散パラメータスイープを行う。例として小売商の在庫シミュレーションモデルを考える。この小売商、商品が売れるごとに一定額のコミッションを得る。商品の1日あたりの需要は、平均20を中心に変動する。商品が売れると一定額の利益が得られるが、2つのコストがかかる。1つは在庫のコスト、もう1つは商品仕入れにかかる配送コストだ。この前提で、最適な発注戦略を決定してみよう。

まず、与えられた日数の期間に対する、小売商の1日あたりの平均利益をシミュレートする関数を定義する。

```
@everywhere function sim_inventory(reorder_q::Int64,
                                   reorder_point::Int64;
        days = 100,
        sd = Normal(20, 20^0.5),    # 日毎の売上の確率分布
        wh = 0.1,                   # 在庫コスト
        p = 4.0,                    # ユニットあたりの売上利益
        d_prob = 0.50,              # 注文する確率
        k = 60.0,                   # 固定配送コスト
        rng = MersenneTwister(0))
    profit = 0.0                    # 利益の総計
    stock = reorder_q
    for day in 1:days
        if stock < reorder_point && rand(rng)< d_prob # 注文到着
            profit -= k             #  配送料支払い
            stock += reorder_q
        end
        sale = max(0, min(Int(round(rand(rng, sd))), stock))
        stock -= sale               #  在庫を減らす
        profit += p*sale - wh*stock #  利益を増やす
    end
```

```
    return profit / days
end
```

次に、計算の対象となるパラメータsweepを定義する。発注量（10から250）、発注を行う在庫量（10から250）シミュレーションを行う日数（20から60）に対してスイープすることにしよう。

```
julia> sweep = vec(collect(Base.product(10:10:250, 10:10:250, 20:5:60)))
5625-element Array{Tuple{Int64,Int64,Int64},1}:
 (10, 10, 20)
 (20, 10, 20)
 .
 .
 .
 (250, 250, 60)

julia> Random.seed!(0);
julia> Random.shuffle!(sweep);
```

さて、それぞれのワーカが使う乱数生成器を作ろう。

```
const rngs = Dict(i => MersenneTwister(i) for i in workers());
```

ループで実行してみよう。

```
res = @distributed (append!) for s in sweep
    rng = deepcopy(rngs[myid()])
    profit = 0.0
    for sim in 1:10000
        profit += sim_inventory(s[1], s[2], days=s[3], rng=rng)
    end
    DataFrame(worker=myid(), reorder_q=s[1], reorder_point=s[2],
           days=s[3], profit=profit/10000)
end
```

結果を見てみよう。

```
julia> res
5625×5 DataFrame
│ Row  │ worker  │ reorder_q  │ reorder_point  │ days  │ profit  │
│      │ Int64   │ Int64      │ Int64          │ Int64 │ Float64 │
│ ──── │ ─────── │ ────────── │ ────────────── │ ───── │ ─────── │
│ 1    │ 2       │ 160        │ 30             │ 35    │ 61.3314 │
│ 2    │ 2       │ 190        │ 160            │ 25    │ 51.4862 │
.
.
.
│ 5624  │ 5      │ 220        │ 120            │ 25    │ 56.2689 │
│ 5625  │ 5      │ 80         │ 40             │ 20    │ 57.0728 │
```

指定した日数ごとに、最大の利益が期待できるパラメータを知りたければ、次のようにコマンド1つで調べられる。

```
julia> DataFrame([sdf[argmax(sdf.profit), :] for sdf in groupby(res, :days, sort=true)])
9×5 DataFrame
| Row   | worker | reorder_q | reorder_point | days  | profit  |
|       | Int64  | Int64     | Int64         | Int64 | Float64 |
| ----- | -------- | ----------- | --------------- | ------ | --------- |
| 1     | 3      | 210       | 30            | 20    | 63.8009 |
| 2     | 3      | 180       | 40            | 25    | 62.8532 |
| 3     | 3      | 210       | 40            | 30    | 62.4882 |
| 4     | 5      | 180       | 40            | 35    | 62.2812 |
| 5     | 4      | 200       | 40            | 40    | 61.9419 |
| 6     | 2      | 180       | 40            | 45    | 61.8942 |
| 7     | 5      | 170       | 40            | 50    | 61.7305 |
| 8     | 5      | 180       | 40            | 55    | 61.6626 |
| 9     | 3      | 200       | 40            | 60    | 61.5916 |
```

説明しよう

このレシピでは、分散パラメータスイープをJuliaで実行した。まず、`@everywhere`マクロを用いて、必要なライブラリと関数をクラスタ上のすべてのワーカにロードした。

`sim_inventory`関数は、指定された日数分の小売商の売上と配送をシミュレートし、結果の収益を算出する。`stock`が`reorder_point`よりも少なくなった場合に50％の確率で発注を行う。また、乱数生成器`rng`が`sim_inventory`関数の引数となっているので、個々のワーカが使用する乱数生成器を制御できることに注意しよう。

`sweep`変数には、発注量（`reorder_q`）、発注在庫レベル（`reorder_point`）、シミュレーションする日数（`days`）の、すべての組み合わせが収められている。このシミュレーションの計算量はシミュレーションする日数に依存する。それぞれのワーカに対する負荷をだいたい均一にしたいので、パラメータ配列`sweep`をランダムにシャッフルしている。

乱数生成器は配列として作成しておき、コピーを個々のワーカに配布している。パラメータシナリオのシナリオで必要ならば、それぞれの乱数発生器を別のパラメータで初期化することもできる。

分散ループは、パラメータ配列の値に対して実行される。それぞれのパラメータの組み合わせに対して10,000回のシミュレーションを実行して、その平均値を算出する。ループの最後の命令で、`sweep`配列の要素に対するシミュレーション結果を表す`DataFrame`を作っている。`@distributed`マクロの引数に、`append!`関数を指定しているので、クラスタのワーカで実行されたシミュレーションの結果はこの関数で集約される。

もう少し解説しよう

例えばCrayなどの**HPC**（High Performance Computing：**高性能計算**）システムでは、ノード間での

SSHが使えない場合がある。このようなシステムは普通、SLURM、SGE、PBSなどのクラスタジョブ管理システムで管理されている。JuliaのClusterManagers.jlは、これらのジョブ管理システムを利用することができる。Scientific LinuxとSLURMがインストールされたCrayのクラスタでは、次のようにしてプロセスを追加できる。

```
using ClusterManagers
n_workers = 100
addprocs_slurm(n_workers, job_name="myjobname", account="cray_account_name", time="01:00:00",
               exename="/path/to/julia/executable/compiled/for/worker/nodes/julia")
```

引数timeは、ワーカの最大寿命を指定している（ここで指定した時間がすぎると、SLURMが自動的にワーカプロセスを終了させる）。このコマンドがうまく実行できれば、クラスタにワーカノードが追加される。あとは、コマンドラインから--machinefileで指定した場合と同じように分散処理を実行できる。

もう1つ重要な点がある。HPCクラスタでは、ログインするノードとワーカが実行されるノードのハードウェアアーキテクチャが違う場合がある。このような場合には、それぞれに対して別個にJuliaをビルドしなければならない。Juliaのビルドとインストールについては、1章「Juliaのインストールと設定」を見てほしい。われわれが試した限りでは、いくつかの異なるIntelプラットフォームで、バージョンの異なるJuliaを使っている場合でも分散機構はうまく動いた。

AWS（Amazon Web Services）には、**CfnCluster**（Cloud FormationCluster、https://github.com/awslabs/cfncluster）と呼ばれる一連のスクリプトが提供されていて、自動的に、SLURMやSGEARBOXなどのクラスタ管理ツールをインストール、設定してくれる。CfnClusterの問題点は起動に時間がかかることだ。クラスタができるまでに15分程度かかる。したがって、AWSやAzureなどのパブリッククラウドでクラスタを使う場合には、SSHのパスワードなし認証と--machinefileを使う方法のほうがおすすめだ。

AWSクラウドでクラスタを設定したいならKissCluster（https://github.com/pszufe/KissCluster）をすすめる。これは本書の著者の一人が書いたものだ。KissClusterは任意のプロセス数の分散ループを任意個のサーバで動作させる。KissClusterの設定情報は、マスタノードにではなく、サーバに依存しないクラウドサービス（DynamoDBとS3）に保存される。詳細についてはドキュメントを参照してほしい。

計算クラスタをクラウドで実行するなら、AWS EC2 Spot Fleetsの利用を検討したほうがいい。AWS EC2 Spot インスタンスを用いると、計算パワーを安価に（1vCPU1時間で0.01-0.02 USD程度。価格は値域や時刻によって変動する）入手できる。AWS EC2 Spot Fleetを使うには、特殊な**Amazon Machine Image**（**AMI**）とcloud-initスクリプトを用意する必要がある。上で紹介したKissClusterは、このスクリプトを自動生成することができる。一方CfnClusterは、EC2 Spot Fleetsをサポートしていないので、より高くつく。

こちらも見てみよう

Juliaの並列分散処理に関するドキュメントは、https://docs.julialang.org/en/v1.2/manual/parallel-computing/index.htmlにある。これを読んでから、`Distributed`モジュールのドキュメントを読むといいだろう。これはhttps://docs.julialang.org/en/v1.2/stdlib/Distributed/index.htmlにある。

索引

数字・記号

A

B

C

D

E

F

G

H

J

L

M

N

O

P

R

S

T

U

V

W

コードの性能 (code performance)
@inboundsを使って高速化 ... 174-178
アノテーション ... 177

さ行

サイクルブートモード (Cycler Boot Mode) ... 288
最適化モデル (optimization model) ... 324-328
最適化ルーチン (optimization routine) ... 165-168
サブタイプ (subtyping) ... 187-193
時刻 (time) ... 115-120
辞書 (dictionary) ... 84-87
指数分布 (exponential distribution) ... 158
ジュリア集合 (Julia set) ... 163-164
条件文 (conditional statement) ... 146
シリアライズ (serialization)
... オブジェクトのシリアライズを参照
数式の表現 (mathematical expression) ... 16
数値演算 (numerical computing) ... 141
数値型 (numeric type) ... 236-239
ストリーム (stream) ... 93-99
ストリームのアクセスタイプ (stream access type)
シーケンシャル ... 98
ランダムアクセス ... 98
ストリームのタイプ (stream type)
出力ストリーム ... 98
入出力ストリーム ... 97
入力ストリーム ... 97
正規表現 (regular expression) ... 78-83
静的配列 (static array)
演算 ... 241
使用 ... 239-242
ドキュメント ... 242
性能 (performance) ... 174-178
セット (set) ... 84-87
線形回帰 (linear regression) ... 168-171
総称関数 (generic function) ... 7

た行

ターミナルしか使えないクラウド環境
(terminal-only cloud environment) ... 61-64
多重ディスパッチ (multiple dispatch)
... 7, 193-196
縦型 (long format) ... 273
抽象構文木 (Abstract Syntax Tree：AST) ... 217
抽象配列プロトコル (abstract array protocol) ... 233
データ (data)
インターネットから取得 ... 103-107
データフレームと行列を変換 ... 253-256
標準的でない基準でソート ... 83-84
データフレーム (data frame)
縦型と横型を変換 ... 273-277
同一性を判定 ... 277-279
内容を確認 ... 256-258
データベースAPI (database API) ... 323
データベースシステム (database system)
MySQL ... 314
PostgreSQL ... 315
参照 ... 323
処理 ... 313-323
統計プロファイリング (statistical profiling) ... 296
統合開発環境
(Integrated Desktop Environment：IDE) ... 25-27

な行

二重階乗 (double factorial) ... 149
入出力 (input/output：I/O) ... 94

は行

ハイジニックマクロ (hygienic macro) ... 12
配列 (array) ... 2

最小インデックスを取得................................ 65-69
ドキュメント 181
配列ビュー (array view)................................ 182-186
配列プロトコル (array protocol) 233
パッケージ (package).. 51-56
パッケージマネージャ (package manager)
.... xii, 47, 51-56
パラメータ化型 (parametric type) 9-10, 191, 193
バリア関数 (barrier function)................................ 195
反変性 (contravariance).. 152
非線形最適化 (nonlinear optimization)................. 329
日付と時刻 (date and time)...............................115-120
非変 (invariant) 10
ピボットテーブル (pivot table) 281-284
標準エラー (stderr) 98
標準出力 (stdout).. 98
標準入力 (stdin) 98
ファイル (file)
書き出し 93-99
読み込み.. 93-99
ブートストラップ法 (bootstrapping method)
....158, 161
複雑なログ設定 (complex logging) 300
複素数 (complex numbers) 163-165
プロジェクトの依存関係 (project dependencies)
....308-311
分割 - 適用 - 結合パターン (split-apply-combine pattern) 270-273
分散環境で計算 (distributed computing) 355-362
分散処理 (distributed computing) 343-362
ベイズ論的なブートストラップ法 (Bayesian bootstrap) 162
変位 (variance).. 10
変換 (transformations)
データフレームと行列を変換................... 253-256
データフレーム変換を繰り返してピボットテーブルを作成...................................... 281-284
変更可能型 (mutable types)
性能不能型との性能差を確認................. 242-247
変更不能型との比較................................ 242-247
ベンチマーク (benchmarking)........................ 288-292

ま行

マクロ (macro) 12
概要.. 223
関数の実行結果をキャッシュ................... 223-225
待ち行列 (queuing system)
解析...158-163
参照.. 158
マルチスレッド (multithreading) 351-355
マルチプロセス (multiprocessing)................. 343-347
メソッド (method) 8
メソッドディスパッチ (method dispatch) 212
メタプログラミング (metaprogramming)
AST (抽象構文木)... 220
概要.. 217-222
メモ化 (memoization) 72, 224-225,227, 229
メモリ量を減らす (avoiding memory allocation)
.... 182-186
モジュール (module)
Datesモジュール 115-120
Distributedモジュール 362
Revise.jlを用いた開発............................. 285-288
文字列 (string) 12, 87-92
文字列補間 (string interpolation)............................ 15
文字列マクロ (string macro) 12
モンテカルロシミュレーション (Monte Carlo simulation) 153-157

や行

ユークリッド距離 (Euclidean norm) 83
尤度関数 (likelihood function) 328-330
要因計画 (factorial designs) 147-149

ら行

わ行

●著者紹介

Bogumił Kamiński（ボフミル・カミンスキー）

GitHubのユーザ名：bkamins

ワルシャワ経済大学の准教授であり、決定支援・分析ユニットの責任者。またトロントのライアソン大学のデータサイエンス研究室の助教授。複数のジャーナルの共同編集者でもある。オペレーショナルリサーチと計算社会科学に特に興味を持つ。シミュレーション、最適化、予測方法に関する50以上の研究論文を執筆。また、産業界および行政機関向けの大規模な高度分析ソリューションの展開において15年以上の経験を持つ。

Przemysław Szufel（プシェミスワフ・シャフル）

GitHubのユーザ名：pszufe、webサイト：szufel.pl

ワルシャワ経済大学決定支援・分析ユニットの准教授。現在の研究は、数値実験と最適化のための大規模シミュレーション実行のための分散システムとその手法に焦点を当てているクラウドおよび分散型計算環境における大規模計算の並列実行のための非同期アルゴリズムに取り組む。高性能な数値シミュレーション用のいくつかのオープンソースツールを開発/共同開発している。

●訳者紹介

中田 秀基（なかだ ひでもと）

博士（工学）。産業技術総合研究所において分散並列計算、機械学習システムの研究に従事。筑波大学連携大学院教授。訳書に『Python機械学習クックブック』、『Pythonではじめる機械学習 ― scikit-learnで学ぶ特徴量エンジニアリングと機械学習の基礎』、『ZooKeeperによる分散システム管理』、『Javaサーブレットプログラミング』、監訳書に『データ分析によるネットワークセキュリティ』、『Cython ― Cとの融合によるPythonの高速化』、『デバッグの理論と実践』、『Head First C』（以上オライリー・ジャパン）、著書に『すっきりわかるGoogle App Engine for Java』（ソフトバンク・クリエイティブ）など。極真空手初段。twitter @hidemotoNakada

●査読協力

大橋 真也、藤村 行俊、輿石 健太

カバーの説明

表紙の動物はオニアオバズク（Powerful Owl、学名Ninox strenua）です。オーストラリア東部から東南部の沿岸から内陸200 kmまでの地域の森林に生息するオーストラリア最大のフクロウです。通常は高木の森林に生息していますが、都市部の公園や住宅地にも姿を現すことがあります。
全長45-65センチ、翼開張は112-135センチで、日本でもよく見られるアオバズクの仲間では最大の種です。長い尾と小さな頭という「フクロウらしくない」特徴を持ちます。夜行性で、昆虫、鳥類のほか、フクロムササビ、リングテイルポッサム、フクロギツネ、コアラなどの樹上の小型から中型の哺乳類を捕食します。群れは作らず、単独またはつがいで行動します。一度つがいになると一生離れることはありません。繁殖期は冬で、高木の樹上で産卵、子育てを行います。1回に産む卵の数は2個であることがほとんどです。

Julia プログラミングクックブック

言語仕様からデータ分析、機械学習、数値計算まで

2019年10月18日　初版第1刷発行

著　　　者	Bogumił Kamiński（ボフミル・カミンスキー）、 Przemysław Szufel（プシェミスワフ・シャフル）
訳　　　者	中田 秀基（なかだ ひでもと）
発　行　人	ティム・オライリー
制　　　作	ビーンズ・ネットワークス
印刷・製本	日経印刷株式会社
発　行　所	株式会社オライリー・ジャパン 〒160-0002　東京都新宿区四谷坂町12番22号 Tel　(03)3356-5227 Fax　(03)3356-5263 電子メール　japan@oreilly.co.jp
発　売　元	株式会社オーム社 〒101-8460　東京都千代田区神田錦町3-1 Tel　(03)3233-0641（代表） Fax　(03)3233-3440

Printed in Japan (ISBN978-4-87311-889-5)
乱丁本、落丁本はお取り替え致します。